基于社交关系的个性化推荐方法

陈 锐 黄 敏 著

上海科学技术出版社

内 容 提 要

推荐系统是互联网时代极具商业价值的应用之一，是人工智能、大数据领域的研究热点之一，它在电子商务、社交媒体、视频网站和新闻资讯平台等领域发挥着重要作用。本书介绍了推荐系统的研究进展和主要技术方法，旨在反映社会化推荐方法的主要技术，为相关科研人员的研究提供参考。全书分6章：第1章介绍推荐系统的发展历史和主要应用，第2章介绍基于近邻的协同过滤推荐方法，第3章介绍基于模型的协同过滤推荐方法，第4章介绍基于社交关系的矩阵分解推荐方法，第5章介绍基于深度学习的社会化推荐方法，第6章介绍基于图神经网络的社会化推荐方法。

本书可供有志于从事个性化推荐、社交网络分析的相关研究人员及高等院校有关专业本科生、研究生阅读，也可为从事电子商务、数字媒体技术、计算广告学的研究人员提供参考。

图书在版编目（CIP）数据

基于社交关系的个性化推荐方法 / 陈锐，黄敏著. 上海：上海科学技术出版社，2025.3. -- ISBN 978-7-5478-7036-5

Ⅰ．TP393.4

中国国家版本馆CIP数据核字第20255XY716号

基于社交关系的个性化推荐方法
陈　锐　黄　敏　著

上海世纪出版（集团）有限公司
上　海　科　学　技　术　出　版　社　出版、发行
（上海市闵行区号景路159弄A座9F-10F）
邮政编码 201101　　　www.sstp.cn
上海普顺印刷包装有限公司印刷
开本 787×1092　1/16　印张 17.75
字数 350 千字
2025年3月第1版　2025年3月第1次印刷
ISBN 978-7-5478-7036-5/TP・96
定价：108.00元

本书如有缺页、错装或坏损等严重质量问题，请向印刷厂联系调换

前言

随着网络技术的日益成熟和移动设备的普及,社交媒体得到了空前的发展,各种移动应用层出不穷,给人们的工作和生活带来了极大便利,人类从个人计算时代迈入社会计算时代,人们的交流沟通方式从线下为主转变为线上为主,加速了个性化推荐系统的发展和普及应用,电子商务、移动新闻、在线教育、社交媒体、搜索引擎等领域纷纷在各自平台加入了个性化推荐的功能,使各种移动应用从千人一面转变为千人千面,人们的生活变得丰富多彩,这些技术的进步离不开学术界和工业界从事推荐系统、社交网络等方向研究的科研工作者的努力。正是他们的辛苦付出,才有了今天技术的进步、人们生活的便捷。

推荐系统作为大数据、人工智能领域的一个研究热点,于 20 世纪 90 年代为了解决数据量激增造成信息过载而产生,之后大量推荐应用系统被提出。目前,推荐系统已成为人机交互、机器学习和信息检索领域的热门研究课题。推荐系统是一种通过分析用户的历史行为、兴趣爱好等数据信息,为用户推荐个性化的产品、服务、信息等的技术系统。它最初起源于人机交互领域,随着技术的发展,推荐系统不仅用于互联网购物、新闻、音乐、视频等领域,还逐渐在计算机科学、人工智能、新闻传播学、伦理学和社会科学等多个领域得到广泛应用。

推荐系统采用的技术和方法日新月异,经历了协同过滤、基于概率的方法、矩阵分解、深度学习、图神经网络等技术。写作本书的目的,一方面希望帮助有志于从事推荐系统的科研人员快速梳理推荐系统的技术发展脉络,快速了解推荐系统的相关技术；另一方面希望通过本书的介绍，使科研人员了解、掌握推荐系统领域一些经典的推荐算法模型，为今后的深入研究提供参考。

本书结合作者自身科研项目，比较系统地介绍了推荐系统的发展历史、常见的经典算法模型（包括基于协同过滤的推荐方法、基于矩阵分解的协同过滤推荐方法、基于深度学习的推荐方法和基于图神经网络的推荐方法）。

欢迎各位读者在阅读本书的过程中将遇到的问题反馈给我们，无论是指出错误或提出改进建议，还是希望探讨交流，都欢迎和我们联系（13382038@qq.com）。

本书的主要内容是作者及实验室团队成员近年来研究成果和对经典推荐模型的总结，写作本书花费了大量的时间和精力整理之前的研究成果、查阅最新的论文并对知识点进行梳理。感谢智能信息处理实验室的各位老师、同学对本书的支持，特别是庞康宁、代卓、董景阳、王宗林，他们参与了本书部分章节的资料整理。本书由郑州轻工业大学的陈锐、黄敏完成。代卓、董景阳、王宗林负责第5章的资料整理和撰写，庞康宁负责第6章的资料整理和撰写。

在本书的写作过程中，得到了郑州轻工业大学和上海科学技术出版社的大力支持，在此表示衷心感谢。同时，感谢河南省研究生教育改革与质量提升工程项目（项目批准号：YJS2024JC12，YJS2023ZX08）及河南省高等教育教学改革研究与实践项目（研究生教育类）（项目批准号：2023SJGLX159Y，2023SJGLX369Y）等项目的支持。

在本书的编写过程中，参阅了大量相关学术论文、教材、著作、科普文献及网络资源在此向各位原著者致谢！

由于作者水平有限，加上时间仓促，书中难免存在一些不足之处，恳请读者批评指正。

作　者

2024年8月

目录
CONTENTS

第1章　推荐系统概述 / 1
　1.1　引言 / 1
　1.2　信息过滤工具——信息检索与推荐系统 / 4
　1.3　推荐系统的发展历史 / 8
　1.4　个性化推荐系统的应用 / 16
　1.5　常用数据集与评测方法 / 23
　1.6　推荐系统面临的挑战 / 28
　1.7　本章小结 / 29
　参考文献 / 30

第2章　基于近邻的协同过滤推荐算法 / 34
　2.1　引言 / 34
　2.2　基于用户的协同过滤推荐算法 / 35
　2.3　基于项目的协同过滤推荐算法 / 41
　2.4　基于内存的社交关系推荐算法 / 45
　2.5　基于图的推荐算法 / 49
　2.6　本章小结 / 55
　参考文献 / 56

第3章　基于模型的协同过滤推荐算法 / 59

3.1　引言 / 59

3.2　基于概率的协同过滤推荐算法 / 61

3.3　基于矩阵分解的协同过滤推荐算法 / 69

3.4　因子分解机技术 / 80

3.5　本章小结 / 83

参考文献 / 83

第4章　基于社交关系的矩阵分解推荐算法 / 87

4.1　引言 / 87

4.2　基于社交网络推荐系统的形式化定义和基本框架 / 89

4.3　基于概率矩阵分解的社交网络推荐技术 / 92

4.4　增强的社交矩阵分解模型 / 108

4.5　基于社交关系预测反馈机制的推荐算法 / 139

4.6　本章小结 / 150

参考文献 / 152

第5章　基于深度学习的社会化推荐方法 / 158

5.1　深度学习与推荐系统 / 158

5.2　NeuralCF 模型 / 175

5.3　Wide & Deep 模型 / 181

5.4　Word2Vec 模型 / 187

5.5　DeepFM 模型 / 193

5.6　xDeepFM 模型 / 197

5.7　TrustSVD 模型 / 202

5.8　DIN 模型 / 205

5.9　NeuMF 模型 / 212

5.10　EMARec 模型 / 213

5.11　本章小结 / 216

参考文献 / 217

第6章　基于图神经网络的社会化推荐方法 / 222

6.1　图神经网络推荐模型的特点 / 222

6.2　图卷积网络推荐模型 / 225

6.3　图注意力网络推荐模型 / 242

6.4　图自动编码器推荐模型 / 250

6.5　图生成网络推荐模型 / 260

6.6　本章小结 / 269

参考文献 / 270

索引 / 273

第 1 章
推荐系统概述

当我们在网上购物时,常常面对琳琅满目的商品而无所适从。当我们身心疲惫时,常常遇到想听一首使心情放松的音乐或观看一部电影却不知道如何选择？当我们外出旅行时,常常为想了解当地的旅游景点却不认识熟悉情况的向导而苦恼。随着科学技术的不断进步,计算机技术使我们的生活变得更加便利,信息检索和推荐系统作为两种重要的信息过滤工具,可以帮助我们从海量信息中快速、准确地获取想要的信息。尤其是推荐系统,近年来在学术界和工业界得到广泛的研究和发展。

1.1 引言

近年来,随着互联网技术和普适计算的发展,各种移动设备和 Web 应用技术层出不穷,使人们的生活和工作方式发生了深刻的改变,使用计算设备的方式逐渐从个人计算机转向手持智能设备,计算范型的改变深刻地影响着人们的沟通习惯和交往方式,这给人们的生活带来了极大的便利,他们可随时随地进行网上购物、在线学习、视频对话和微博发布,预示着人类从个人计算时代步入社会计算时代。与此同时,互联网上的信息资源呈几何级数增长,使得人们难以在这些结构复杂、浩瀚如烟的海量信息中找到自己所需的信息。作为信息的提供者,也难以在服务的过程中挖掘用户的使用习惯以改善服务质量。

如何在海量的数据中及时、准确地为用户提供所需信息,已经成为目前信息技术发展过程中的一项亟须解决且具有挑战性的问题之一。在个人计算时代,传统的信息检索技术需要用户提供明确的查询需求,根据查询需求将检索结果返回给用户。随着社会计算时代的到来,越来越多的人通过移动设备进行阅读和购物,大多并没有明确的目的,只是利用闲暇时间浏览一些感兴趣的内容。因此,为了满足每个用户不同的兴趣需求,在海量的信息中快速、有效地过滤出用户可能感兴趣的信息资源,信息推荐应运而生,目前已被越来越多的电子商务甚至搜索引擎网站所采用。信息推荐通过分析用户在网上浏览页面时产生对物品的显式或隐式的历史交互行为(如用户的购买、收藏、评分行为),而无需用户提供明确的需求就能发现其潜在的需求,从而建立用户的偏好模型,主动为用户推送符合个性化需求、可能感兴趣的信息资源[1]。

传统的推荐方法主要利用用户和物品(项目)的二元关系建立推荐模型,从而进行推荐。但随着用户和物品数的剧增,长尾效应变得更加突出,即绝大多数用户仅对极少数热门物品感兴趣,只有很少的用户才会对非热门物品感兴趣,这就导致了用户-项目评分数据的极度稀疏(数据稀疏问题),甚至一些项目从未被用户访问(冷启动问题)[2,3]。用户具有社会属性,其行为通常会受到周围朋友的影响。例如,一个用户在购买电器或观看电影前往往会向熟悉的朋友咨询,并且很可能会采纳朋友的建议。这表明用户间的社交关系也是影响信息推荐质量的重要因素之一,传统的推荐方法在建立用户偏好模型时仅考虑到用户对项目的稀疏行为数据,而忽略了用户之间的内在关联信息,因此难以全面、准确地获取用户的兴趣偏好特征,从而导致推荐质量下降,推荐的结果难以满足用户的真正需要[4,5]。因此,一个好的推荐方法应该不仅挖掘用户个体的历史行为信息,还应该考虑用户的社交关系信息[5](如朋友关系[2]、信任关系[3]等),这样才能筛选出符合用户需求且具有多样性的产品。

近年来,随着社交网络的快速发展,用户的社交关系信息逐渐成为构建用户偏好模型的重要依据。基于社交网络的推荐方法(也称为社会化推荐方法)通过融合用户历史评分和社交关系信息对用户兴趣偏好建模,以准确描述用户的偏好特征,从而缓解数据稀疏对推荐质量的消极影响,有效地提高了推荐的质量[6~10]。因此,基于社交网络的推荐方法正在成为推荐系统领域的研究热点之一。

社交网络中存在多种用户社交关系[5,9,11],如信任关系、朋友关系、关注关系[5]等,这种社交关系容易获得并可用于解决推荐系统中用户的冷启动问题。研究证明,基于好友的推荐比仅基于兴趣相似的用户的推荐更能提升推荐系统的性能[6,11~14]。基于社交网络的推荐方法从用户对项目的交互行为、用户和用户之间的关联关系和项目之间的关联关系三个维度分析用户的偏好兴趣及相互影响,通过模拟现实世界中人们的行为方式,从现实世界中用户的社交场景获取经验,从而刻画更加真实的用户偏好模型。

社交网络中的用户社交关系可分为两类[11~13]:显式(explicit)的交互关系和隐式(implicit)的交互关系。其中,显式的交互关系是指用户之间存在的信任关系、朋友关系、用户对项目的评分等可直接观测到的信息;隐式交互是指同一群体的用户之间没有明确给定的信任关系、朋友关系等信息,但事实上他们相互之间存在共同的兴趣或彼此相互信任,这部分信息需要利用机器学习、数据挖掘等技术间接获取。目前大多数基于社交网络的推荐方法主要利用社交网络中的显式的信任关系和用户对项目的评分信息建立推荐模型,很少考虑到用户的隐式社交关系对推荐质量的影响[15~18]。社交网络中隐含着多样的社交关系,通过分析和挖掘用户和项目间的交互行为(社会标签、评分、评价时间等)和用户间的社交关系(社会地位、同质性等),将这些影响因素引入建模过程,有助于提高推荐性能[19~21]。

由于协同过滤(collaborative filtering)推荐技术基本思想简单,且能处理非结构化的音乐、电影、图片等复杂对象,因此被广泛应用于电子商务、在线学习、个性化站点等诸多领域[3, 22]。其中,基于矩阵分解的协同过滤推荐方法可挖掘用户和项目潜在的特征,具有可解释性和可扩展性(适合处理超大规模数据)等优点[12~14]。随着深度学习技术在图像处理、语音识别、文本分析等领域的巨大成功,近年来,深度学习被应用到推荐系统领域,大量的基于深度学习的推荐方法被提出,这些方法利用深度学习强大的特征学习能力、对隐含关系的挖掘能力、模型的可扩展性,显著地提升了推荐系统的性能[8, 22~24]。本书主要从传统的协同过滤到目前流行的图神经网络探讨基于社交关系的推荐方法。基于社交关系的个性化推荐方法研究意义如下:

(1) 促进社交网络分析研究的发展。在社会计算环境中,人与人之间的交互行为隐含着人与人之间的社交关系,从社会学角度探索用户的认知心理、认知行为与用户偏好间的关系,利用机器学习和数据挖掘技术对社交关系进行量化分析,加快社交网络分析研究与数据挖掘、机器学习等学科的深度融合,促进社交网络分析的推荐系统在电子商务、社交媒体、个性化阅读等领域的广泛应用,从而使社交网络分析研究产生更大的商业价值。

(2) 促进网络应用服务质量的进一步提升。在海量的信息中能否为每个用户提供准确的推荐,直接影响着用户对接受网络服务的热情和用户体验效果,进而决定用户对网络应用的参与度和忠诚度。因此,在社会计算环境下,用户社交关系和历史行为信息为挖掘用户偏好提供了有价值的参考依据,有利于准确建模用户兴趣偏好,从而为用户提供个性化的服务,既提高了用户对网络应用的满意度和忠诚度,又促进了网络应用服务质量的提高和互联网内容服务产业的持续高速发展。

(3) 促进电子商务产业的发展。移动新闻、电子商务的发展很大程度上取决于用户的满意度和忠诚度,而提高用户满意度和忠诚度的关键在于为用户提供满足个性化需求的推荐服务。因此,基于社交网络的推荐技术被广泛应用于电子商务领域,以帮助内容服务提供商挖掘用户更准确的潜在兴趣偏好,从而为用户提供更优质的服务,为电子商务网站带来更大的商业价值。

1.2 信息过滤工具——信息检索与推荐系统

信息检索(information retrieval)和推荐系统(recommender systems)都是解决"信息过载"的工具。信息检索缓解了"信息过载"问题,但并未针对每位用户提供个性化的信息。为了给用户快速、准确地提供可能感兴趣的信息,个性化推荐技术应运而生,它通过分析用户的历史行为、兴趣喜好等多维度信息,为用户推荐他们可能感兴趣的内容,从而提高用户的满意度和忠诚度。

1.2.1 信息检索

信息检索是一种从大量文档资料中找出满足用户所需信息的技术,其研究起源是图书馆的资料查询和文献索引。查询的文档资料包括 Web 页面、文章、段落、句子等文本格式的内容,也包括图像、音频、视频等格式的内容。狭义上,信息检索指的是搜索引擎(search engine);广义上,信息检索包含搜索引擎、问答系统、信息抽取等。信息检索系统一般由以下几个过程组成[25,26]:

(1) 文本预处理:对文本进行分词、去除停用词、词干提取等操作,以便后续的处理。

(2) 索引构建:将文本处理后的结果构建成索引,以便提高检索效率。

(3) 文档表示:对查询的文档内容生成文档表达式,以便与查询表达式进行匹配。

（4）用户检索模型：根据用户输入的查询语句，生成查询表达式，并对查询表达式进行分析和扩展，以便将查询表达式与文档进行匹配。

（5）匹配和检索：选择检索模型计算查询表达式与文档表达式的相似度并进行排序，按照与查询相似度从高到低把文档返回给用户。

（6）相关性反馈：在检索结果返回给用户后，用户可以对检索结果进行反馈，如点击、收藏等，以便后续的个性化推荐。

常见的信息检索模型包括布尔模型、向量空间模型、概率模型等。布尔模型主要采用逻辑与、逻辑或、逻辑非等基于集合理论的简单的检索模型。向量空间模型将查询和文档表示为向量形式，通过计算文本之间的相似度提供检索结果。概率模型基于对已有反馈结果的分析，根据贝叶斯原理为当前查询排序。搜索引擎起源于20世纪90年代的Archie，Google、百度、Microsoft Bing等搜索引擎作为最成功的商业信息检索工具，为广大用户的信息检索提供了方便。

1.2.2 推荐系统

美国《连线》(Wired)主编克里斯·安德森首次提出了"长尾"概念。长尾效应(long-tailed effect)是指在商品销售过程中，少量热门产品或者服务的总和占总产品或服务的比重较大，多数产品或服务的总和所占比重较小。图1-1是Movielens 100k数据的长尾分布(long-tailed distributions)。

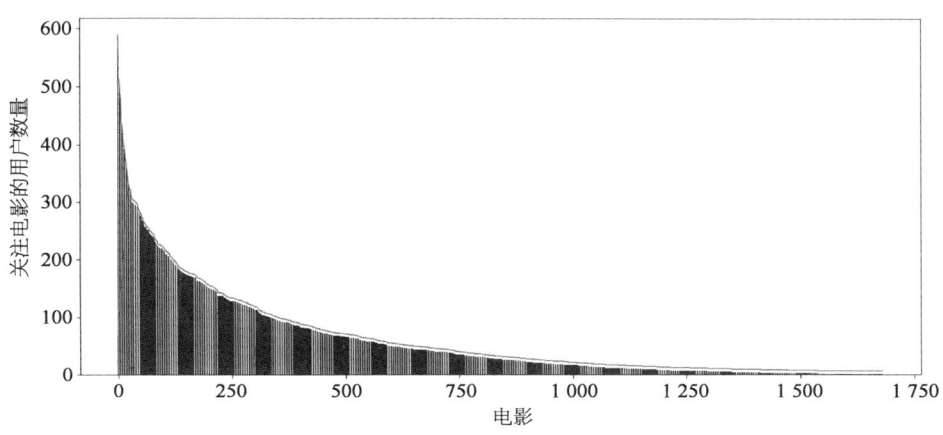

图1-1　Movielens 100k的长尾分布

从人们需求的角度来看,大多数的需求会集中在头部,即比较流行或热门的产品,而分布在尾部的数据体现了用户具有个性化的、零散的、小量的需求,这部分需求在图像上表现出一条长长的"尾巴",这就是长尾效应。推荐系统的主要任务就是通过某种策略和具体算法,挖掘出用户个性化的兴趣偏好,把这些分布在"尾巴"上的产品推荐给真正感兴趣的用户。

文献[27]给出的推荐系统的定义为:Recommender systems(RS) are software tools and techniques providing suggestions for items to be of use to a user(推荐系统是为用户提供有用项目建议的软件工具和技术)。国际数据公司(International Data Corporation,IDC)的研究数据表明,2013年全球数据总量是4.3 ZB(1 ZB = 10^{15} MB),2020年全球数据总量为60 ZB,2021年全球数据总量为67 ZB,2022年全球产生的数据量为77 ZB[4]。

信息量剧增与大数据技术的发展,促进了个性化推荐技术的发展。推荐系统已经被证明是一种处理信息过滤的有效工具。推荐系统是指根据用户的历史行为、兴趣等信息,为用户推荐个性化的内容,其主要组成部分[28,29]如图1-2所示。

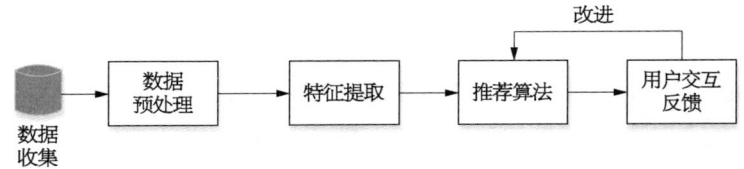

图1-2 推荐系统的关键步骤

数据收集:收集用户的历史行为、用户特征、物品特征、用户社交关系等信息,用户的历史行为包括用户对物品的点击、收藏、购买、点赞、评分等;用户特征包括用户的性别、年龄、职业等;物品特征包括电影的上映时间、影片类型(喜剧、战争、爱情等)、演员、导演等;用户社交关系包括朋友关系、信任关系等。

数据预处理:降噪、缺失值填充、降维、标准化等都是推荐系统常见的预处理方式。实际上,真实的数据往往存在噪声和缺失值,这些数据会直接对推荐的结果产生影响,可通过几何移动平均、傅里叶变换等去除噪声、均值填充或逻辑回归的方式填充缺失值。奇异值分解(singular value decomposition,SVD)、主成分分析(principal components analysis,PCA)是常见的降维技术,在基于深度学习推荐系统中,使用one-hot encoding,Word2vec,Item2vec,

Graph Embedding 等编码技术将丰富的信息嵌入向量中,同时实现降维。

特征提取:从收集的数据中提取有用的特征,如用户的性别、年龄、职业等信息。

推荐算法:根据用户的特征、历史行为和社交关系等选择合适的推荐算法计算相似度并排序,返回与用户兴趣最匹配的内容。PMF[15],SocialMF[21],Wide & Deep[30],DeepFM[31],NeuralCF[32]等都是经典的推荐算法。

用户交互反馈:用户可以对推荐结果进行反馈,如评分、点赞等,以便进一步改进推荐算法,得到更精准的推荐结果。

随着互联网行业电子商务、视频、音乐等的发展,个性化推荐技术的应用也越来越广泛。例如,电商网站可以通过个性化推荐为用户推荐他们可能喜欢的商品,提高购买率和销售额;视频网站可以通过个性化推荐为用户推荐他们可能感兴趣的视频,提高用户的观看时长和留存率。个性化推荐技术的产生和发展,提高了用户的体验和用户对企业的忠诚度,更好地满足了用户的需求,为企业带来更多的经济效益。

常见的推荐算法包括协同过滤、基于内容的推荐、基于矩阵分解的推荐、基于深度学习的推荐、基于图神经网络的推荐等。各类推荐算法的比较如表1-1所示。

表 1-1 各类推荐算法比较

推荐算法	优势	局限性
协同过滤推荐	1. 可挖掘用户潜在的兴趣偏好。 2. 不依赖于项目的属性信息,能处理复杂的非结构化对象	冷启动、稀疏性
基于内容的推荐	1. 对用户兴趣可以很好建模,并通过对商品和用户添加标签,可以获得更好的准确率。 2. 能为具有特殊兴趣爱好的用户进行推荐	1. 依赖于项目的内容属性。 2. 推荐项目的内容单一,难以发现用户的潜在兴趣偏好
基于关联规则的推荐	可发现不同物品之间的相关性	规则提取耗时,同义性问题
基于知识的推荐	能考虑到非物品属性并体现用户需求	知识难以获取,推荐是静态的

(续表)

推荐算法	优　　势	局　限　性
基于社交网络的推荐	1. 缓解了数据稀疏性和冷启动问题。 2. 准确描述用户的偏好	需要大量的各种类型的数据，模型建立复杂
基于深度学习的推荐	1. 能够学习输入数据的复杂特征并捕获非线性关系。 2. 具有强大的特征学习和表示能力	1. 随着网络深度的增加，梯度消失问题变得严重。 2. 可解释性差
基于图神经网络的推荐	1. GNN 可以适用 Inductive 的任务，使用已经训练好的模型直接对新的结点进行推断。 2. GNN 可使用多种特征	1. 难以区分某些简单的图形结构。 2. 无法完美地区分任何图形

1.2.3　信息检索与推荐系统的异同

信息检索和推荐系统都是处理大量数据并为用户提供有用信息的技术，其相同点是：① 都需要处理大量数据，以便为用户提供有用的信息。② 都需要用户反馈，以改善推荐结果和搜索效果。③ 都需要考虑用户兴趣，以便为用户提供个性化的服务。

不同点是：① 目的不同，信息检索的目的是从大量文本资料中检索出用户需要的信息，而推荐系统的目的是根据用户的历史行为、兴趣等信息，为用户推荐个性化的内容。② 处理数据的方式不同，信息检索系统主要通过文本处理和索引构建来处理数据，而推荐系统则需要从用户的历史行为中提取特征，然后通过推荐算法来推荐内容。③ 反馈方式不同，信息检索系统的用户反馈主要是用户的点击行为、搜索历史等，而推荐系统的用户反馈主要是用户的评分、点赞、分享等。

总之，信息检索和推荐系统都是处理大量数据并为用户提供有用信息的技术，但它们的目的、处理数据的方式和用户反馈方式有所不同。

1.3　推荐系统的发展历史

个性化推荐系统从 20 世纪 90 年代出现以来，不断吸引越来越多的研究机构和学者对推荐系统的系统架构、实现策略和应用推广等方面进行了大量的研究。1994 年 GroupLens 新闻推荐系统被明尼苏达大学 GroupLens 研究组提出之后,个性化推荐系统就迅速成为人机交互、机器学习、大数据和信息检索等领域的研究热点。近年来,越来越多的国内外学者对个性化推荐方法进行了深入研究,推动推荐技术不断进步,推荐性能获得了极大提升,也产生了许多令人瞩目的成果,一批重要的研究成果发表在著名的国际会议和重要的期刊上[4]。

20 世纪 90 年代末期,随着互联网技术的发展与成熟,电子商务网站逐渐兴起,为提高用户的满意度和获得巨大的商业利益,各种推荐算法被广泛应用于电子商务领域[1,2]。例如,Amazon 公司根据用户的购物体验和浏览记录向用户推荐一些可能喜欢的物品,据统计,推荐系统使 Amazon 的销售额提高了 40%[1]。2006 年,美国著名的 DVD 租赁网络公司——Netflix 为提高推荐系统的准确性,举办了著名的 Netflix Prize 竞赛,吸引了广大研究人员参与,许多高效的推荐算法被提出,从而对推荐系统的研究工作起到了积极的推动作用,也激发了学术界和工业界对推荐系统的研究热情[5]。

近年来,很多研究人员开始关注除用户-项目评分信息以外的影响推荐性能的因素,如用户的教育背景、用户社交关系、社会标签、心情、地理位置及项目的属性等。随着社交网络的兴起,以人和社会网络为特征的建模方法、评估方法和实验环境也被融入个性化推荐领域中,为推荐系统的发展注入了新的机遇和动力。

推荐系统的发展经历了基于协同过滤的推荐系统(collaborative filtering-based recommender system,CFRS)、基于内容的推荐系统(content-based recommender system,CRS)、混合推荐系统(hybrid recommender system,HRS)、基于社交网络的推荐系统(social networks-based recommender system,SNRS)等发展阶段,其发展轨迹和代表性的推荐算法和推荐系统[2,8,22,23]如图 1-3 所示。

协同过滤是目前应用最为广泛、最为成功的推荐技术之一。按照实现策略,协同过滤推荐算法分为两类[1,3]:基于内存的协同过滤(memory-based CF)和基于模型的协同过滤(model-based CF)。基于内存的协同过滤推荐算法思想简单,易于实现,无须对用户的历史行为数据进行训练,而是直接利用与目标用户(或目标项目)相似的近邻用户(或近邻项目)的评分进行推荐[6,8]。

基于社交关系的个性化推荐方法

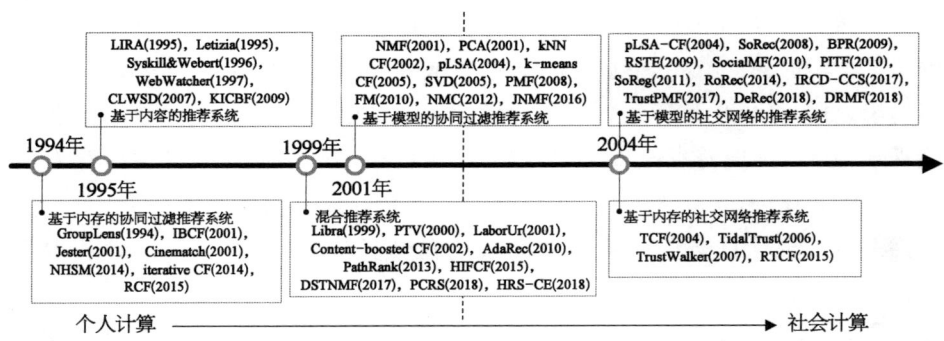

图1-3 个性化推荐系统发展轨迹及代表性推荐系统

为了提高推荐的效率,基于k-means聚类[33]、隐狄利克雷分布(latent Dirichlet allocation,LDA)[34]、奇异值分解(singular value decomposition,SVD)[35]、概率矩阵分解(probabilistic matrix factorization,PMF)[11~15]等模型的协同过滤推荐算法应运而生,它们的主要思想是通过降维技术将待处理数据压缩至一个较小的范围,以减少搜索近邻用户或近邻项目的时间。基于模型的协同过滤推荐算法在为用户进行推荐之前,需要利用用户历史数据对建立的模型进行离线训练,然后根据训练后的模型在线预测用户兴趣偏好,从而实现推荐。这样既保证了推荐的准确率,又降低了计算时间复杂度。由于基于模型的推荐算法主要计算代价是在离线阶段完成,在线计算工作量较少,可在很短的时间内完成推荐,因此可应用于大规模数据集上。

与基于内存的推荐方法相比,基于模型的推荐方法有效地解决了推荐系统的可扩展性问题。其中,基于矩阵分解的隐因子推荐模型将用户对项目的评分信息映射到低维的用户特征空间和低维的项目特征空间,由于其具有良好的解释性和较高的推荐性能,因此,基于矩阵分解的推荐方法成为近年来的研究热点之一。

目前,随着数据的稀疏性和冷启动问题越发凸显,传统的推荐方法难以准确获取用户的偏好特征,从而无法进行精准的推荐。基于社交网络的推荐方法在建模用户偏好时引入用户的社交关系,改进了传统推荐算法推荐准确性不高的问题。特别是2009年哈佛大学Lazer等人[36]在Science杂志上提出了计算社会学概念之后,网络上的大量数据,如博客、微博、聊天记录被用于分析个体和群体演化行为模式,为理解人类组织、生活方式和基于社交网络的推荐方法研究提供了理论基础。因此,基于社交网络的推荐方法逐渐成为推荐系统研究领域的一个主流方向,其发展轨迹及代表性推荐系统如图 1-4 所示[9,10,16,29]。

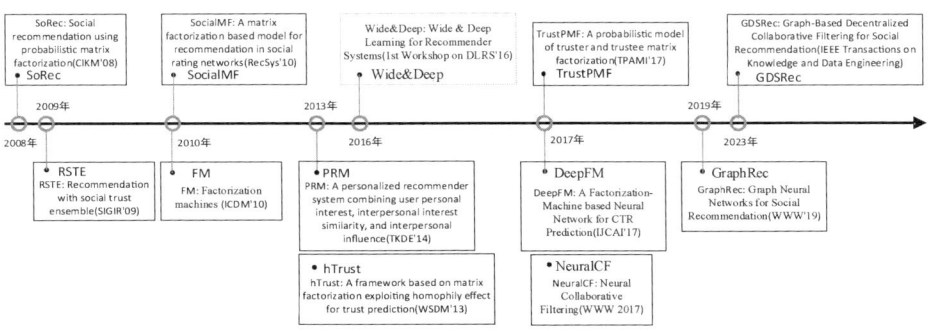

图 1-4 社会化推荐系统发展轨迹及代表性推荐系统

1.3.1 基于协同过滤的社会化推荐方法

用户间的信任关系是一种重要的社交关系,它是用户根据周围环境和历史交互经验作出的可信度度量,反映了用户之间的兴趣偏好相关程度。一般情况下,用户很可能会同与自己观点或偏好兴趣相同的用户建立信任关系,因此,用户在选购产品时往往会采纳其信任朋友的建议。基于信任关系的推荐算法通过引入用户信任关系对用户行为的影响进行建模,可在一定程度上改进推荐的效果。调查研究表明,在用户购买商品时,经过对比商家与熟人提供的推荐,大部分人倾向于选择后者,以上经验知识为基于社交关系进行推荐提供了研究基础。

1) 基于内存的社交关系推荐方法

从采用推荐策略角度来看,基于社交关系的推荐方法主要建立在基于内存和基于模型的协同过滤推荐技术上。其中,基于内存的社交关系推荐方法主要利用评分信息和信任关系对用户之间的关系进行加权,以缓解评分稀疏带来的预测不准确问题。例如,2007 年,Massa 等人[60]首次提出了一种信任感知的协同过滤推荐方法,该方法除了计算用户之间的相似性之外,还利用信任传播机制获得用户之间信任值。实验结果表明,该方法在没有降低推荐准确率的情况下提高了推荐的覆盖率。Moradi 等人[13]将基于内存的协同过滤推荐算法与用户之间的信任关系相结合,提出了一种基于可靠性的信任感知协同过滤推荐方法。该方法利用一种可靠性评估方法评价评分预测的准确性,根据其准确性重构用户信任关系网络,以保证推荐的准确性。基于内存(近邻)的推荐方法使用了启发式算法进行推荐,虽具有传统的基于内存的推荐算法的优点,但根据用户-项目评分矩阵和信任网络之间建立的模型缺乏训练难以达到最优效果,且该方法不具有扩展性。

2) 基于隐因子分解的社交关系推荐方法

随着研究的进一步深入,基于模型的社交网络推荐方法被提出。基于模型的社交关系推荐方法主要利用信任传播机制或隐因子分解的方法对用户间的社交关系进行预测,根据预测的社交关系建立用户特征和项目特征,从而对未评分项进行预测[12, 15, 20, 37~39]。例如,Salakhutdinov 等人[15]结合隐因子模型和贝叶斯推理,提出了一种基于概率矩阵分解的推荐方法,它将原始用户-项目评分矩阵分解为两个低秩的矩阵:用户特征矩阵和项目特征矩阵,以解决推荐系统中存在的数据稀疏性和数据不平衡问题。Jamali 等人[21]将用户的信任传播机制融入推荐模型中,提出了一种基于信任传播的概率因子分解框架,以解决推荐系统中的冷启动问题。Ma 等人[12]将用户的兴趣和其信任朋友的偏好相融合,提出一种基于概率因子分解模型,它利用用户信任的朋友关系和用户对项目的评分信息获取用户特征矩阵和项目特征矩阵,从而对未评分项目进行预测。为了获取更准确的用户偏好特征,Yang 等人[20]通过分析用户的信任者和被信任者之间的关系,根据用户的评分信息和信任关系将用户分解到一个共享的低秩的信任者和被信任者空间,提出一种基于用户信任的社交矩阵分解方法,以得到更加准确的用户特征,从而提高推荐的性能。李玉省等人[37]通过总结基于用户信任关系的推荐系统存在的问题,利用用户之间的显式的信任关系和物品间的相似性学习用户特征空间和项目特征空间,提出了一种改进的协同过滤推荐算法,以解决用户-项目评分矩阵的稀疏性问题。潘一腾[38]等人提出了一种基于信任关系隐含相似度的推荐方法,通过研究用户作为信任与被信任者时用户潜在的关联信息,改进了用户之间的相似度度量方法,并将此信任关系引入矩阵分解模型以获得更高的推荐准确度。Li 等人[39]提出了一种基于高斯混合模型的上下文感知社交矩阵分解方法,该方法利用高斯混合模型将用户-项目评分矩阵进行聚类,然后利用社交矩阵分解技术优化用户和项目特征矩阵。

除了信任关系,社交网络中还存在朋友关系、同事关系、同学关系等社交关系,这种关系是出于一种社交目的建立的社交关系,不一定代表用户之间一定具有相似的兴趣偏好,但可通过用户的历史行为间接地构建用户的社交关系,然后在此基础上建立推荐模型[40~42]。例如,Qian等人[40]将用户的个人兴趣和用户间的相互影响因素引入矩阵分解模型中以满足用户的个性化需要。Li等人[41]将社会标签和信任关系融入个性化推荐系统中,分析了社会标签和信任关系对个性化推荐算法的影响,提出了基于标签和信任关系的社会化推荐模型。Zhang等人[42]通过社交网络中的信任传播理论构建用户信任关系,结合用户兴趣相似性,提出了一种增强的基于社交网络推荐模型。余永红等人[31,49,82]将用户社会地位的影响引入矩阵分解过程,提出了一种基于社会地位的推荐方法。

基于社交矩阵分解的推荐方法本质上不能获取非线性的用户-项目交互关系和用户-用户之间的社交关系,因此,在数据极度稀疏的情况下,推荐系统的性能难以大幅度提升。随着深度学习技术的发展及其在计算机视觉、图像处理和自然语言处理领域的极大成功,该技术被引入推荐系统领域,产生出一些经典的推荐模型,极大地促进了推荐系统的发展和应用。

目前,在建立推荐模型时,大多数基于信任等社交关系的推荐方法将社交网络中的用户同等对待,实际上社交网络中的用户各自擅长的领域不同,其相互影响程度也不相同,因此对社交关系的贡献程度并不一样。此外,大多数基于社交关系的推荐方法仅仅将信任关系融入推荐模型中,并未综合考虑用户对项目的交互行为、社会标签等隐式的交互因子影响因素,这些也是反映用户社交关系的重要因素,可在一定程度上缓解评分信息的稀疏问题。

上下文(或情境)信息是指进行推荐时用户所处的环境因素,包括外在因素(如用户所处的时间、位置、天气、周围环境、伴随状态等)和内在因素(如用户当时的心情、用户的职业、个人背景、年龄等)。这些因素可能会对用户的偏好产生影响[61,107,112]。因此,通过分析用户上下文因素,结合用户历史行为信息,可准确获取用户的偏好模型,从而提高推荐的准确率和用户的满意度。

例如,Aghdam等人[43]提出了一种基于层次隐马尔可夫模型的上下文推荐方法,通过将用户对项目的交互历史建模为隐含的马尔可夫过程,利用隐马尔可夫模型从用户的反馈序列中学习隐含的上下文,结合当前的环境上下文与用户之间的偏好进行推荐。郑麟等人[44]将上下文信息表示成属性形式,从用户、物品和类型三个方面的属性交互获取用户不同层面的兴趣,从而提升属性表达能力,改善推荐效果。Unger 等人[45]提出了一种隐含上下文的推荐算法,通过利用非监督的深度学习技术和主成分分析(principal component analysis,PCA)对搜集到的数据进行学习并推荐。王立才等人[46]提出了一种基于认知心理学的上下文感知推荐方法,通过对多维度上下文的用户偏好进行建模,利用奇异值分解技术挖掘各个维度上下文用户偏好张量的语义关联,以预测上下文环境下用户的偏好兴趣。

基于社交关系的推荐方法和基于上下文的推荐方法分别从不同角度分析用户偏好进行推荐,与传统的推荐方法相比,提高了推荐的准确率。目前,大多数基于上下文的推荐方法主要利用时间、地点等单一的上下文信息进行推荐,虽然在一定程度上提高了推荐的准确率,但是没有考虑到用户之间的社交关系和交互行为。文献[12~14,22,23,32,34]通过分析用户的历史交互数据挖掘用户的社交关系、用户兴趣相似性、用户或项目特征等影响因素,与概率矩阵分解框架结合,在一定程度上提高了推荐的准确率。文献[6,8,22]从社会学角度分析了用户社交关系对推荐质量的影响,并通过实验验证了这种影响的存在及模型假设的合理性。但是,以上方法在建立用户偏好模型时没有考虑社交网络中用户间的交互行为和用户隐式的社交关系,仅利用显式的 0-1 二值信任等社交关系难以获取完整的用户偏好特征,从而使提高推荐准确率的幅度有限。因此,通过深入分析用户交互行为信息,揭示隐式的社交关系,将显式和隐式的社交关系影响因素融入推荐模型,有助于提高推荐算法的性能。

1.3.2 基于深度学习的社会化推荐方法

基于深度学习的推荐算法可追溯到 2007 年著名的图灵奖得主 Geoffrey Hinton 等人提出的受限玻尔兹曼机协同过滤方法。随着深度学习技术在图像、语音、自然语言处理等领域的巨大成功,特别是 2012 年深度学习模型 AlexNet 在著名的 ImageNet 竞赛中的惊人表现,使得深度学习开始在推荐系统领域大放异彩,一些经典的推荐模型如 AutoRec,Neural CF,Deep FM,NeuMF 等被陆续提出。在产业界,微软、谷歌、百度、京东等公司在其平台上广泛应用深度学习推荐模型。

深度学习结合了低级别的特征,形成了更密集的高级别语义抽象,自动发现数据的分布式特征表示,解决了问题在传统的机器学习中手动设计特征。基于深度学习的推荐系统通常以各种类型的用户和项目作为输入,使用深度学习模型来学习用户和项目的隐含表示,并为用户生成项目推荐[8]。

基于深度学习的推荐系统通常将各类用户和项目相关的数据作为输入,利用深度学习模型学习到用户和项目的隐表示,并基于这种隐表示为用户产生项目推荐[8,9,48]。基于社交关系的深度学习推荐方法大致可分为基于自编码器的社交关系推荐方法、基于卷积神经网络(CNN)和循环神经网络(RNN)的社交关系推荐方法、基于图神经网络(GNN)的社交关系推荐方法和基于注意力机制的社交关系推荐方法。Pan 等人[11]通过加权平衡用户社交关系和用户历史评分的贡献,然后使用相关正则化来交换信息,并使用统一的潜在表示预测用户评分和用户信任关系。Sun 等人[16]提出了一种基于 RNN 的关注时间序列的推荐模型,该方法通过获取静态用户偏好和动态用户偏好,静态社交模块通过聚合社交关系表示用户特征,动态社交模块利用 LSTM 获取用户的复杂的时序潜在表示,最后综合考虑两个部分的预测评分。每个部分都将预测用户偏好得分,最终的评分预测是这两个部分得分的总和。为了挖掘用户准确的偏好,同时避免模型复杂度大幅提升,张青博等人[47]提出了一种融合信任关系和评分矩阵的基于注意力机制的规范化矩阵分解推荐算法,通过提出伪相似朋友的概念用于构建异构网络,并在网络嵌入阶段利用伪相似传播机制和随机游走算法 VDWalk 挖掘用户间的相似性关系,同时,以双线性方式将注意力机制引入矩阵分解过程中,分析用户对项目各个属性特征不同的关注度,获取用户更准确的偏好。Fan 等人[23]提出了一种 GraphRec 的社交关系推荐框架,通过 GNN 用户之间的社交关系图和用户-项目间的交互历史学习用户潜在因子和项目潜在因子,最后将这两个潜在因子拼接起来进行最终的评分预测。该模型分为三个部分:用户建模、项目建模和评分预测。对于用户建模,用户的潜在表示是用户-项目聚合和社交聚合的连接,社交聚合的过程是使用注意力算法聚合用户的好友评分历史;对于项目建模,项目的潜在因素是其他用户对目标项目的历史评分的聚合。对于评分预测,利用上述两部分的向量,预测用户对某个项目的评分。

CNN 中的卷积和池化计算主要学习数据局部特征,可以提取非结构化多媒体数据,对多源异构数据进行表征学习。网络可以融合多样化信息,如物品图像、评论文本等,挖掘用户视觉兴趣或从文本信息中提取用户偏好。卷积神经网络提高了模型的可扩展性,融合更多信息能够让模型从更多方面捕捉用户兴趣[48]。在推荐系统中,CNN适用于多模态推荐、图片推荐和文本推荐任务。基于社交网络的推荐系统通常采用图模型或正则化技术来建模用户之间的社会化关系影响,但是这种方法容易受到图结构的稀疏性以及高计算复杂性的影响。

1.4 个性化推荐系统的应用

自从推荐系统这一概念被提出以来,学术界和工业界每年开展了许多推荐系统的相关学术研讨交流活动,例如,ACM专门设立了ACM RecSys国际会议和*ACM Transactions on Recommender Systems*期刊,越来越多的学术会议纷纷设立了推荐系统专题,为推荐系统的研究提供了交流平台,用于发布推荐系统的最新研究成果。随着推荐系统性能的提升,技术逐渐成熟,其成果被广泛应用于电子商务、音乐电台、电影和视频网站、新闻等领域。

1.4.1 个性化推荐在电子商务中的应用

随着互联网技术和人工智能技术的快速发展,亚马逊、淘宝、京东、当当等电商平台纷纷进行了智能化升级,人工智能技术,尤其是推荐系统成为推动电商平台经济增长的新引擎,同时,它就像善解人意的导购员,引导用户发现、购买可能感兴趣的商品。个性化推荐可以提高用户的购买转化率,增加平台的销售额。同时,个性化推荐也可以提高用户的满意度和忠诚度,从而提升平台的口碑和品牌形象。推荐系统通过分析用户在网站上的浏览、点击、收藏、购买记录及用户自身信息,获取用户偏好,并将可能感兴趣的商品推荐给用户,从而缩短用户在挑选商品时的时间花费,同时增加平台的销售额。据统计,亚马逊每年30%的收入来自个性化推荐。拼多多通过分析用户的历史行为和兴趣爱好,为用户提供个性化的商品推荐。根据拼多多发布的数据,2019年,拼多多的年度活跃用户数达到了5.852亿,同比增长了41%。据京东的官方数据,通过在平台引入推荐技术,订单转化率提高了60%,商家销售额提升了40%[27,29]。当我们进入京东、淘宝App或者网页端时,每个用户的首页展示都是依据他的行为偏好进行精准推荐的(见图1-5)。

图 1-5　京东、淘宝 App 主页的推荐页面

1.4.2　个性化推荐在电影和视频网站中的应用

个性化推荐系统在电影和视频网站中的应用也很广泛，能够帮助用户在浩瀚的视频库中找到令他们感兴趣的视频。YouTube 是一个视频网站，成立于 2005 年，用户可下载、观看及分享视频或短片。据报道，推荐算法每天为 YouTube 的观看时长增加了数十万小时，每年视频点击量增幅达到 50% 以上[28,59]。2015 年 2 月，央视首次把春晚推送到 YouTube 等境外网站。

另一家视频专业公司 Netflix 之前的主要业务为 DVD 租赁，后来开始涉足在线视频业务。Netflix 非常重视个性化推荐技术，并且在 2006 年开始举办著名的 Netflix Prize 推荐系统比赛，希望研究人员能够将 Netflix 的推荐算法的预测准确度提升 10%。该比赛对推荐系统的发展起到了重要的推动作用：一方面，该比赛给学术界提供了一个大规模用户行为数据集；另一方面，经过3年的比赛,很多经典的推荐算法脱颖而出,大大提高了推荐系统的推荐准确率[49]。Netflix声称有60%的用户是通过其推荐系统找到感兴趣的电影和视频的。

1.4.3 个性化推荐在音乐电台中的应用

Pandora、Last.fm、豆瓣FM电台是国内外著名的3个音乐电台,给用户设计了几种反馈方式:喜欢、不喜欢和跳过。经过用户一定时间的反馈,电台就可以从用户的历史行为中获得用户的兴趣模型,从而使用户的播放列表越来越符合用户对歌曲的兴趣。

Pandora是一款以个性化音乐电台闻名的国外音乐软件,通过其独特的音乐推荐算法为用户提供定制的音乐体验。首先对用户喜欢的歌曲的音乐结构进行分析,然后根据这些歌曲的类似音乐特征为用户推荐其他歌曲,从而实现个性化的音乐推荐服务,其特征包括旋律、和声、节奏、形式、作品及歌词等400项。这一服务特别适合根据心情和场合自动播放音乐的中国用户。用户只需选择一个喜欢的歌手或歌曲作为种子,Pandora就能创建一个播放列表,不断地为用户推荐类似风格的音乐。

Last.fm是一个提供音乐推荐服务的社交平台,是世界上最大的社会音乐平台,充分利用集体的智慧,通过记录并分析每个用户的音乐收听情况提供个性化推荐,联系品味相近的用户等服务。Last.fm还提供多种社交网络服务,允许用户推荐或收听符合其喜好的音乐,在这里网友可以寻找、收听、谈论自己喜欢的音乐,促进了音乐发现和社区互动[49,58]。该平台的推荐算法主要基于用户的听歌历史、评分、用户的交互行为、社会标签等行为数据,利用隐语义模型通过分析用户的听歌历史和其他相关行为,提取出用户的兴趣特征和歌曲的特征,然后根据这些特征进行推荐。

豆瓣电台FM是个音乐社区(见图1-6),能够通过安装在本机上的WMP插件记录用户的音乐播放记录,通过用户的"收藏、标记"操作记录和播放频次来统计用户对音乐家音乐风格的偏好。根据用户以往的历史记录,通过一些归类计算,就能猜测出哪些也是用户的偏好了。比如喜欢《想把我唱给你听》歌曲的人,多半也会喜欢《成都》;喜欢莫扎特的人,对于李斯特也不会太排斥。豆瓣FM电台通过分析用户的听歌历史、收藏、评分等行为及歌曲的风格、节奏、旋律等,分析用户的历史听歌记录、社交网络和音乐标签建立用户偏好模型,豆瓣 FM 还引入了跨平台的音乐推荐算法,通过实验验证了其推荐算法的有效性和准确性,确保了推荐内容的多样性和个性化。

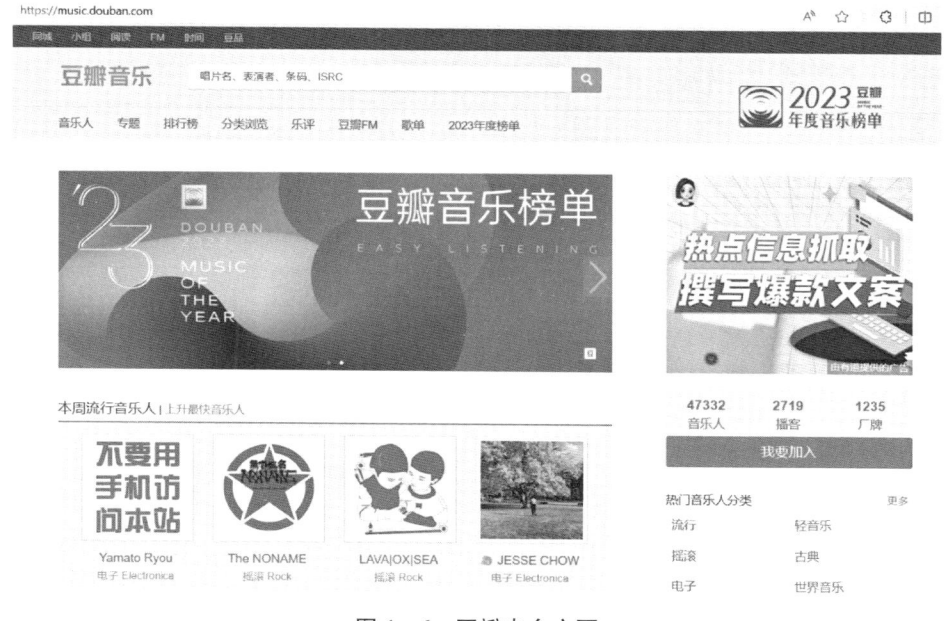

图 1-6 豆瓣电台主页

1.4.4 个性化推荐在社交网络中的应用

　　社交网络是一种由个体、组织和社区构成的互动结构,它们通过各种方式相互联系、共享信息、资源和关系。社交网络分析可以帮助个性化推荐系统挖掘用户之间的关系,从而更好地理解用户的需求和兴趣,提高推荐系统的准确性和效果。社交网络包括在线社交媒体平台如 Facebook、Twitter、微博等,也包括现实生活中建立的面对面社交关系。

　　社交网络分析的主要任务是挖掘社交网络中的关系、结构和模式,以便为企业提供有价值的信息和决策支持。社交网络分析可以帮助企业了解用户之间的关系、分析用户行为、预测用户需求、提高推荐系统的准确性和效果。社交网络平台大致可分为视频分享平台、图片和视觉社交平台、职业社交平台、短消息和社交媒体等。其中,YouTube 和 TikTok 允许用户上传和观看视频内容,支持添加音乐和特效,特别适合内容创作者和娱乐爱好者。Instagram

和Pinterest鼓励用户分享照片和图片,支持滤镜和创意排版,适合视觉艺术和时尚爱好者。LinkedIn专为职业人士设计,提供个人简历展示和工作机会搜索功能,适合职场发展和招聘需求。Twitter允许用户发布短消息,适合实时新闻和快速信息交流。Facebook则是一个综合性的社交网络,支持多种内容格式,适合广泛的社交互动。图1-7为通过挖掘用户的偏好与兴趣生成的用户画像。

图1-7 用户画像

个性化推荐系统成功应用在社交网络平台中,可帮助挖掘用户关系,通过发现并利用社交关系为用户推荐更符合他们需求和兴趣的内容。对于社交媒体,通过分析用户之间的关系,提高内容传播效果。像QQ、微信均提供了推荐功能,为用户提供可能认识的人。对于人力资源,通过分析员工之间的关系,可提高团队协作效率。对于金融领域,通过分析客户之间的关系,挖掘潜在的客户,从而产生商业价值。对于政府部门,通过分析公民之间的关系,提高政策执行效果。

学者网[49]是由著名学者汤庸教授创建的综合性学者社交网站,可提供学术信息管理、学者交流、文献检索及资源分享等服务,具有学者社交关系自动发现和学者推荐等功能,这就是通过挖掘学者社交关系建立的社交圈并进行推荐。图1-8为学者圈中的人物关系网。

目前,社交网络分析主要面临数据量大、数据质量可靠性、数据隐私保护、

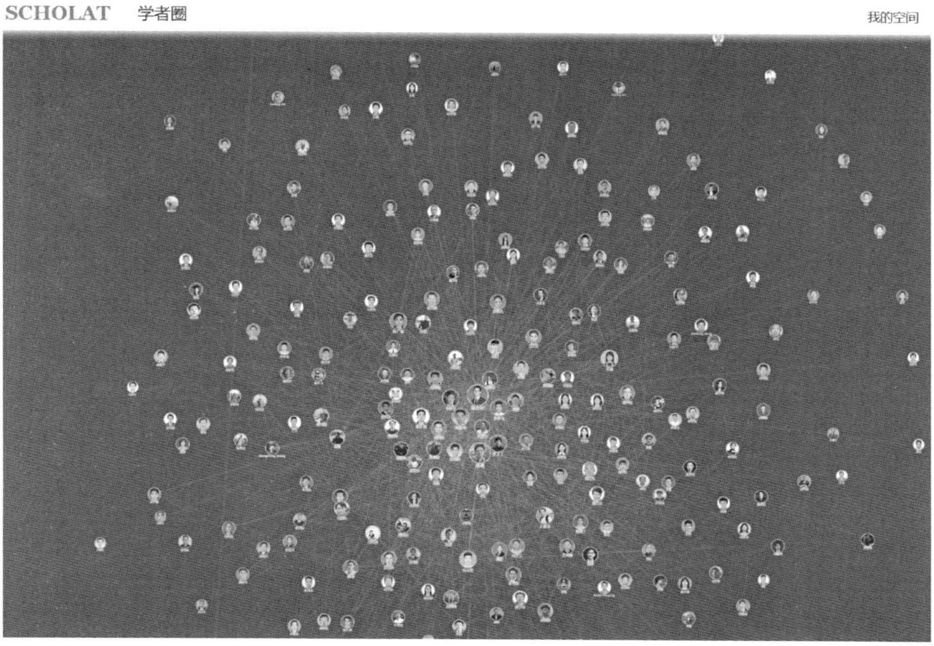

图 1-8 学者网中的人物关系网

社交关系发现难、可解释性难等问题。

1.4.5 个性化推荐在移动新闻中的应用

随着移动设备的普及和社会计算的深入发展,移动新闻成为人们获取资讯的主要途径。因此,通过植入个性化的偏好更能使移动新闻获得用户的青睐,个性化推荐在移动新闻领域得到成功的应用。移动新闻 App 通过个性化推荐技术,能够根据用户的浏览历史、用户的个人定制等多个途径获取用户偏好兴趣进行个性化推荐,从而使用户获得更加精准的新闻资讯。这种技术不仅包括狭义上的新闻推荐,还扩展到音乐、电影、游戏、购物等多元化资讯,使用户能够根据自己的兴趣爱好从精品推荐、新闻、国际、科技、娱乐、体育、财经、休闲、生活、时尚、视觉和人文等新闻订阅源中轻松订阅,实现相关资讯第一时间送达[28]。

个性化推荐在移动新闻中要取得成功,不仅要考虑推荐的准确性,更要从用户角度考虑用户的消费心理,以提高用户体验和忠诚度。具体来说,新闻报道要保证即时性,使用户可随时随地获取最新的新闻资讯。移动新闻需要注重个性化,千人千面,根据用户的兴趣和阅读习惯,为用户提供个性化的新闻推荐,让用户更容易找到感兴趣的内容。移动新闻应体现出社交特性,用户可对新闻进行评论、讨论和分享,增加用户的参与感。最后,移动新闻应图文并茂,以多种形式进行新闻报道,使用户更加直观地了解新闻报道,增加新闻报道的吸引力。各大门户网站均提供了移动新闻App,百度也在App上增加了推荐功能,今日头条、百度、搜狐的移动App首页如图1-9所示。

图1-9 今日头条、百度、搜狐的个性化推荐页面

1.4.6 个性化推荐在教育中的应用

随着信息技术的迅猛发展,学习资源和学习内容的多样性越来越丰富。然而,对于大多数学生而言,面对琳琅满目的海量学习资源,往往难以选择适合自己的学习内容。为了解决该问题,教育推荐已成为推荐系统领域的一个研究方向。近年来,随着以知识图谱、深度学习为代表的人工智能技术迅速发展,一些学者将知识图谱、深度学习技术引入教育推荐,提出了一系列基于知识图谱和深度学习的教育推荐方法。

在教育领域,个性化推荐为学生的成长、学习积极性和自主能力的培养及促进教师了解学生的学习情况和改进教学方法提供了助力。对学生来说,个性化推荐可更好地帮助他们找到符合他们学习需求的学习资源,从而提升学习效率和成绩。对教师而言,个性化推荐可帮助他们更好地了解学生的学习情况和需求,进行更有针对性的教学。

教育个性化推荐包括特征提取、相似度计算、用户行为分析、推荐模型构建及推荐效果评估等多个环节。首先,需要从大量的文本、图像数据中提取特征,这需要利用自然语言处理、图像识别技术对文本、图像进行处理,并提前进行表征,同时,还需要收集用户的浏览记录、收藏、点击率等数据,获取用户偏好,然后选择合适的推荐方法,为不同的用户提供个性化的学习资源。在为学生推荐学习资源时,需要结合学生知识点掌握情况和考试的错题情况,针对学生知识点的薄弱环节推荐相应学习资源,以提高学习效率。通过对推荐结果的跟踪和反馈,持续优化推荐算法,提高推荐准确率和用户体验。

1.5 常用数据集与评测方法

为了评估推荐方法的推荐质量,一些推荐系统的评测方法和评测数据被相继提出。本节主要介绍推荐系统领域一些常见的数据集和评测方法。

1.5.1 数据集

目前,网络上存在很多用于推荐系统研究的公开数据集,如 Movielens[4],Epinions[32, 39],Tencent[7, 10],Douban[7, 12, 71],Flixster[14, 32],Bookcrossing[18, 62],Ciao[31],FilmTrust[62]等。按照是否包含社交关系信息,这些数据可分为两类:具有直接社交关系的数据集和不具有直接社交关系的数据集[23]。Epinions、Tencent、Douban 等包含有社交关系;Movielens 不包含社交关系信息。

1) Movielens 数据集

Movielens 是推荐算法领域最重要的数据集之一,它由美国明尼苏达大学的 GroupLens 研究团队搜集[41]。该数据集包含来自 943 名用户对 1 682 部电影约 100 000 条评分记录,其中每名用户至少对 20 部电影进行了评价,稀疏度为 93.7%。这些评分为 1～5 之间的整数，评分越高，表明用户越喜欢这部电影。

2) Epinions 数据集

Epinions 数据集[55]来自 Epinions.com 站点，该站点是为了促使产品信息的共享，注册用户可以对网站上的物品如食品、图书、电子产品等进行评论和评分，评分范围为 1～5 之间的整数，该数据集包含了 49 289 名用户对 522 139 738 个项目的 598 329 条评分记录，这些项目可分为 25 类。此外，用户还可添加信任用户到信任列表中，信任关系的取值为 0 和 1，0 表示不信任，1 表示信任。本节抽取了 12 630 名用户对 3 620 个项目的 1 261 218 个评分数据，稀疏度为 97.24%。

3) Tencent 数据集

Tencent 数据集[10]由腾讯微博提供，来自 2012 年 KDD Cup 的竞赛任务。每名注册用户都可在该平台上发布消息和评论。该数据集抽取了大约 2 亿注册用户的 50 天行为数据，包含了约 200 万活跃用户对 6 000 个物品的 3 亿条历史行为记录及用户标签、物品关键字、社会网络等丰富的上下文信息。Tencent 数据集并未包含显式的评分数据，可通过用户对项目的关注、转发和评论等交互信息间接获取用户对项目的偏好程度，从而预测用户对未知项目的偏好兴趣。

4) Douban 数据集

Douban 数据集[8]来自中国最大的社交平台——douban.com 站点，站点中允许每名注册用户分享他们对电影、图书和音乐的观点，每名用户可根据个人喜好对其感兴趣的物品进行评分，评分范围为 1～5 的整数。本节抽取了 5 786 名用户对 26 573 部电影的 685 936 条评分记录和 2 865 条信任关系，稀疏度为 99.55%。

1.5.2 评测方法

1) 评分预测评测方法

研究推荐系统的主要目标是以最小的时间代价发现用户潜在的兴趣，并为用户准确推荐可能感兴趣但没有被发现的物品，帮助产品供应商促销商品，从而提高经济收益，因此提高推荐系统的准确率就成为最重要的目标。推荐系统的主要评测方法包括推荐的准确率、多样性、覆盖率。

平均绝对误差(mean absolute error,MAE)和均方根误差(root mean squared error,RMSE)是最常用的衡量推荐准确率好坏的方法,通过计算预测评分与真实评分的偏离程度衡量预测结果是否准确。其中,MAE通过直接计算真实评分和预测评分的平均绝对误差以衡量推荐的准确率[7,68]。MAE的计算公式为

$$MAE = \frac{\sum_{(u,i) \in R_{\text{test}}} |r_{ui} - \hat{r}_{ui}|}{|R_{\text{test}}|} \quad (1-1)$$

式中,R_{test}为测试集中用户-项目集合,$|R_{\text{test}}|$为测试集合中元素的个数。

均方根误差也是通过计算真实评分和预测评分的偏离程度进行评估推荐的准确率[21,31]:

$$RMSE = \sqrt{\frac{\sum_{(u,i) \in R_{\text{test}}} (r_{ui} - \hat{r}_{ui})^2}{|R_{\text{test}}|}} \quad (1-2)$$

MAE和RMSE的值越小,说明算法的预测准确率越高。

多样性描述了推荐列表中两个项目的差异,假设$s(i,j)$定义为两个项目v_i和v_j的相似性,$|R(u)|$为用户u_u推荐列表的长度,那么用户u_u的推荐列表的多样性定义为

$$Diversity(R(u)) = 1 - \frac{\sum_{i,j \in R(u)} s(i,j)}{\frac{1}{2}|R(u)|(|R(u)|-1)} \quad (1-3)$$

2) Top-N 评测方法

此外,$precision@N(P@N)$和$recall@N(R@N)$[45,60]也是常用来评估推荐系统准确率的评价指标。

$$P@N = \frac{1}{N} \sum_{u=1}^{N} \frac{|Rec_u \cap Fav_u|}{|Rec_u|} \quad (1-4)$$

$$R@N = \frac{1}{N} \sum_{u=1}^{N} \frac{|Rec_u \cap Fav_u|}{|Fav_u|} \quad (1-5)$$

式中,Rec_u和Fav_u分别表示用户u_u在测试集上推荐的项目集合和用户真正

喜欢的项目集合。我们假定用户 u_u 喜欢的集合为 $Fav_u = \{i \in \Omega(u) \mid r_{ui} \geqslant 4\}$，其中，$\Omega(u)$ 表示在测试集中用户 u_u 评分的项目集合。$|\cdot|$ 表示集合中的元素个数。

推荐的准确率也可以通过准确率和召回率 $precision/recall$ 进行评测。其中，$precision$ 描述的是最终推荐列表中占用户项目评分记录的比例，$recall$ 描述的是用户-项目有多少比例的评分记录包含在最终的推荐列表中。$precision$ 和 $recall$ 的评估方法为

$$precision = \frac{\sum_u |R(u) \cap T(u)|}{\sum_u |R(u)|} \qquad (1-6)$$

$$recall = \frac{\sum_u |R(u) \cap T(u)|}{\sum_u |T(u)|} \qquad (1-7)$$

式中，$R(u)$ 为推荐给用户 u_u 的项目数量，$T(u)$ 为在测试集中用户 u_u 喜欢的项目集合。

归一化折损累计增益(normalized discounted cumulative gain，NDCG)用作评价推荐列表排序的准确性。NDCG 就是标准化之后的 DCG，NDCG 的取值位于(0，1)之间，位置越靠后，DCG 的缩小比例就越大。

$$NDCG_u@k = \frac{DCG_u@k}{IDCG_u} \qquad (1-8)$$

$$DCG_u@k = \sum_{i=1}^{k} \frac{2^{rel_i} - 1}{\log_2(i+1)} \qquad (1-9)$$

式中，rel_i 为第 i 个物品的相关性或者评分。对于每一项评分，这些评分值是一个非负数，这就是 gain(增益)。对于没有用户反馈的项，通常设置其增益为 0。若把这些分数相加，也就得到了累积增益(cumulative gain)。将每项除以一个递增的数，通常是该项位置的对数值，也就是折损值，并得到 DCG。为了得到最好的，我们把测试集中所有的条目置放在理想的次序下，采取的是前 K 项并计算它们的 DCG。

平均正确率(average precision，AP)用于衡量准确率和召回率的综合指

标,通过计算 PR 曲线(precision recall curve)下的面积得到。

$$AP@N = \frac{\sum_{k=1}^{\min(n,K)} precision(k) \times ref(k)}{\min(m, N)} \quad (1-10)$$

式中,m 是用户选择的项目数,N 是推荐给用户的所有项目数,当第 k 个项目被用户选择时,$ref(k)=1$;否则,$ref(k)=0$。

曲线下的面积(area under the curve,AUC)的定义是受试者特征曲线(receiver operator characteristic,ROC)下的面积,ROC 曲线是一种用于表示分类模型性能的图形工具,它通过将真阳性率(true positive rate,TPR)和假阳性率(false positive rate,FPR)作为横纵坐标来描绘分类器在不同阈值下的性能,ROC 曲线如图 1-10 所示。在图 1-10 中,左下角的(0,0)表示分类器将所有测试集都预测为负例,TP rate,FP rate 均为 0;右上角的(1,1)表示分类器将所有的测试集都预测为正例,因此 TP rate,FP rate 均为 1。最佳的分类点是(0,1),表示分类器准确地预测了所有的正例、负例,$TP=P$,$FP=0$,$TN=N$,$FN=0$。ROC 曲线下的面积,即 AUC 的取值一般都会处于 0.5~1 之间,AUC 的值越大,表示推荐的样本更能符合用户的喜好。AUC 值越接近 1,表示分类器性能越好;反之,AUC 值越接近 0,表示分类器性能越差。

$$AUC = \frac{\sum_{i \in pClass} rank_i - \frac{M(M+1)}{2}}{M \times N} \quad (1-11)$$

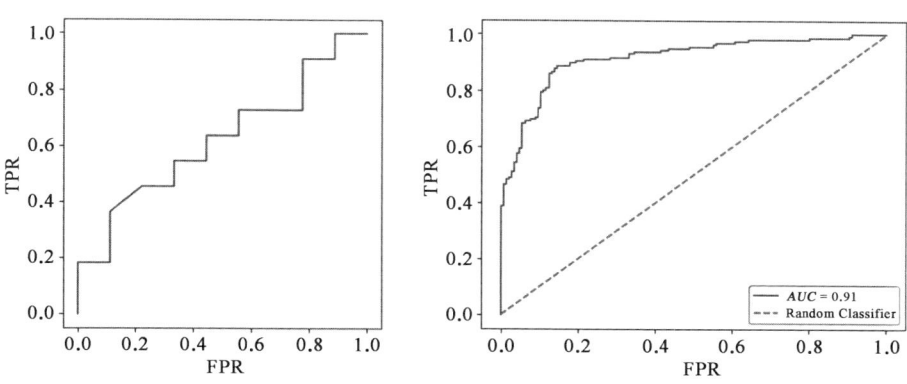

图 1-10 ROC 曲线

式中，$rank_i$ 表示第 i 个样本的序号，样本按概率得分从小到大排列；M 和 N 分别为正、负样本的个数；$pClass$ 表示正样本的类别。

1.6 推荐系统面临的挑战

推荐系统在电子商务、移动新闻、社交网络等领域取得了巨大成功，但也面临着诸多挑战。

1) 冷启动问题

冷启动是由于新用户缺乏历史交互行为或新物品没有用户进行评价引起的，这在呈几何级数增加的数据量环境中已成为亟须解决的问题。对于新用户引起的冷启动问题，其解决思路为利用用户的属性信息和填写的个人兴趣偏好获取用户画像，结合用户社交关系进行推荐。对于新物品产生的冷启动问题，利用新物品的类目、品牌等属性信息，结合知识图谱、内容相似性对物品属性进行匹配，为可能感兴趣的用户进行推荐。

2) 可解释性问题

推荐系统的可解释性主要指的是系统能够解释其推荐决策的过程和结果，使用户能够理解推荐背后的原因和逻辑。为了提高推荐系统的可解释性，针对不同的推荐技术，研究者们提出了不同的解决方式。例如，对于基于矩阵分解的协同过滤推荐方法，主要利用了将显式或隐式社交关系、物品属性等加入矩阵分解过程，不仅能预测用户对物品的评分，还能清晰地知道哪些属性决定了用户的最终评分，从而给出更具体、明确的推荐理由。目前，基于深度学习的推荐方法虽然提高了推荐性能，但内部的工作机制是不透明的，这仍然是推荐系统领域的一个挑战性问题。可解释性可帮助用户更好地理解模型的决策过程，从而提高模型的可靠性和安全性。此外，可解释性还可以帮助用户解决模型的偏见和误差，从而确保模型的公平性和公正性，并提高模型的性能。因此，提高深度学习推荐模型的解释性的研究是一个重要的研究方向。

3) 多源数据融合

除了推荐算法，数据的稀疏性和单一化是影响推荐性能的主要因素之一。随着数据的多样性和复杂性的增加，推荐系统需要处理来自多种数据源的信息,如用户行为数据、社交数据、社会标签等。如果能充分利用用户评分、社交关系、社会标签等多种数据源,可极大地改善推荐性能。对于矩阵分解推荐,主要采用将社交关系融入矩阵分解过程建立基于社交关系的矩阵分解模型,进行多源数据融合。对于深度学习推荐,通过嵌入技术将不同数据表征后进行拼接建立推荐模型。

4)用户隐私保护

在使用用户数据建立推荐系统时,需要注意用户隐私信息的保护,保证用户隐私信息不被泄露和数据安全性。通过数据脱敏、去标识化等技术手段,可以将用户隐私数据进行匿名化处理,以保护用户隐私。差分隐私是一种数学上严格定义的隐私保护模型,能够确保在统计分析过程中,个体信息的泄露风险得到严格控制。联邦学习是一种分布式机器学习框架,能够在不共享原始数据的情况下,训练出高质量的机器学习模型,从而保护用户隐私。安全多方计算是一种密码学技术,能够在不泄露参与方隐私信息的前提下,完成联合计算任务,为推荐系统的隐私保护提供技术支撑。

为了处理用户在推荐系统中的隐私保护需求,可以采用差分隐私技术,在收集用户行为数据时引入噪声,以保护个体用户隐私。同时,设计用户隐私控制机制,允许用户设置隐私偏好,选择是否分享特定的行为数据。这可以通过提供透明的隐私设置界面来实现。

1.7 本章小结

本章首先介绍了推荐系统的研究背景及意义,从个人计算时代到社会计算时代,技术的发展引起生活方式和工作方式的改变,从而导致推荐系统的产生和社会化推荐系统的出现。其次,简要介绍了两种信息过滤工具:信息检索和推荐系统,接着论述了推荐系统的发展历史,包括推荐系统的产生、基于协同过滤的推荐、基于矩阵分解的隐语义推荐方法、深度学习推荐方法及图神经网络推荐方法,并概述了基于协同过滤社交关系推荐方法和基于深度学习的社交关系推荐方法。再次,分别概述了个性化推荐方法在电子商务、电影和电视、音乐电台、社交网络、移动新闻和在线教育方面的应用。最后,介绍了推荐系统领域常用的数据集、评测方法与面临的挑战。

参考文献

[1] Lü L Y, Medo M, Chi H Y, et al. Recommender systems. Physics Reports, 2012, 519(1): 1-49.

[2] Yang X, Guo Y, Liu Y, et al. A survey of collaborative filtering based social recommender systems. Computer Communications, 2014, 41: 1-10.

[3] Aggarwal C. Recommender systems. Springer Charm Heidelberg, New York, Dordrecht, London, 2016.

[4] He C, Parra D, Verbert K. Interactive recommender systems: A survey of the state of the art and future research challenges and opportunities. Expert Systems With Applications, 2016, 56(9): 9-27.

[5] Yu W, Li S. Recommender systems based on multiple social networks correlation. Future Generation Computer Systems, 2018, 87: 312-327.

[6] Francesco Ricci, Lior Rokach, Bracha Shapira, et al. Recommender systems handbook. Springer, 2010.

[7] Linyuan Lu, Matus Medo, Chi Ho Yeung, et al. Recommender systems. Physics Reports, 2012: 1-19.

[8] 黄立威, 刘艳博, 李德毅. 基于深度学习的推荐系统. 计算机学报, 2017, 40(156): 1-30.

[9] 孟祥武, 刘树栋, 张玉洁, 等. 社会化推荐系统研究. 软件学报, 2015, 26(6): 1356-1372.

[10] Xiao Li, Li Sun, Mengjie Ling, et al. A survey of graph neural network based recommendation in social networks. Neurocomputing, 2023, 549 (2023): 126441.

[11] Pan Y, He F, Yu H. Trust-aware collaborative denoising auto-encoder for top-N recommendation. 2017.

[12] Ma H. An experimental study on implicit social recommendation. Proceedings of International ACM SIGIR Conference on Research & Development in Information Retrieval (SIGIR'13), ACM, Dublin, Ireland, 2013: 1-12.

[13] Moradi P, Ahmadian S, Akhlaghian F. An effective trust-based recommendation method using a novel graph clustering algorithm. Physica A: Statistical Mechanics & Its Applications, 2015, 436: 462-481.

[14] Zhang Z, Liu H. Social recommendation model combining trust propagation and sequential behaviors. Applied Intelligence, 2015, 43(3): 695-706.

[15] Salakhutdinov R, Mnih A. Probabilistic matrix factorization. In NIPS 2008: 1257-1264.

[16] Sun P, Wu L, Wang M. Attentive Recurrent Social Recommendation. The 41st International ACM SIGIR Conference. ACM, 2018.

[17] Luo X, Zhou M, Xia Y, et al. An efficient non-negative matrix-factorization-based approach to collaborative filtering for recommender systems. IEEE Transactions on Industrial Informatics, 2014, 10(2): 1273-1284.

[18] Nilashi M, Ibrahi O, Bagherifard K, et al. A recommender system based on collaborative filtering using ontology and dimensionality reduction techniques. Expert Systems with Applications, 2017, 92: 507-520.

[19] 郭磊, 马军, 陈竹敏, 等. 一种结合推荐对象间关联关系的社会化推荐算法. 计算机学报, 2014, 37(1): 219-228.

[20] Yang B, Yu L, Liu J, et al. Social collaborative filtering by trust. IEEE Transactions on Pattern Analysis and Machine Intellegence, 2017, 39(8): 1633-1647.

[21] Jamali M, Ester M. A matrix factorization technique with trust propagation for recommendation in social networks. Proceedings of the 4th ACM Conference on Recommender Systems (RecSys'10), ACM, 2010, 45: 26-30.

[22] Dong M, Yuan F, Yao L, et al. A survey for trust-aware recommender systems: A deep learning perspective. Knowledge-based systems, 2022(5): 249.

[23] Fan W, Ma Y, Li Q, et al. Graph neural networks for social recommendation. 2019.

[24] Yanli Lee, Tao Zhou, Kexin Yang, et al. Personalized recommender systems based on social relationships and historical behaviors. Applied Mathematics and Computation, 2023, 43(7): 82-100.

[25] 朱巧明, 李培峰, 吴娴, 等. 中文信息处理技术教程. 北京: 清华大学出版社, 2005.

[26] 宗成庆. 统计自然语言处理. 北京: 清华大学出版社, 2008.

[27] 科技日报. https://www.ncsti.gov.cn/kjdt/kjrd/202310/t20231016_137522.html.

[28] 王喆. 深度学习推荐系统. 北京: 电子工业出版社, 2020.

[29] 李东胜, 练建勋, 张乐, 等. 推荐系统前沿与实践. 北京: 电子工业出版社, 2022.

[30] Cheng H T, Koc L, Harmsen J, et al. Wide & deep learning for recommender systems. Proceedings of the 1st Workshop on Deep Learning for Recommender Systems. Boston: ACM, 2016: 7-10.

[31] Guo H, Tang R, Ye Y, et al. DeepFM: a factorization-machine based neural network for CTR prediction. arXiv preprint: 1703.04247, 2017.

[32] He X, Liao L, Zhang H, et al. Neural collaborative filtering. Proceedings of the 26th international conference on world wide web. International World Web Conferences Steering Committee, 2017.

[33] Zahra S, Ghazanfar M A, Khalid A, et al. Novel centroid selection approaches for KMeans clustering based recommender systems. Information Sciences, 2015, 320: 156-189.

[34] Hofmann T. Latent semantic models for collaborative filtering. ACM Transactions on Information Systems, 2004, 22(1): 89-115.

[35] Guo G, Zhang J, Yorke-Smith N. TrustSVD: Collaborative filtering with both the explicit and implicit influence of user trust and of item ratings. Proceedings of the 29th Association for the Advancement of Artificial Intelligence, AAAI Press, 2015: 1-7.

[36] Lazer D, Pentland A S, Adamic L, et al. Life in the network: the coming age of computational social science. Science (New York), 2009, 323(5915): 721-723.

[37] Li Y, Meina S. Recommender system using implicit social information. IEICE Transactions on Information and Systems, 2015, 98(2): 346-354.

[38] 潘一腾, 何发智, 于海平. 一种基于信任关系隐含相似度的社会推荐算法. 计算机学报, 2018, 41(1): 66-81.

[39] Li H, Yun H, Jun S. Using social network information to enhance collaborative filtering performance. International Journal of Information and Communication Technology, 2016.

[40] Qian X, Feng H, Zhao G, et al. Personalized recommendation combining use interest and social circle. IEEE Transactions on Knowledge & Data Engineering, 2014, 26(7): 1763-1777.

[41] Li H, Ma X, Shi J. Incorporating trust relation with PMF to enhance social network recommendation performance. International Journal of Pattern Recognition and Artificial Intelligence, 2018, 30(6): 113-124.

[42] Zhang Z, Xu G, Zhang P, et al. Personalized recommendation algorithm for social networks based on comprehensive trust. Applied Intelligence, 2017.

[43] Aghdam M H. Context-aware recommender systems using hierarchical hidden Markov model. Physica A: Statistical Mechanics & Its Applications, 2019, 518: 89-98.

[44] 郑麟, 朱福喜, 姚杏. 基于属性提升与局部采样的推荐评分预测. 计算机学报, 2016, 39(8): 1501-1514.

[45] Unger M, Bar A, Shapira B, et al. Towards latent context-aware recommendation systems. Knowledge-Based Systems, 2016, 104: 165-178.

[46] 王立才, 孟祥武, 张玉洁. 移动网络服务中基于认知心理学的用户偏好提取方法. 电子学报, 2011, 39(11): 2547-2553.

[47] 张青博, 王斌, 崔宁宁, 等. 基于注意力机制的规范化矩阵分解推荐算法. 软件学报, 2020, 31(3): 778-793.

[48] 胡琪, 朱定局, 吴惠粦, 等. 智能推荐系统研究综述. 计算机系统应用, 2022, 31(4): 47-58.

[49] 郭强, 刘建国. 在线社会网络的用户行为建模与分析. 北京: 科学出版社, 2017.

[50] 京东代运营让转化率至少提高1%的4个优化技巧. https://www.jingdongserve.com/m/view.php?aid=356.

[51] Mu R. A survey of recommender systems based on deep learning. IEEE Access, 2019, 6: 69009-69022.

[52] Afsar M M, Crump T, Far B. Reinforcement learning based recommender systems: A survey. ACM computing surveys, 2023, 55(7): 145.1-145.38.

[53] Huang L, Fu M, Li F, et al. A deep reinforcement learning based long-term recommender system. Knowledge-Based Systems, 2021, 213: 106706.

[54] Min Gao, Jian-Yu Li, Chun-Hua Chen, et al. Enhanced multi-task learning and knowledge graph-based recommender system. IEEE Transactions on Knowledge and

Data Engineering,2023,35(10):10281-10294.

[55] Nguyen V A,Nguyen H H,Nguyen D L,et al. A course recommendation model for students based on learning outcome. Education and Information Technologies,2021(7).

[56] Yuan Liu,Yongquan Dong,ChanYin,et al. A Personalized course recommendation model integrating multi-granularity sessions and multi-type interests. Education and Information Technologies,2023,https://doi.org/10.1007/s10639-023-12028-5.

[57] Zhang H,Huang T,Lv Z,et al. MOOCRC:A highly accurate resource recommendation model for use in MOOC environments. Mobile Networks and Applications,2018,24.

[58] Toby Segaran. 集体智慧编程. 莫映,王开福,译. 北京:电子工业出版社,2009.

[59] https://baijiahao.baidu.com/s?id=1625778909492122120&wfr=spider&for=pc.

[60] Massa P A. Trust-aware recommender system. ACM Conference on Recommender System. Publishing Minneapolis,Minnesota,USA,2007:17-24.

第 2 章
基于近邻的协同过滤推荐算法

协同过滤(collaborative filtering,CF)是一种最成熟的推荐技术,它通过分析用户的历史行为数据,发现具有相似行为的用户,根据相似用户行为进行推荐。协同过滤推荐技术由于算法思想简单、易于实现,被广泛应用于工业界。

2.1 引言

物以类聚,人以群分。协同过滤就是利用兴趣相投、拥有共同经验之群体的喜好为用户推荐感兴趣的信息。协同过滤的基本思想是聚类,它通过计算用户或物品之间的相似性为目标用户归类为某个群体,同一群体的用户或物品称为邻居,处于同一群体的用户或物品具有相似的兴趣偏好或特征,这是因为这些用户都对相同的物品有交互行为或这些物品被共同的用户关注。协同过滤推荐算法根据同一群体的用户的交互记录计算用户偏好,从而产生推荐列表。

1994 年,美国明尼苏达大学 GroupLens 研究组推出了 GroupLens 系统,首次提出了协同过滤的思想,为推荐系统建立了一个形式化模型。该系统主要是帮助新闻阅读用户从大量新闻中过滤出感兴趣的新闻内容,每个用户看完新闻内容后需要给出评分(1~5 分),系统会根据这些评分记录计算相似用户,从而预测未阅读的新闻内容的评分,并为不同的用户提供新闻推荐列表。1997 年,Resnick 首次提出了推荐系统的概念。同一年,GroupLens 启动了 MovieLens 项目,并用 EachMovie 数据集训练了第一版推荐模型,此后发布了 MovieLens 数据集。

第 2 章 基于近邻的协同过滤推荐算法

2006 年，DVD 租赁公司 Netflix 发布了包含 1 亿匿名电影评分的数据集，并举办了著名的 Netflix Prize 比赛，要求研究者能在该数据集上建立一个推荐系统，要求在准确率上超越 Netflix 的推荐系统——Cinematch。这一竞赛吸引了大量研究者加入，极大地促进了推荐系统的发展。协同过滤是一种流行的推荐算法，其基于系统中其他用户的评分或行为进行预测和推荐。也就是说，用户可以齐心协力，通过不断地和网站互动，使自己的推荐列表不断过滤掉自己不感兴趣的物品，从而越来越满足自己的需求。

2007 年，明尼苏达大学的 Joseph A. Konstan 教授组织召开了第一届 ACM 推荐系统国际会议，这一推荐系统领域最高级别的学术盛会每年举办一次，吸引越来越多的研究者参加。

协同过滤推荐可分为基于内存的协同过滤和基于模型的协同过滤，基于内存的协同过滤又可分为基于用户的协同过滤和基于物品(或项目)的协同过滤。根据推荐系统要解决的问题，推荐任务可分为两类：评分预测和 Top - N 推荐。评分预测是根据用户对项目的评分数据来预测未评分项目的评分，Top - N 推荐是根据用户对项目的历史交互行为，通过对候选项目排序，为用户提供一个可能最喜欢的前 N 个物品的推荐列表。

2.2 基于用户的协同过滤推荐算法

基于用户的协同过滤推荐算法利用了群体智慧的思想，它的前提假设是：过去兴趣偏好相似的用户，将来的兴趣偏好也相似，今后也会喜欢相似的物品。基于用户的协同过滤推荐算法执行过程分为以下步骤[6]：

(1) 计算用户之间的相似性，根据相似性查找与目标用户有相似兴趣偏好的用户，构成邻域用户集合。

(2) 根据邻域用户感兴趣的项目集，确定目标用户的候选项目集合。

(3) 根据用户之间的相似性，计算目标用户对候选项目感兴趣的程度，生成最终的推荐列表。

图 2-1 展示了用户 A、用户 B、用户 C 对电影 1、电影 2、电影 3、电影 4 的偏好关系及推荐过程。其中，用户 A 喜欢电影 1、电影 3、电影 4；用户 B 喜欢电影 2、电影 3；用户 C 喜欢电影 1、电影 4。

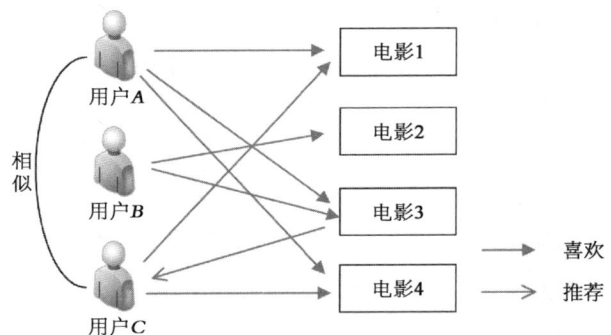

图 2-1　基于用户的协同过滤推荐过程

这个过程用表 2-1 呈现更为直观,特别是当数据量比较大的情况,更容易看出哪些用户对哪些电影有共同的兴趣偏好。

表 2-1　基于用户的协同过滤推荐

用　户	电　影			
	电影 1	电影 2	电影 3	电影 4
A	√		√	√
B		√	√	
C	√		推荐	√

由于用户 A 喜欢电影 1、电影 3、电影 4,用户 C 喜欢电影 1、电影 4,用户 A 和用户 C 有电影 1 和电影 4 两个共同喜欢的电影,用户 A 和用户 C 有共同的兴趣偏好,因此,用户 C 可能喜欢电影 3,我们为用户 C 推荐电影 3。

2.2.1　评分预测

基于用户的协同过滤推荐算法的核心问题就是计算用户之间的相似度,通常使用皮尔逊相关系数或余弦相似度作为相似度度量方法。

1)计算用户之间的相似性

对于显式的用户评分,在推荐过程中,通常先利用用户的近邻关系来为目标用户对未知项目进行评分预测,再根据预测评分大小产生推荐列表。与 Top-N 推荐的主要区别体现在计算用户之间的相似性方法与预测评分的方法上。

在实际推荐过程中,通常将不同用户对各项目的评分构成一个用户-项目评分矩阵,例如,一个用户-项目评分矩阵如表2-2所示。

表2-2 用户-项目评分矩阵

用 户	项　目			
	项目1	项目2	项目3	项目4
A	5	3	?	5
B	2	5	3	1
C	5	?	2	5
D	3	5	2	?
E	5	2	2	5

对于评分数据,可采用余弦相似性或皮尔逊相关系数(pearson correlation coefficien,PCC)计算两个用户的偏好相似性。

利用余弦相似性计算用户 u 和用户 v 的相似性公式为[7]

$$sim_{uv} = \frac{\sum_{i \in I_{uv}} r_{ui} r_{vi}}{\sqrt{\sum_{i \in I_{uv}} r_{ui}^2} \sqrt{\sum_{i \in I_{uv}} r_{vi}^2}} \quad (2-1)$$

式中, I_{uv} 表示用户 u 和用户 v 有共同评分的项目集合。

若要预测用户 A 对项目3的评分,需要先计算出用户 A 与其他用户的相似性,根据相似性获得用户 A 的近邻用户集合。根据式(2-1),可计算出用户 A 与用户 B、用户 C、用户 D、用户 E 的相似性为

$$sim_{AB} = \frac{5 \times 2 + 3 \times 5 + 5 \times 1}{\sqrt{5^2 + 3^2 + 5^2} \sqrt{2^2 + 5^2 + 1^2}} = \frac{\sqrt{30}}{\sqrt{59}} \approx 0.713$$

$$sim_{AC} = \frac{5 \times 5 + 5 \times 5}{\sqrt{5^2 + 5^2} \sqrt{5^2 + 5^2}} = 1$$

$$sim_{AD} = \frac{5\times3+3\times5}{\sqrt{5^2+3^2}\sqrt{3^2+5^2}} = \frac{30}{34} \approx 0.882$$

$$sim_{AE} = \frac{5\times5+3\times2+5\times5}{\sqrt{5^2+3^2+5^2}\sqrt{5^2+2^2+5^2}} = \frac{56}{\sqrt{59\times54}} \approx 0.992$$

采用余弦相似性计算两个用户的相似性并没有考虑到用户评分偏好的问题,例如,如果用户 A 和用户 B 对项目的评分分别是$(3,3,3)$和$(5,5,5)$,它们的相似性就为 1,而不是我们认为的是小于 1 的某个值,这是因为余弦相似性计算的是两个向量的角度。

采用皮尔逊相关系数计算两个用户的偏好相似性为

$$sim_{uv} = \frac{\sum_{i\in I_{uv}}(r_{ui}-\bar{r}_u)(r_{vi}-\bar{r}_v)}{\sqrt{\sum_{i\in I_{uv}}(r_{ui}-\bar{r}_u)^2}\sqrt{\sum_{i\in I_{uv}}(r_{vi}-\bar{r}_v)^2}} \qquad (2-2)$$

式中, $\bar{r}_u$ 和 $\bar{r}_v$ 分别表示用户 u 和用户 v 对所有评分项目的平均值。皮尔逊相关系数的取值范围为$[-1,1]$。表 2-2 中,用户 A 与其他用户的皮尔逊相关系数计算如下:

$$sim_{AB} = \frac{\left(5-\frac{13}{3}\right)\times\left(2-\frac{11}{4}\right)+\left(3-\frac{13}{3}\right)\times\left(5-\frac{11}{4}\right)+\left(5-\frac{13}{3}\right)\times\left(1-\frac{11}{4}\right)}{\sqrt{\left(5-\frac{13}{3}\right)^2+\left(3-\frac{13}{3}\right)^2+\left(5-\frac{13}{3}\right)^2}\sqrt{\left(2-\frac{11}{4}\right)^2+\left(5-\frac{11}{4}\right)^2+\left(1-\frac{11}{4}\right)^2}}$$

$$= \frac{14\sqrt{6}}{3\sqrt{139}} \approx -0.9696$$

$$sim_{AC} = \frac{\left(5-\frac{13}{3}\right)\times(5-3)+\left(5-\frac{13}{3}\right)\times(5-3)}{\sqrt{\left(5-\frac{13}{3}\right)^2+\left(5-\frac{13}{3}\right)^2}\sqrt{(5-3)^2+(5-3)^2}} = 1$$

$$sim_{AD} = \frac{\left(5-\frac{13}{3}\right)\times\left(3-\frac{10}{3}\right)+\left(3-\frac{13}{3}\right)\times\left(5-\frac{10}{3}\right)}{\sqrt{\left(5-\frac{13}{3}\right)^2+\left(3-\frac{13}{3}\right)^2}\sqrt{\left(3-\frac{10}{3}\right)^2+\left(5-\frac{10}{3}\right)^2}} = \frac{11}{6\sqrt{13}} \approx 0.5085$$

$$sim_{AE} = \frac{\left(5-\frac{13}{3}\right)\times\left(5-\frac{7}{2}\right)+\left(3-\frac{13}{3}\right)\times\left(2-\frac{7}{2}\right)+\left(5-\frac{13}{3}\right)\times\left(5-\frac{7}{2}\right)}{\sqrt{\left(5-\frac{13}{3}\right)^2+\left(3-\frac{13}{3}\right)^2+\left(5-\frac{13}{3}\right)^2}\sqrt{\left(5-\frac{7}{2}\right)^2+\left(2-\frac{7}{2}\right)^2+\left(5-\frac{7}{2}\right)^2}}$$

$$=\frac{2\sqrt{2}}{3}\approx 0.943$$

当取值为负数时，说明两者是负相关；当取值为正数时，说明两者是正相关。

2) 确定候选项目集合

根据用户相似性计算用户对项目感兴趣的程度，其计算公式为[9]

$$\hat{r}_{ui} = \bar{r}_u + \frac{\sum_{v \in N_u} sim_{uv}(r_{vi}-\bar{r}_v)}{\sum_{v \in N_u} w_{uv}} \tag{2-3}$$

式中，N_u 表示 u 的近邻用户集合。

如果选择近邻数为 3，利用余弦相似性预测用户 A 对项目 2 的评分：

$$\hat{r}_{A3} = \frac{13}{3} + \frac{1\times(2-4)+0.992\times(2-3.5)+0.882\times\left(2-\frac{10}{3}\right)}{(1+0.992+0.882)} \approx 2.711$$

若采用皮尔逊相关系数，选取用户 A 的相似度最高的两个近邻用户，即 C 和 E，则预测 A 对项目 3 的得分为

$$p_{A3} = \bar{r}_A + \frac{sim_{AC} \cdot (r_{C3}-\bar{r}_C)+sim_{AE}\cdot(r_{E3}-\bar{r}_E)}{sim_{AC}+sim_{AE}}$$

$$=\frac{13}{3}+\frac{1\times(2-4)+0.992\times\left(2-\frac{14}{4}\right)}{1+0.992}=2.582$$

一般情况下，评分预测的最终目标是将用户对项目未知的评分预测出来。若需要为目标用户推荐感兴趣的物品，则根据预测出的评分按从大到小的顺序进行推荐。

2.2.2 Top-N 推荐

Top-N 推荐的数据来源一般是隐式的交互行为，包括用户的点击、收藏、

购买、关注等,这些隐式的行为也可以量化为具体的用户对物品的偏好程度。

1) 计算用户之间的相似性

获取近邻用户可通过用户之间的相似性得到,相似性计算公式有Jaccard、余弦相似性、Pearson 相似性。Jaccard 的计算公式为[6]

$$sim_{uv} = \frac{|N(u) \cap N(v)|}{|N(u) \cup N(v)|} \qquad (2-4)$$

式中,$N(u)$ 和 $N(v)$ 分别表示用户 u 和 v 点击、收藏或购买过的物品(项目)集合,$N(u) \cap N(v)$ 表示用户 u 和 v 都进行过点击、收藏、购买过的物品(项目)集合,$N(u) \cup N(v)$ 表示用户 u 或 v 点击、收藏、购买过的物品(项目)集合。

两个用户对各个项目的评分可分别用 $\boldsymbol{P}_u$ 和 $\boldsymbol{P}_v$ 表示,余弦相似性(cosine similarity)可通过夹角余弦值度量[7]:

$$sim_{uv} = \frac{\boldsymbol{P}_u \cdot \boldsymbol{P}_v}{\|\boldsymbol{P}_u\| \times \|\boldsymbol{P}_v\|} = \frac{\sum_{i=1}^{N} \boldsymbol{P}_{ui} \boldsymbol{P}_{vi}}{\sqrt{\sum_{i=1}^{N} \boldsymbol{P}_{ui}^2} \sqrt{\sum_{i=1}^{N} \boldsymbol{P}_{vi}^2}} \qquad (2-5)$$

式中,$\boldsymbol{P}_u \cdot \boldsymbol{P}_v$ 表示向量 $\boldsymbol{P}_u$ 和 $\boldsymbol{P}_v$ 的点积,$\|\boldsymbol{P}_u\|$ 表示向量 $\boldsymbol{P}_u$ 的 2-范数,N 为项目的个数。

对于表 2-1,根据用户 A、用户 B、用户 C 对不同电影的喜欢情况,可利用公式(2-4)计算用户 A 和 C、用户 B 和 C 之间的相似性。

$$sim_{AC} = \frac{|N(A) \cap N(C)|}{|N(A) \cup N(C)|} = \frac{2}{4}$$

$$sim_{BC} = \frac{|N(B) \cap N(C)|}{|N(B) \cup N(C)|} = \frac{0}{4}$$

在得到用户间的相似性后,就可以根据相似性从大到小获得目标用户的近邻集合。对于表 2-1,用户 C 的近邻用户可选择用户 A。

为了区分两个用户购买热门商品和冷门商品对用户相似性的贡献是不同的,引入逆用户频率,对热门商品进行惩罚,改进后的余弦相似性为[8]

$$sim_{uv} = \frac{\sum_{i \in N_u \cap N_v} \lg \frac{n}{n_i}}{\sqrt{|N(u)| \cdot |N(v)|}}$$

式中，$\lg \dfrac{n}{n_i}$ 为惩罚系数，n 表示用户数，n_i 表示对项目 i 有过正反馈的用户数。n_i 的值越大，则表示商品越热门；反之，表示商品越冷门。

2）获取候选项目集合

在确定了近邻用户集合后，可根据近邻用户集合中每个用户喜欢的物品与目标用户喜欢的物品进行对比，将目标用户没有发现过的物品作为候选项目集合。对于表 2-2，近邻用户 A 喜欢电影 1、电影 3、电影 4，目标用户 C 喜欢电影 1 和电影 4，因此，将电影 3 作为用户 C 的候选项目。

3）生成推荐列表

根据目标用户的近邻用户集合，通过近邻用户对候选项目的喜欢情况及目标用户与近邻用户的相似性，可得到目标用户对候选项目的感兴趣程度。

$$p_{ui} = \sum\nolimits_{v \in N_u \cap S(i)} sim_{uv} r_{vi} \tag{2-6}$$

式中，r_{vi} 为用户 v 对项目 i 的喜欢程度，N_u 为用户 u 的近邻集合，$S(i)$ 为对项目 i 有过隐式反馈的用户集合。

对于 Top-N 推荐，用户对项目感兴趣程度没有显式给出，用户是否对项目进行点击、收藏、购买等行为可用 0 或 1 来表示。对于表 2-2，利用式(2-6)可计算出用户 C 对电影 3 的感兴趣程度。

$$p_{C3} = \sum\nolimits_{A \in N_C \cap S(3)} sim_{AC} r_{A3} = \dfrac{2}{4} \times 1 = \dfrac{2}{4}$$

用户 C 的近邻用户集合只有一个近邻用户 A，且该用户只有一个电影 3 是用户 C 未关注的，因此为用户 C 推荐电影 3。

2.3 基于项目的协同过滤推荐算法

基于物品（项目）的协同过滤与基于用户的协同过滤的原理类似。区别在于基于项目的协同过滤是通过计算项目（物品）的相似性进行推荐的。在实际的电子商务平台上，物品的个数远远小于用户的数量，且物品的个数和相似度相对更加稳定，因此，基于近邻项目的方法实时性会更好。

基于近邻项目的协同过滤推荐基于这样的假设：用户过去喜欢某类项

目,将来还会喜欢类似相关的项目。在这样假设的前提下进行推荐,主要思想为:将所有用户对某个物品的偏好作为一个向量来计算物品之间的相似度,得到物品的相似集合后,根据用户历史的偏好为他推荐相似的物品。

假设有3个用户:用户 A、用户 B、用户 C,4部电影:电影1、电影2、电影3、电影4,用户对电影的喜欢情况如图2-2所示。

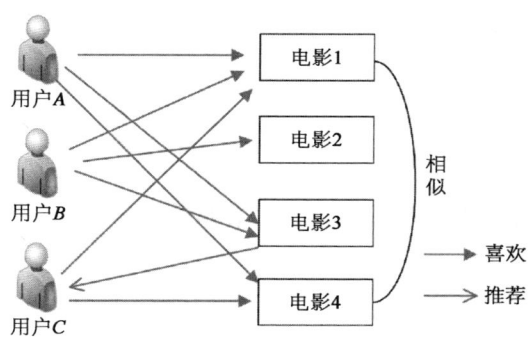

图2-2 基于项目的协同过滤推荐

用户对电影的喜欢情况如表2-3所示。

表2-3 基于项目的协同过滤推荐

用户	电影1	电影2	电影3	电影4
用户 A	√		√	√
用户 B	√	√	√	推荐
用户 C	√		推荐	√

我们将不同用户对某个物品的喜欢情况看作是该物品的特征,这样可以得到所有物品的特征,从而得到每对物品之间的相似性,根据物品的相似性大小,为用户推荐可能感兴趣的物品。例如,从表2-3可以看出,每个用户都喜欢电影1,由此可以得到电影1的特征向量(1,1,1),这里用1表示喜欢,0表示不喜欢。同理,用户 A 和用户 B 也都喜欢电影3,由此得到电影3的特征向量(1,1),电影1和电影3有两个共同用户对他们进行选择,基于前提假设:用户过去喜欢某类项目,将来还会喜欢类似相关的项目,电影1和电影3应该

是相似的。用户 C 喜欢电影 1,我们断定,用户 C 也一定会喜欢电影 3,因此,我们为用户 C 推荐电影 3。

2.3.1 评分预测

与基于用户的协同过滤推荐类似,基于项目的评分预测也是采用余弦相似性和皮尔逊相关系数法计算项目的相似度。

余弦相似度计算公式为[9]

$$sim_{ij} = \frac{\sum\limits_{u \in N_i \cap N_j} r_{ui} r_{uj}}{\sqrt{\sum\limits_{u \in N_i} r_{ui}^2 \sum\limits_{v \in N_j} r_{vj}^2}} \quad (2-7)$$

皮尔逊相关系数公式为

$$sim_{ij} = \frac{\sum\limits_{u \in N_i \cap N_j} (r_{ui} - \bar{r}_i)(r_{uj} - \bar{r}_j)}{\sqrt{\sum\limits_{u \in N_i \cap N_j} (r_{ui} - \bar{r}_i)^2 \sum\limits_{u \in N_i \cap N_j} (r_{uj} - \bar{r}_j)^2}} \quad (2-8)$$

例如,有用户-项目评分矩阵如表 2-4 所示。

表 2-4 用户-项目评分矩阵

用户	项目			
	项目1	项目2	项目3	项目4
A	4	3	?	5
B	3	4	3	3
C	5	?	4	5
D	2	3	2	?
E	4	2	3	3

为了预测用户 A 对项目 3 的评分,下面利用皮尔逊相关系数计算项目 3 与其他各个项目的相似度。

$$sim_{31} = \frac{(3-3.6)\times(3-3)+(5-3.6)\times(4-3)+(2-3.6)\times(2-3)+(4-3.6)\times(3-3)}{\sqrt{(3-3.6)^2+(5-3.6)^2+(2-3.6)^2+(4-3.6)^2} \cdot \sqrt{(3-3)^2+(4-3)^2+(2-3)^2+(3-3)^2}}$$

$$= \frac{0+1.4\times1+1.6\times1}{\sqrt{(0.6)^2+(1.4)^2+(1.6)^2+(0.4)^2}\sqrt{0^2+1^2+1^2+0^2}} \approx 0.945$$

$$sim_{32} = \frac{(4-3)\times(3-3)+(3-3)\times(2-3)+(2-3)\times(3-3)}{\sqrt{(4-3)^2+(3-3)^2+(2-3)^2}\sqrt{(3-3)^2+(2-3)^2+(3-3)^2}} = 0$$

$$sim_{34} = \frac{(3-3)\times(3-4)+(4-3)\times(5-4)+(3-3)\times(3-4)}{\sqrt{(3-3)^2+(4-3)^2+(3-3)^2}\sqrt{(3-4)^2+(5-4)^2+(3-4)^2}}$$

$$= \frac{1}{\sqrt{3}} \approx 0.577$$

类似的,根据项目相似性预测用户对项目的评分如下:

$$\hat{r}_{ui} = \bar{r}_i + \frac{\sum_{j \in N_i} sim_{ij} \times (r_{uj} - \bar{r}_j)}{\sum_{j \in N_i} sim_{ij}} \tag{2-9}$$

式中,$\bar{r}_i$ 为项目 i 的平均评分。对于表 2-4,假设我们选择项目 1 和项目 4 作为项目 3 的近邻项目集合,则预测用户 A 对项目 3 的评分为

$$\hat{r}_{A3} = 3 + \frac{0.945\times(4-3.6)+0.577\times(5-4)}{0.945+0.577} = 3.627$$

2.3.2 Top-N 推荐

对于基于项目的协同过滤推荐,也分为基于 Top-N 推荐和基于用户评分预测。对于基于项目的 Top-N 推荐,仍然采用余弦相似性计算两个项目的相似度[8]。

$$sim_{ij} = \frac{|N(i) \cap N(j)|}{|N(i) \cup N(j)|} \tag{2-10}$$

式中,sim_{ij} 表示项目 i 和 j 的相似度,$N(i)$ 和 $N(j)$ 分别表示喜欢项目 i 和 j

的用户集合，$N(i) \cap N(j)$ 为对项目 i 和项目 j 都喜欢的用户集合。

对于表 2-4，项目 1 和项目 3 的相似度为

$$sim_{13} = \frac{|N(1) \cap N(3)|}{|N(1) \cup N(3)|} = \frac{2}{3}$$

然后根据项目的相似度确定目标用户的候选项目集合，在表 2-4 中，我们将项目 3 作为候选项目。接下来计算用户对项目的感兴趣程度：

$$p_{ui} = \sum_{j \in N_u \cap i \in S(j)} sim_{ij} r_{uj} \tag{2-11}$$

式中，$j \in N_u$ 表示用户 U 喜欢的项目集合，$i \in S(j)$ 表示项目 j 的近邻项目。对于表 2-4，用户 C 对项目 3 的感兴趣程度为

$$p_{C3} = \frac{2}{3} \times 1 = \frac{2}{3}$$

2.4 基于内存的社交关系推荐算法

基于内存的社交网络推荐也称为启发式社交网络推荐，它主要是在传统的基于内存的协同过滤推荐技术上，结合社交网络信息，通过用户对项目的评分信息和用户社交关系建立用户的权重关系，从而预测用户对项目的偏好。其中，最具有代表性的算法有 TidalTrust、DCGTARS 和 RTCF。

Massa P 等人提出了一个基于内存的信任关系推荐方法的通用架构，即信任感知的推荐系统（trust-aware recommender system，TARS）架构，如图 2-3 所示[11]。该架构分为两个过程，一方面，利用用户评分和相似性度量方

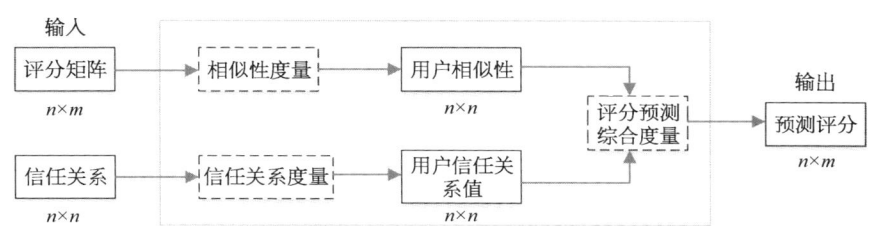

图 2-3 基于内存的信任感知推荐方法框架

法,得到用户相似性;另一方面,利用信任关系和信任关系度量方法,得到用户信任关系的度量值。最后将两者通过综合度量方法预测用户评分。基于内存的协同过滤社会化推荐方法基本上是沿着这个框架构建推荐系统的。

(1) TidalTrust 模型[2,17]:该模型根据信任传播理论提出一种用户信任关系度量方法,利用该度量方法对未评分项目进行预测。其信任关系为

$$S_{uv} = \frac{\sum_{w \in F_u^+} S_{uw} S_{wv}}{\sum_{w \in F_u^+} S_{uw}} \quad (2-12)$$

式中,F_u^+ 表示用户 u 直接信任的用户集合,S_{uw} 表示用户 u 对 w 的信任程度。用户对项目 i 的预测评分可通过以下公式获得:

$$\hat{r}_{ui} = \frac{\sum_{v \in D} s_{uv} r_{vi}}{\sum_{v \in D} s_{uv}} \quad (2-13)$$

式中,r_{vi} 为用户 v 对项目 i 的评分,D 表示用户信任关系的最大深度集合。

(2) 基于信任感知的推荐算法(DCGTARS)[12]:该算法提出一种综合评分相似性和用户信任关系的加权方法:

$$w_{uv} = \alpha \cdot sim_{uv} + (1-\alpha) T_{uv} \quad (2-14)$$

式中,$\alpha \in [0,1]$,T_{uv} 表示用户 u 对 v 的信任程度。

对于不存在显式信任关系的情况,信任关系可通过评分矩阵度量。

$$T_{uv} = \frac{|A_{uv}|}{|A_u|} \quad (2-15)$$

式中,A_{uv} 表示用户 u 和 v 共同评分的项目集合,A_u 表示用户 u 评分的项目集合。

用户 u 对项目 i 的预测评分计算公式为

$$\hat{r}_{ui} = \bar{r}_u + \frac{\sum_{v \in C_u} w_{uv}(r_{vi} - \bar{r}_v)}{\sum_{v \in C_u} |w_{uv}|} \quad (2-16)$$

式中,C_u 表示用户 u 聚类集合。

(3) 基于可靠性的信任感知协同过滤推荐算法(RTCF)[13]:该方法首先

根据信任传播方法估计缺失的用户信任关系,再利用评分信息和信任关系获得用户间的权重,然后预测用户评分,接着对该预测评分进行可靠性评估,最后重新构建信任网络进行评分预测。其中,两个用户间权重的计算方法为

$$w_{uv}=\begin{cases}\dfrac{2sim_{uv}T_{uv}}{sim_{uv}+T_{uv}}, & sim_{uv}+T_{uv}\neq 0, sim_{uv}T_{uv}\neq 0\\ sim_{uv}, & sim_{uv}\neq 0, T_{uv}=0\\ T_{uv}, & sim_{uv}=0, T_{uv}\neq 0\\ 0, & 其他\end{cases} \quad (2-17)$$

式中,sim_{uv} 表示用户 u 和 v 的偏好相似性,T_{uv} 表示用户 u 对 v 的信任程度,两者的取值范围为[0,1]。其中,这里的 sim_{uv} 采用皮尔逊相关系数[28,39]计算两个用户的偏好相似性:

$$sim_{uv}=\frac{\sum_{i\in I_{uv}}(r_{ui}-\bar{r}_u)(r_{vi}-\bar{r}_v)}{\sqrt{\sum_{i\in I_{uv}}(r_{ui}-\bar{r}_u)^2}\sqrt{\sum_{i\in I_{uv}}(r_{vi}-\bar{r}_v)^2}} \quad (2-18)$$

式中,r_{ui} 和 r_{vi} 分别表示用户 u 和 v 对项目 i 的评分,I_u 和 I_v 分别表示用户 u 和 v 已评分的项目集合,I_{uv} 表示用户 u 和 v 共同评分的项目集合。$\bar{r}_u$ 和 $\bar{r}_v$ 分别表示用户 u 和 v 的平均评分。

用户 u 对项目 i 的预测计算公式为[21]

$$\hat{r}_{ui}=\bar{r}_u+\frac{\sum_{v\in N_u}w_{uv}(r_{ui}-\bar{r}_v)}{\sum_{v\in N_u}w_{uv}} \quad (2-19)$$

式中,N_u 表示用户 u 的近邻集合,w_{uv} 表示用户 u 和 v 之间权重关系。

评分预测的可靠性通过下式进行评估:

$$R_{ui}=[f_s(S_{ai})\cdot f_V(V_{ai})^{f_s(S_{ai})}]^{\frac{1}{1+f_s(S_{ai})}} \quad (2-20)$$

式中,$f_s(S_{ai})$ 和 $f_V(V_{ai})$ 分别表示可靠性评估的积极因子和消极因子。可靠性取决于用户 u 的近邻用户集合中的用户对项目 i 的评分情况。

Moradi P 和 Hernando A 等人[13,14]将可靠性评估方法引入协同过滤推荐方法预测任务中,给出了评分预测可靠性的影响因素计算公式:

$$V_{ui} = \frac{\sum_{v \in N_{ui}} sim_{uv}(r_{vi} - \bar{r}_v - p_{ui} + \bar{r}_u)^2}{\sum_{v \in N_{ui}} sim_{uv}} \quad (2-21)$$

式中，N_{ui} 表示用户 u 对项目 i 评分的近邻用户集合，p_{ui} 表示用户 u 对项目 i 的预测评分。

$$f_v(V_{ui}) = \left(\frac{\max - \min - V_{ui}}{\max - \min}\right)^\omega \quad (2-22)$$

ω 的取值为

$$\omega = \frac{\ln 0.5}{\ln \frac{\max - \min - \bar{v}}{\max - \min}}$$

式中，$\bar{v}$ 是 V_{ui} 的中间值。

为了解决数据稀疏和高维数据计算的复杂性问题，Koohi H 和 Ramezani M 等人[15,20]提出了基于近邻用户树结构的相似性计算方法。Azadjalal M 等人[21]提出了一种信任感知的推荐方法，通过基于用户相似性和用户距离构造信任网络，计算用户评分的可靠性和用户之间的信任关系，构造活动用户的信任网络并预测用户评分。预测评分公式为

$$\hat{r}_{ui} = \frac{\sum_{v \in N_u} TW_{uv} \cdot r_{vi}}{\sum_{v \in N_u} TW_{uv}} \quad (2-23)$$

式中，N_u 表示对项目 i 评分的普通用户，TW_{uv} 表示用户 u 和 v 的信任权重，该信任权重通过可靠性和用户评分得到。

基于信任关系在电子商务应用中的重要性，Pal B 等人[22]提出了一种基于用户隐含影响的信任推理的推荐方法，将用户个人的影响因素引入到信任推理过程，同时从信任者和被信任者角度构造信任网络。其推荐框架如图 2-4 所示。

如果用户 u 信任用户 v，用户 u 作为信任者，用户 v 作为被信任者，两者的信任关系预测公式为[22]

第 2 章 基于近邻的协同过滤推荐算法

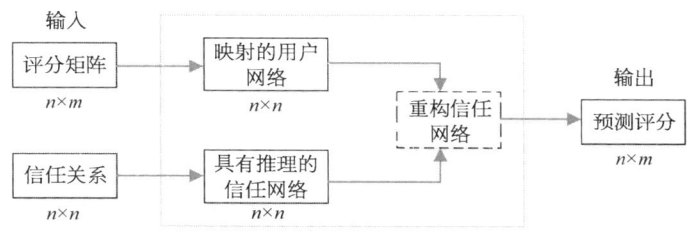

图 2-4 基于信任者和被信任者的推荐框架

$$\hat{t}_{uv}^{\text{truster}} = \frac{\sum_{k \in N_u} r_{uk} \cdot t_{ku}}{\sum_{k \in N_u} r_{uk}} \quad (2-24)$$

反过来,用户 v 信任用户 u,用户 v 作为信任者,用户 u 作为被信任者,两者的信任关系预测公式为

$$\hat{t}_{uv}^{\text{trustee}} = \frac{\sum_{k \in N_u} r_{uk} \cdot t_{vk}}{\sum_{k \in N_u} r_{uk}} \quad (2-25)$$

结合信任者和被信任者的影响因素,其评分预测公式为

$$\hat{r}_{uv} = \begin{cases} \hat{r}_{uv}^{\text{truster}} & \text{被信任者关系预测失败} \\ \hat{r}_{uv}^{\text{trustee}} & \text{信任者关系预测失败} \\ \dfrac{(\hat{r}_{uv}^{\text{truster}} + \hat{r}_{uv}^{\text{trustee}})}{2} & \text{信任者和被信任者关系都被预测} \\ \bar{r}_u & \text{其他情况} \end{cases} \quad (2-26)$$

2.5 基于图的推荐算法

用户与项目的交互过程涉及用户和项目两个对象,使用 (u, i) 二元组可表示用户 u 对项目 i 的交互行为,该过程可用二部图描述,图 2-5 中的结点表示用户和项目,边表示用户和项目的交互行为。由此产生了一系列关于二部图的推荐算法,这些算法建立在激活扩展方法的基础上,大致可分为基于物质

扩散（probabilistic spreading）的协同过滤推荐算法和基于热传导（heat condition）的协同过滤推荐算法。

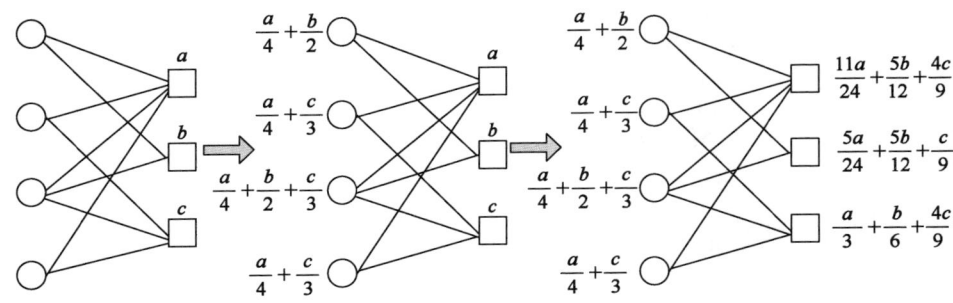

图 2-5　二部图的随机游走过程

2.5.1　基于物质扩散的推荐算法

物质扩散推荐算法建立在物理动力学中的物质扩散能量分配原理之上，通过构建复杂网络模型，利用用户间的多种关系来提高推荐算法的准确率。这种算法将用户和物品间的关系抽象为结点和边，通过能量扩散计算不同商品间的相似度，进而为用户进行推荐。物质扩散推荐算法的执行过程分为以下几个步骤：

（1）初始化：为每件物品赋予一定的信息量（如信息量为1）。

（2）信息扩散：将物品的信息量平均分配给所有购买过它的用户，然后再将用户拥有的信息量平均分配给其所有购买过的物品。该过程重复执行，直到达到一定的迭代次数或达到收敛条件。

（3）计算相似度：通过计算物品之间的信息值，可以评估它们之间的相似度，进而为用户推荐相似的商品。

（4）推荐：根据计算出的相似度，为用户推荐他们可能感兴趣的商品。

物质扩散推荐算法的优势在于其执行速度快且准确率高，因此在推荐系统中得到了广泛应用。它不仅解决了信息过载问题，还为用户提供了个性化的推荐服务。

例如，具有4个用户和3件物品的物质扩散过程如图2-5所示。初始时，3件物品的信息量分别为 a,b,c，经过扩散之后，3件物品拥有的信息量分别

为 $\frac{11a}{24}+\frac{5b}{12}+\frac{4c}{9}$,$\frac{5a}{24}+\frac{5b}{12}+\frac{c}{9}$,$\frac{a}{9}+\frac{b}{6}+\frac{4c}{9}$。这个信息扩散过程可通过向量和矩阵的形式描述,该扩散过程可表示为

$$\boldsymbol{R}'=\boldsymbol{W}^p\boldsymbol{R}=\begin{bmatrix}\frac{11}{24} & \frac{5}{12} & \frac{4}{9} \\ \frac{5}{24} & \frac{5}{12} & \frac{1}{9} \\ \frac{1}{9} & \frac{1}{6} & \frac{4}{9}\end{bmatrix}\begin{bmatrix}a \\ b \\ c\end{bmatrix}=\begin{bmatrix}\frac{11}{24}a+\frac{5}{12}b+\frac{4}{9}c \\ \frac{5}{24}a+\frac{5}{12}b+\frac{1}{9}c \\ \frac{1}{9}a+\frac{1}{6}b+\frac{4}{9}c\end{bmatrix}$$

1999年,Aggarwal等人首次提出基于图的协同过滤推荐算法。2007年,Zhou等人[34]提出物质扩散算法,通过在用户-项目二分图(也称为二部图)中反复将资源从项目-用户进行扩散,将目标用户未选择过的商品依据资源数量按降序排列进行推荐。

$$w_{ij}=\frac{1}{k(i)}\sum_{u=1}^{m}\frac{a_{ui} \cdot a_{uj}}{k(u)} \qquad (2-27)$$

式中,w_{ij} 表示对象结点 i 从 j 获取的资源值,$k(i)$ 表示对象结点 i 被用户选择过的次数。

为了解决新项目冷启动问题,于洪等人[33]将用户评价时间和项目发布时间间隔引入物质扩散过程,提出了一种基于三分图的推荐算法,利用三分图描述用户-项目-标签、用户-项目-属性之间的关系,充分考虑了用户、标签、项目属性和时间的影响因素。

基于项目的评分预测计算公式为[34,35]

$$f_u^j(u)=\sum_{k=1}^{m}\frac{1}{|I_k|}\sum_{j=1}^{n}\frac{r_{uj} \cdot r_{kj}}{|U_j|} \qquad (2-28)$$

式中,$|I_k|$ 表示用户 k 评价项目的个数,$|U_j|$ 表示评价项目 j 的共同用户数量。r_{uj} 和 r_{kj} 的取值为1或0,分别表示用户是否对项目进行了评价。

基于项目属性信息的评分预测计算公式为

$$f_a^j(u)=\sum_{i=1}^{s}\frac{1}{|IA_i|}\sum_{j=1}^{n}\frac{r_{uj} \cdot w_{ij}}{|A_j|} \qquad (2-29)$$

式中，$|IA_i|$ 表示具有属性 i 的共同项目个数，$|A_j|$ 表示项目 j 具有的属性个数。w_{ij} 表示项目 j 是否具有属性 i，具有取值为1，否则为0。

基于项目标签信息的评分预测计算公式为[35,36]

$$f_l^j(u) = \sum_{i=1}^p \frac{1}{|IT_i|} \sum_{j=1}^n \frac{r_{uj} \cdot z_{ij}}{|T_j|} \qquad (2-30)$$

式中，$|IT_i|$ 表示标签 i 标注的项目数量，z_{ij} 表示是否用标签 i 标注了项目 j，若标注了，则 $j=1$；否则 $j=0$。

一些研究通过引入用户间的多种社交关系和产品流行度的可调参数，进一步优化物质扩散推荐算法，提高了推荐的准确率和多样性。例如，通过构建多子网复杂网络模型，将用户间的多种社交关系引入推荐系统中，从而更准确地反映用户的兴趣和偏好。

邓小方等人[32]提出了一种基于物质扩散动力过程的推荐算法，该算法将社交网络的朋友信息和用户选择商品的信息进行了有机集成。其转移公式为

$$w_{\alpha\beta}^{SMD} = p \frac{1}{k_\beta} \sum_{i=1}^p \frac{a_{i\alpha}a_{i\beta}}{k_i} + (1-p)\frac{1}{k_\beta}\sum_{i=1}^n \sum_{j=1}^n \frac{a_{i\alpha}A_{ij}a_{j\beta}}{k_i K_j} \qquad (2-31)$$

式中，p 的取值范围为 $[0,1]$。当 $p=1$ 时，该算法退化为传统的物质扩散算法；当 $p=0$ 时，该算法退化为热传导算法。

任永功等人[29]提出了基于加权三分图的协同过滤推荐算法。在分析数据稀疏和附加信息较少的基础上引入标签信息，可同时反映用户兴趣和物品属性，利用用户、物品和标签三元关系构建三分图。通过三分图网络映射到单模网络的方法获得用户偏好度，构建用户偏好度加权的三分图模型，然后在加权的"项目-用户-标签"三分图上通过热传导方法计算用户相似度，并整合物品和标签两个维度的用户相似度。

三分图转换为二分图的过程如图2-6所示。

将三分图看成是2个二分图构成，利用投影技术将2个二分图中的二元关系映射到由2名用户构成的单模网络中，求出用户对物品及标签的偏好度，分别作为三分图中用户与物品及用户与标签之间对应连边的权值。将资源在两个加权的二分图中传播，把其他用户从目标用户处获得的资源作为用户间的相似度，最后综合考虑物品和标签两方面的用户相似度，得到最终用户间的相似度。

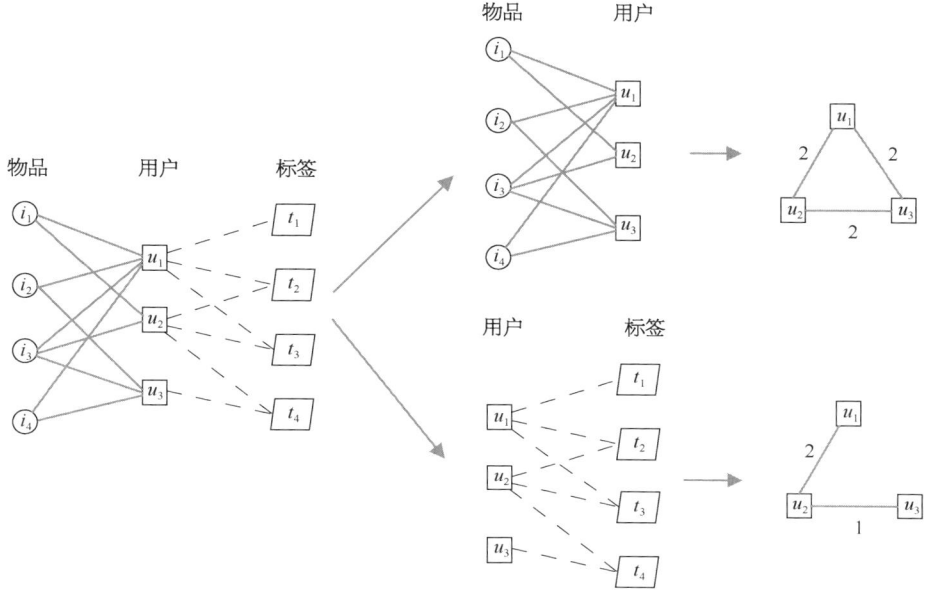

图 2-6 三分图转换为二分图和单模网络

2.5.2 基于热传导的推荐算法

热传导是从物理学的热传导理论演变而来,与物质扩散算法类似,它需要构建一个二分网络,区别在于使用了热传导效应,将热量由物品到用户进行热量传递,设向量 $T=(t_1,t_2,\cdots,t_m)$ 为项目结点的初始温度,$A_{n\times m}$ 为用户与项目的交互矩阵,其转移公式为

$$w_{ij}^{HC}=\frac{1}{k(o_j)}\sum_{p=1}^{n}\frac{a_{pi}a_{pj}}{k(u_p)} \qquad (2-32)$$

式中,$k(u_p)$ 和 $k(o_j)$ 分别表示二分网络中用户结点和项目结点的度。

与物质扩散不同的是,经过热传导得到的所有物品最后的能量值之和不一定等于初始时所有物品的能量值,即不满足能量守恒定律。这是由于在将热量从物品传递到用户时,或将热量从用户传递到物品的过程中,有的用户或物品的热量可能会被多次计算,从而导致不守恒。热传导过程如图 2-7 所示。

在热传导过程中,每次的热量传递计算的都是平均值。在图 2-7 中,对第

基于社交关系的个性化推荐方法

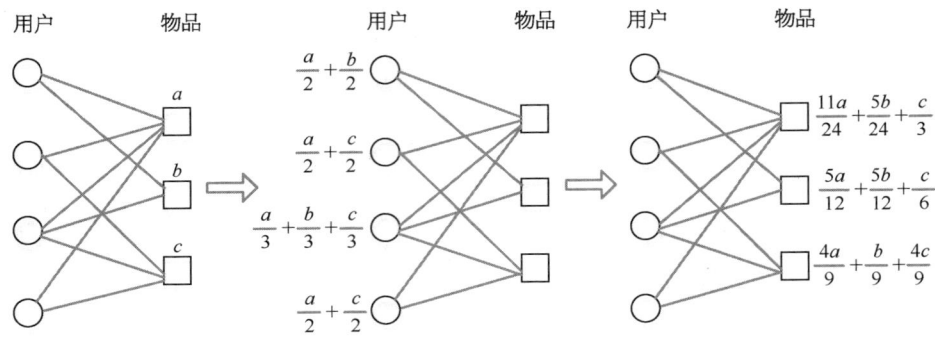

图 2-7 热传导过程

一个用户,他购买(或收藏)了物品 a 和 b,则该用户的热量值为 $(a+b)/2$。

基于用户标记过的项目有能力帮助用户发现其可能感兴趣的项目的假设,Hang 等人[31]提出了一个基于热传导的推荐算法,该算法通过构造一个传播矩阵 W 和热传导的方式,找到资源为 0 的项目并推荐给用户。聂大成等人[36]将热传导算法和物质扩散算法结合起来设计了一套行之有效的混合算法,同时在多样性和准确性上提高了推荐性能。王培培等人[35]提出一种融合物质扩散热传导和时间效应的推荐算法,根据用户对资源选择偏好会受近期选择资源的影响,同时用户的兴趣偏好近期保持不变,把热传导推荐算法的资源转移矩阵和物质扩散推荐算法的资源转移矩阵结合起来,分别引入两个调节因子增加用户对资源选择偏好的时间效应影响因素。徐娜娜等人[41]将协同过滤与热传导相结合,提出了基于项目相似度和二分网络的热传导混合推荐算法(hybrid recommendation algorithm based on the item similarity and heat conduction),该方法采用基于项目相似度的方式进行数据填充以改善数据稀疏性。针对热传导推荐算法准确性低的问题,杨卫芳等人[42]以热传导算法作为框架,结合物质扩散算法思想,提出了一种基于交叉混合策略的推荐算法(FHTM)。李普聪等人[28]提出了一种融合信任关系的热传导和物质扩散混合推荐算法(fusion trust relationship network heat-probabilistic-spreading-based hybrid recommendation algorithm),通过从用户行为、用户上下文以及用户兴趣偏好 3 个方面,构建一个基于相似度的无向含权信任关系网络,然后生成"用户-用户-物品"双层网络,让资源在双层网络中按照权重比值进行扩散以实现个性化推荐。

基于热传导和物质扩散的混合推荐方法(hybrid method of heat

conduction and mass diffusion)的资源转移矩阵定义为[35]

$$w_{ij}^{H+P} = \frac{1}{k(o_j)^{1-\lambda}k(o_j)^{\lambda}} \sum_{p=1}^{n} \frac{a_{pi}a_{pj}}{k(u_p)}$$

当 $\lambda = 0$ 时,该推荐方法就退化为热传导推荐算法;当 $\lambda = 1$ 时,该推荐算法退化为物质扩散推荐算法。引入 λ,一方面加大了对冷门物品的推荐,另一方面削弱了对热门物品的影响。

基于交叉混合策略的推荐算法的资源转移矩阵定义为

$$w_{ij}^{\text{FHTM}} = \sum_{p=1}^{n} \frac{a_{pi}a_{pj}}{d_p^2}$$

融合信任关系网络的物质扩散和热传导混合推荐的资源转移矩阵为

$$w_{ij}^{\text{THP}} = \frac{1}{k_i^{1-\lambda}k_j^{\lambda}} \sum_{p=1}^{n} \sum_{q=1}^{n} \frac{a_{pi}(\sum_{d=1}^{n}t_{pd}t_{dq})a_{pj}}{k_p^{\lambda}k_q^{1-\lambda}}$$

式中,k_i 和 k_j 表示物品的度,即选择物品 i 和 j 的用户个数。

基于热传导的推荐算法的优点有:① 不限制内容,因此该算法可应用的场景非常多。该算法在给用户推荐项目时,只需要有用户、项目和用户是否标记过某项目这些信息即可,不需要考虑用户和项目的类型。② 推荐结果多样性较好。在资源分配时,给相对冷门的项目(即度较小的项目)很大的优先权,使得它们有机会获得较多的资源。

算法的缺点:① 算法准确度低。由于该算法提高了冷门项目的推荐能力使得该算法的准确度不是那么尽如人意。② 存在冷启动问题。该算法是建立在用户-项目评分矩阵的基础上来构建二分网络的,因此该算法容易受冷启动影响。

2.6 本章小结

本章首先介绍了基于用户的协同过滤推荐算法和基于项目的协同过滤推荐算法的主要思想和推荐过程,包括评分预测和 Top-N 推荐;然后介绍了基于内存的社交关系推荐方法,包括推荐框架、代表性的推荐算法;最后介绍了基于图的推荐算法,包括基于物质扩散的推荐算法和基于热传导的推荐算法思想和代表性推荐算法。

参考文献

[1] Nakamura A, Abe N. Collaborative filtering using weighted majority prediction algorithms. ICML'98, Proceeding of the 15th International Conference on Machine Learning, Morgan Kaufmann Publishers incorporation, San Francisco, CA, USA, 1998.

[2] Deshpande M, Karypis G. Item-based top-N recommendation algorithms. ACM Transaction on Information Systems, 2004, 22(1): 143-177.

[3] Delgado J, Ishii N. Memory-based weighted majority prediction for recommender systems. Proceeding of the ACM SIGIR'99 Workshop on Recommender System, 1999.

[4] Francesco Ricci, Lior Rokach, Bracha Shapira, et al. Recommender Systems. Springer, 2010.

[5] 郭强, 刘建国. 在线社会网络的用户行为建模与分析. 北京: 科学出版社, 2017.

[6] Francesco Ricci, Lior Rokach, Bracha Shapira, et al. Recommender systems handbook. Springer, 2010.

[7] Adomavicius G, Tuzhilin A. Toward the next generation of recommender systems: A survey of the start-of-the-art and possible extensions. IEEE Transactions on Knowledge and Data Engineering, 2005, 17(6): 734-749.

[8] Yang X, Guo Y, Liu Y, et al. A survey of collaborative filtering based social recommender systems. Computer Communications, 2014, 41: 1-10.

[9] Linyuan Lu, Matus Medo, Chi Ho Yeung, et al. Recommender Systems. Physics Reports, 2012: 1-19.

[10] Pal B, Jenamani M. Trust inference using implicit influence for item recommendation. International Conference on Signal-image Technology & Internet-based Systems. IEEE, 2018.

[11] Massa P, Avesani. Trust-aware recommender systems. 2007 ACM Conference on Recommener Systems, Publishing Minneapolis, Minnesota, USA, 2007: 17-24.

[12] Moradi P, Ahmadian S, Akhlaghian F. An effective trust-based recommendation method using a novel graph clustering algorithm. Physica A: Statistical Mechanics & Its Applications, 2015, 436: 462-481.

[13] Moradi P, Ahmadian S. A reliability-based recommendation method to improve trust-aware recommender systems. Expert Systems with Applications, 2015, 42(21): 7386-7398.

[14] Hernando A, Ortega F, Tejedor J. Incorporating reliability measurements into the predictions of a recommender system. Information Sciences, 2013, 218: 1-16.

[15] Ramezani M, Moradi P, Akhlaghian F. A pattern mining approach to enhance the accuracy of collaborative filtering in sparse data domains. Physica A: Statistical Mechanics & Its Applications, 2014, 408(32): 72-84.

[16] 李慧. 社会网络环境下的个性化推荐算法研究. 北京: 中国矿业大学, 2016.

[17] Delgado J, Ishii N. Memory-based weighted-majority prediction for recommender systems. Proceedings of the 22nd International ACM SIGIR Conference on Research and Development in Information Retrieval, New York, ACM Press, 1999.

[18] Sarwar B, Karypis G, Konstan J, et al. Item-based collaborative filtering recommendation algorithms. Proceedings of International Conference on World Wide Web, 2001, 4: 285-295.

[19] Golbeck J. Computing and applying trust in web-based social networks. University of Maryland, College park, 2005.

[20] Koohi H, Kiani K. A new method to find neighbor users that improves the performance of collaborative filtering. Expert Systems with Applications, 2017, 83: 1-12.

[21] Azadjalal M M, Moradi P, Abdollahpouri A, et al. A trust-aware recommendation method based on Pareto dominance and confidence concepts. Knowledge-Based Systems, 2017, 116: 130-143.

[22] Pal B, Jenamani M. Trust inference using implicit influence and projected user network for item recommendation. Journal of Intelligent Information Systems, 2018(6).

[23] 张志军. 社交网络中个性化推荐模型及算法研究. 济南: 山东师范大学, 2015.

[24] Resnick P, Varian H R. Recommender systems. Communications Of The ACM, 1997, 40(3): 56-58.

[25] Nozari R B, Koohi H. Novel implicit-trust-network-based recommendation methodology. Expert Systems with Applications, 2021.

[26] Ahmadian S, Meghdadi M, Afsharchi M. A social recommendation method based on an adaptive neighbor selection mechanism. Information Processing & Management, 2017, 54(4): 707-725.

[27] 陈桂林. 基于物质扩散的个性化推荐算法研究. 北京: 北京邮电大学, 2018.

[28] 李普聪, 王顺, 钟元生, 等. 融合信任关系的物质扩散与热传导混合推荐算法. 小型微型计算机系统, 2021, 42(10): 2044-2052.

[29] 任永功, 王宁婧, 张志鹏. 基于加权三部图的协同过滤推荐算法. 模式识别与人工智能, 2021, 34(7): 666-676.

[30] 张艳梅, 王璐, 曹怀虎, 等. 基于用户-兴趣-项目三部图的推荐算法. 模式识别与人工智能, 2015, 28(10): 913-921.

[31] Hang Y C, Blattner M, Yu Y K. Heat conduction process on community networks as a recommendation model. Physical Review Letters, 2008, 99(15): 154301.

[32] 邓小方, 钟元生, 吕琳媛, 等. 融合社交网络的物质扩散推荐算法. 山东大学学报(理

学版),2017,52(3):51-59.
- [33] 于洪,李俊华. 一种解决新项目冷启动问题的推荐算法. 软件学报,2015,26(6):1395-1408.
- [34] Zhou Tao, Ren Jie, Medo M, et al. Bipartite network projection and personal recommendation. Physical Review E, 2007, 76(4): 046115.
- [35] 王培培,刘培玉,王儒,等. 融合物质扩散热传导和时间效应的推荐算法. 小型微型计算机系统, 2017, 38(9): 2056-2061.
- [36] 聂大成. 在线社会网络中的信息推荐技术研究. 成都:电子科技大学, 2014.
- [37] Zhou T, Kuscsik Z, Liu J G, et al. Solving the apparent diversity-accuracy dilemma of recommender systems. Proceedings of the National Academy of Sciences, 2010, 107(10): 4511-4515.
- [38] Zhang Y C, Blattner M, Yu Y K. Heat conduction process on community networks as a recommendation model. Physical review letters, 2007, 99(15): 154301.
- [39] 王灿. 基于物质扩散和热传导的个性化推荐算法研究. 西安:西安电子科技大学, 2020.
- [40] 马铁民,周福才,王爽. 基于用户相似度的随机游走社交网络事件推荐算法. 东北大学学报:自然科学版, 2019, 40(11): 1533-1538.
- [41] 徐娜娜. 基于二分网络的热传导推荐算法研究. 西安:西安电子科技大学, 2024.
- [42] 杨卫芳. 基于热传导和物质扩散的混合推荐研究. 重庆:重庆大学, 2016.
- [43] Hu J Y, Gao Z W, Pan W S. Multiangle social network recommendation algorithms and similarity network evaluation. J. Applied Mathematics, 2013: 248084.
- [44] Ma W, Feng X, Wang S, et al. Personalized recommendation based on heat bidirectional transfer. Physica A, 2016, 444(2016): 713-721.

第3章
基于模型的协同过滤推荐算法

虽然基于内存的协同过滤推荐算法思想简单、易于实现,但算法在执行时,需要将所有数据加载到内存中进行运算,对于目前呈几何级数增长的数据量来说,这无疑会导致计算复杂度增加,严重影响推荐系统在各领域的使用。为了降低计算复杂性,基于模型的推荐算法被陆续提出,包括基于概率的协同过滤推荐算法、基于聚类的推荐算法、基于矩阵分解的推荐算法、因子分解机的推荐算法等。这些基于模型的推荐算法分为离线和在线两个阶段进行,离线阶段训练模型参数的时间会较长,在线阶段只需要少量的数据参与运算。

3.1 引言

为了解决基于内存的协同过滤推荐方法存在的计算复杂性高、难以用于大规模数据、难以扩展等问题,一系列基于模型的推荐方法被大量提出。为了保障推荐系统的准确率和运行效率,Hofmann T 等人[5]提出了一种概率隐语义分析(PLSA)方法,通过利用贝叶斯定理和期望最大化预测用户评分。Hernando A 等人[4]提出了一种基于贝叶斯概率模型的非负矩阵分解协同过滤推荐方法,该方法将评分矩阵分解为两个非负的低维矩阵:用户特征矩阵和项目特征矩阵,以预测未知评分。Park Y 等人[19]提出了一种基于 k 近邻图的快速的协同过滤推荐算法,通过使用 k 近邻算法查找已评分项目的近邻集合建立 k 近邻图,以提高推荐效率。Zahra S 等人[20]提出了一种 k 均值聚类的推荐算法,通过改进 k 均值聚类中心选择方法提高了准确率,同时解决了传统协同过滤推荐算法中的可扩展性问题。为了解决协同过滤推荐算法中的数据稀疏导致推荐准确性不高的问题,Najafabadi M 等人[21]通过使用关联规则发现隐含的用户购买模式,同时引入聚类技术降低数据维度。

Zhou X 等人[29]提出了一种增强的奇异值分解推荐算法,它利用线性代数中的奇异值分解技术将评分矩阵分解为 3 个低秩矩阵,可有效降低数据的维度。Salakhutdinov R 等人[16]提出了概率矩阵分解协同过滤推荐算法,在假设用户特征、项目特征和噪声是服从正态分布的前提下,通过利用贝叶斯定理,将用户评分矩阵分解为用户特征矩阵和项目特征矩阵,避免隐语义模型中矩阵分解导致的过拟合问题。Luo X 等人[3]提出了一种基于非负矩阵分解的推荐算法,该算法将评分矩阵分解为两个非负矩阵,表示用户特征和项目特征,可有效解决信息过载问题,且算法具有很强的可解释性。为了进一步提高矩阵分解协同过滤推荐算法的可解释性,揭示复杂数据间隐含关系,Wang F 等人[12,13]提出了一种联合非负矩阵分解的协同过滤推荐算法,分别对用户相似性矩阵、项目相似性矩阵和评分矩阵融入矩阵分解过程,提高预测评分的准确性。Li Y 等人[30]提出了一种基于矩阵分解的框架,该框架包括两种正则化方法:具有流形正则化的基于动态单元素的协同过滤(DSMMF)和基于动态单元素的 Tikhonov 图正则化非负矩阵分解(DSTNMF),通过使用户项目评分矩阵和用户项目内容解决维度灾难问题。Kang Z 等人[31]提出一种基于矩阵填充的 Top - N 推荐方法,通过低秩的假设和保持原来的信息不变,采用一种非凸秩松弛技术接近真实用户偏好。

降维是推荐系统常用的技术,包括聚类、SVD、PCA、PLSA、矩阵分解等,这些方法都从不同的角度为解决传统推荐系统的维度过高、准确性不高、不易扩展、运算量大等问题。在深度学习技术被引入推荐系统之前,矩阵分解作为一种经典的方法,由于其较强的解释性、准确性高、较强的扩展性等优势,吸引了众多学者和技术人员深入研究,促进了基于矩阵分解的推荐技术迅速发展并不断改进,且被广泛应用于推荐系统领域。随着社交网络的快速发展,社交关系被引入到矩阵分解过程,由此产生了基于社交关系的矩阵分解技术。

矩阵分解结合了隐语义和机器学习的特性,通过随机梯度下降(SGD)和交替最小二乘法(ALS)等技术优化问题目标,将评分矩阵分解为用户隐向量和物品隐向量。矩阵分解具有以下优势:① 预测准确性高。通过矩阵分解可挖掘更深层的用户和物品间的联系,预测准确率要高于基于邻域的协同过滤以及基于内容的推荐算法。② 计算复杂性低,适应大规模数据集。利用随机梯度下降法和交替最小二乘法均可训练出模型参数,时间复杂度和空间复杂度较低,将高维矩阵映射为两个低维矩阵可节省存储空间。③ 矩阵分解的方法具有良好的扩展性,可很方便在用户特征向量和物品特征向量中添加用户属性信息、信任关系、时间上下文及隐式反馈机制,提高模型的表达能力。

3.2 基于概率的协同过滤推荐算法

朴素贝叶斯(Naive Bayes)、概率潜在语义分析(probabilistic latent semantic analysis,PLSA)都是建立在概率论基础上的机器学习方法,它们都属于生成模型,被应用在推荐系统领域。后者引入隐变量,起初应用于自然语言处理领域,后被 Hofmann 等人应用在推荐系统领域。

3.2.1 朴素贝叶斯协同过滤推荐算法

朴素贝叶斯模型是一种生成模型,通常用于处理分类任务。在推荐系统领域,评分的取值一般是 0~5 或 0~10 之间的整数,推荐的主要任务是通过预测评分实现推荐,若将这些分值看成是不同类别,则评分预测任务就可转化为分类任务进行处理。假设有 n 个用户, m 个项目,构成 $n \times m$ 的评分矩阵,评分取值为 $\{v_1, v_2, \cdots, v_p\}$,下面通过贝叶斯定理建立分类模型进行分类,即推断缺失的评分。对于用户 u 来说, I_u 表示用户 u 的评分集合。

文献[5,6,27]给出了利用朴素贝叶斯预测评分的过程。若使用贝叶斯分类器预测用户 u 对项目 i 的评分 r_{ui},假设 r_{uj} 的取值集合是 $\{v_1, v_2, \cdots, v_p\}$。因此,现在的任务是根据 I_u 中观察到的评分来确定 r_{ui} 取任何这些值的概率[6,27]。根据贝叶斯公式:

$$p(B \mid A) = \frac{P(B) \cdot P(A \mid B)}{P(A)} \tag{3-1}$$

推广到一般形式,设 A 是样本空间 Ω 上的事件, B 是样本空间 Ω 上的一个划分,则有 $\sum_{i=1}^{n} B_i = \Omega$,且 $B_i \cap B_j = \phi$, $(0 \leqslant i \leqslant n, 0 \leqslant j \leqslant n, i \neq j)$,则有 $A = \sum_{i=1}^{n} B_i A$,从而 $P(A) = P(\sum_{i=1}^{n} B_i A)$,因此,有

$$P(A) = \sum_{i=1}^{n} P(A \mid B_i) P(B_i) \quad (3-2)$$

这就是全概率公式。因此,对于 $s \in \{1, 2, \cdots, p\}$ 的每个取值,若想确定概率 $P(r_{ui}=v_s \mid$ 从 I_u 中观测到的评分),需要利用贝叶斯定理来完成。r_{ui} 值和 I_u 中观察到的评分值对应的事件对应于 A 和 B。

类似的,对于 $s \in \{1, 2, \cdots, p\}$ 的每个值,可得[5, 6, 33]

$$P(r_{ui}=v_s \mid \text{从 } I_u \text{ 中观测到的评分})$$
$$= \frac{P(r_{ui}=v_s) \cdot P(\text{从 } I_u \text{ 中观测到的评分} \mid r_{ui}=v_s)}{P(\text{从 } I_u \text{ 中观测到的评分})} \quad (3-3)$$

为确定上述表达式中 r_{ui} 的值,即使 $P(r_{ui}=v_s \mid$ 从 I_u 中观测到的评分) 的取值尽可能大。因为公式右侧的分母与 s 值无关,所以为了确定右侧取最大值的 s 值,可忽略分母。若假设用户 u 对 I_u 中各种项目的评分是相互独立的,因而用户 u 对项目 i 的评分的后验概率的估计为[5, 6, 26]

$$P(r_{ui}=v_s \mid \text{从 } I_u \text{ 中观测到的评分}) \propto P(r_{ui}=v_s) \cdot \prod_{k \in I_u} P(r_{uk} \mid r_{ui}=v_s)$$
$$(3-4)$$

因此,用户 u 对项目 i 的评分可根据以下公式得到[5, 6]

$$\hat{r}_{ui} = \text{argmax}_{v_s} P(r_{ui}=v_s) \cdot \prod_{k \in I_u} P(r_{uk} \mid r_{ui}=v_s) \quad (3-5)$$

式中,$P(r_{ui}=v_s)$ 可通过以下公式计算:

$$P(r_{ui}=v_s) = \frac{q_s + \beta}{\sum_{i=1}^{p} q_i + p \cdot \beta} \quad (3-6)$$

式中,q_s 表示评分为 v_s 的个数,β 为平滑因子。

3.2.2 PLSA 协同过滤推荐算法

1) PLSA 模型

PLSA 最初被用在信息抽取领域,通过引入隐变量 $z \in Z$,利用多项式分布和条件分布对 doc-word 建立统计模型,将高维向量映射到潜在语义空间,从而达到数据降维的目的。后来,PLSA 与协同过滤算法结合被应用于推荐系统领域[26]。它通过结合高斯混合模型(Gaussian mixture model,GMM)和 EM 算法,学习出每个用户属于各潜在群组的概率,并利用群组对项目的偏好进行预测。

PLSA 模型如图 3-1 所示。$d=\{d_1,d_2,\cdots,d_N\}$,$z=\{z_1,z_2,\cdots,z_K\}$ 和 $w=\{w_1,w_2,\cdots,w_M\}$ 分别表示文档、主题和单词的集合,N、K 和 M 分别表示文档、主题和单词的数量。$p(z_k|d_i)$ 表示主题 z_k 出现在文档 d_i 中的条件概率,$p(w_j|z_k)$ 表示单词 w_j 出现在主题 z_k 中的条件概率。文档中每个单词的生成概率为[5,7]

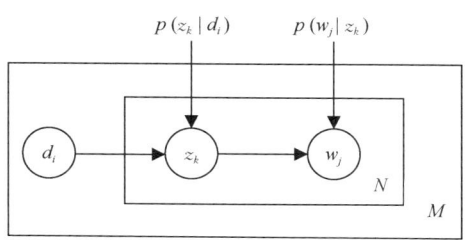

图 3-1　PLSA 模型

$$p(d_i,w_j)=p(d_i)p(w_j|d_i)=p(d_i)\sum_{k=1}^{K}p(w_j|z_k)p(z_k|d_i)$$

(3-7)

由于文档 d_i 和单词 w_j 是观察到的数据,主题 z_k 是隐变量,因此 $p(d_i)$ 是已知的,而 $p(z_k|d_i)$ 和 $p(w_j|z_k)$ 是未知的,目标就是估计参数 $\theta=(p(z_k|d_i),p(w_j|z_k))$ 的值,即最大化参数 θ。

2) 高斯混合模型

高斯混合聚类是一种采用高斯混合模型的聚类算法,主要采用概率统计的方法进行聚类。高斯混合模型其实就是若干个单高斯混合模型的线性叠加,直观上看,高斯混合概率密度函数是由若干单高斯概率密度函数组合而成的。高斯混合聚类假设样本服从不同独立的高斯分布,通过采用 EM 算法实现聚类。

对于样本 $\boldsymbol{X}$ 服从均值为 μ、方差为 σ^2 的正态分布 $p(x)\sim N(\mu,\sigma^2)$,即[5]

$$p(\boldsymbol{X})=\frac{1}{\sqrt{2\pi}\sigma}e^{-\frac{(\boldsymbol{X}-\boldsymbol{\mu})^2}{2\sigma^2}}$$

(3-8)

这是样本服从单个分布的情况,对于 n 维样本空间 χ 中的随机向量 $\boldsymbol{X}$,若 $\boldsymbol{X}$ 服从高斯分布,其概率密度函数为

$$p(\boldsymbol{X}) = \frac{1}{\sqrt{2\pi}\,\boldsymbol{\Sigma}} e^{-\frac{1}{2}(\boldsymbol{X}-\boldsymbol{\mu})^{\mathrm{T}}\boldsymbol{\Sigma}^{-1}(\boldsymbol{X}-\boldsymbol{\mu})} \tag{3-9}$$

式中,$\boldsymbol{\mu}$ 是 n 维均值向量,$\boldsymbol{\Sigma}$ 是 $n \times n$ 的协方差矩阵。

若这些数据是由服从若干个高斯分布的模型生成,可得 EM 算法的 E 步:

$$\gamma_j^{(i)} = p(z^{(i)} = j \mid x^{(i)}, \alpha, \boldsymbol{\mu}, \boldsymbol{\Sigma}) \tag{3-10}$$

该公式的含义为:每个样本的隐含类别 $z^{(i)}$ 可通过各混合成分的后验概率得到。基于此求解 M 步,对式(3-8)的最大似然估计[16]为

$$\begin{aligned}
f(\Theta, Z) &= \sum_{i=1}^{n} \sum_{j=1}^{z} Q_i(Z_j) \ln \frac{p(\boldsymbol{X}_i, Z_j \mid \Theta)}{Q_i(Z_j)} \\
&= \sum_{i=1}^{n} \sum_{j=1}^{z} Q_i(Z_j) \ln \frac{p(\boldsymbol{X}_i, Z_j \mid \gamma, \boldsymbol{\mu}, \boldsymbol{\Sigma})}{Q_i(Z_j)} \\
&= \sum_{i=1}^{n} \sum_{j=1}^{z} Q_i(Z_j^{(i)}) \ln \frac{p(\boldsymbol{X}_i \mid Z_j^{(i)}, \gamma, \boldsymbol{\mu}, \boldsymbol{\Sigma}) p(Z_j^{(i)} \mid \gamma, \boldsymbol{\mu}, \boldsymbol{\Sigma})}{Q_i(Z_j^{(i)})} \\
&= \sum_{i=1}^{n} \sum_{j=1}^{z} \gamma_j^{(i)} \ln \frac{\frac{1}{(2\pi)^{\frac{n}{2}} |\boldsymbol{\Sigma}_j|} \exp\left(-\frac{1}{2} x^{(i)} - \mu_j\right)^{\mathrm{T}} \boldsymbol{\Sigma}_j^{-1} \left(-\frac{1}{2} x^{(i)} - \mu_j\right) \alpha_j}{\gamma_j^{(i)}}
\end{aligned}$$

$$\tag{3-11}$$

固定参数 α_j 和 $\boldsymbol{\Sigma}_j$,对 μ_j 求导可得

$$\frac{\partial f(\Theta, Z)}{\partial \mu_j} = \frac{1}{2} \sum_{i=1}^{n} \gamma_l^{(i)} (\Sigma_l^{-1} x^{(i)} - \Sigma_l^{-1} \mu_l) \tag{3-12}$$

令式(3-12)为零,即得参数 $\boldsymbol{\mu}$ 的更新公式 $\mu_l = \dfrac{\sum\limits_{i=1}^{n} \gamma_l^{(i)} x^{(i)}}{\sum\limits_{i=1}^{n} \gamma_l^{(i)}}$。同理,固定参数 μ_j 和 α_j、μ_j 和 Σ_j,对 Σ_j、α_j 求导,可分别得到参数 Σ_j 和 α_j 的更新公式:

$$\Sigma_l = \frac{\sum_{i=1}^{n} \gamma_l^{(i)} (x^{(i)} - \mu^{(i)})^{\mathrm{T}} (x^{(i)} - \mu^{(i)})}{\sum_{i=1}^{n} \gamma_l^{(i)}}, \ \alpha_l = \frac{\sum_{i=1}^{k} \gamma_l^{(i)}}{k} \quad (3-13)$$

类似于单高斯模型,高斯混合分布定义为

$$p_M(\boldsymbol{X}) = \sum_{i=1}^{k} \alpha_i p(X \mid \mu_i, \Sigma_i) \quad (3-14)$$

该式表示该高斯分布由 k 个服从高斯分布的成分构成。其中,α_i 是混合成分的系数,$\sum_{i=1}^{k} \alpha_i = 1$ 且 $\alpha_i > 0$。μ_i 和 Σ_i 分别是第 i 个高斯混合成分的均值和方差。

对于随机变量 $\boldsymbol{X} = \{X_1, X_2, \cdots, X_m\}$ 来说,每个样本 X_j 属于 $z_j = i$ 的概率可由贝叶斯定理获得,即隐变量 z_j 的后验概率为

$$p_M(z_j = i \mid X_j) = \frac{P(z_j = i) p_M(X_j \mid z_j = i)}{p_M(X_j)} = \frac{\alpha_i p(X_j \mid \mu_i, \Sigma_i)}{\sum_{i=1}^{k} \alpha_i p(\boldsymbol{X} \mid \mu_i, \Sigma_i)}$$

$$(3-15)$$

3) PLSA 协同过滤推荐算法

事实上,用户往往具有多样的兴趣偏好,因此,用户属于多个用户群体[5]。根据文献[5,7,33],Hofmann 等人假设用户兴趣服从高斯分布,利用高斯混合聚类将用户分到不同的群组,结合贝叶斯公式,群组 z 对项目 t 的评分 r 的条件概率服从高斯分布,用户和项目的联合概率就是一个高斯混合模型[5,7,33]。为了根据用户多兴趣偏好预测用户对项目的评分,利用 PLSA 模型获取用户的潜在偏好兴趣,结合用户属于某一群组的概率和用户-项目评分信任对未知评分进行预测。利用三维向量 $\langle u, \alpha, r \rangle$ 表示用户-项目属性偏好关系,即用户 u_u 对某项目属性 h_α 的偏好为 r。$p(z_k \mid u)$ 表示用户 u_u 属于潜在群组 z_k 的概率,且 $\sum_{k=1}^{K} z_k = 1$,可通过 EM 算法得到用户属于某群体的概率。

考虑到用户-项目属性的分布情况和用户对项目属性的积极、消极影响,改进后的用户对项目属性加权偏好为

$$pre_{uk} = \bar{p}_{ua} * \frac{\dfrac{Card(L_{uk}^{(L)})}{Card(I_u^{(L)})} \log \dfrac{Card(C_u)}{1+Card(C_{uk}^{(L)})}}{\dfrac{Card(L_{uk}^{(D)})}{Card(I_u^{(D)})} \log \dfrac{Card(C_u)}{1+Card(C_{uk}^{(D)})}} \quad (3-16)$$

式中，$\bar{p}_{ua}$ 表示用户对项目属性 h_a 的平均偏好值，I_u 表示用户 u_u 对已评分的项目集合，L 表示项目属性的数量。$I_u^{(L)}$ 和 $I_u^{(D)}$ 分别表示用户 u_u 喜欢的项目集合和不喜欢的项目集合。集合 $I_u^{(L)}$ 中具有属性 h_k 的项目个数记为 $Card(C_{uk}^{(L)})$，集合 $I_u^{(D)}$ 中具有属性 h_k 的项目个数记作 $Card(C_{uk}^{(D)})$，集合 $I_u^{(L)}$ 中用户评价过的项目属性 h_k 出现的次数记作 $Card(I_{uk}^{(L)})$，集合 $I_u^{(D)}$ 中用户评价过的项目属性 h_k 出现的次数记作 $Card(I_{uk}^{(D)})$。

根据贝叶斯公式，用户对项目属性偏好的联合概率密度可由下式得到[5,7]：

$$\begin{aligned} p(u,\alpha,r) &= p(u)p(\alpha)p(r|u,\alpha) \\ &= p(u)p(\alpha)\sum_{z_k \in Z} p(z_k|u)p(r|\mu_{\alpha,z_k},\Sigma_{\alpha,z_k}) \end{aligned} \quad (3-17)$$

式中，$p(u)$ 和 $p(\alpha)$ 为两个常量，且有 $\sum_{k=1}^{K} z_k = 1$。$p(r|\mu_{\alpha,z_k},\Sigma_{\alpha,z_k})$ 表示群组 z_k 中的用户对属性 h_a 的评分服从均值为 μ_{α,z_k}、方差为 Σ_{α,z_k} 的高斯分布，其条件概率为 $p(r|\mu_{\alpha,z_k},\Sigma_{\alpha,z_k})$。因此，联合概率密度函数可写成

$$p(u,\alpha,r,z|\theta) \propto \sum_{z_k \in Z} p(z_k|u)p(r|\mu_{\alpha,z_k},\Sigma_{\alpha,z_k}) \quad (3-18)$$

式中，θ 为所有参数的统一表示。log 似然函数描述如下：

$$L(\theta) = \log \sum_{z_k \in Z} p(z_k|u)p(r|\mu_{\alpha,z_k},\Sigma_{\alpha,z_k}) \quad (3-19)$$

为了获得每一个参数的值（k, $p(z_k|u)$, μ_{α,z_k}, Σ_{α,z_k}），使用 EM 算法去交替执行 E 和 M 步，以求解这些参数。

E 步：

$$p(z_k|u,\alpha,r) = \frac{p(z_k|u)p(r|\mu_{\alpha,z_k},\Sigma_{\alpha,z_k})}{\sum_{z_k \in Z} p(z_k|u)p(r|\mu_{\alpha,z_k},\Sigma_{\alpha,z_k})} \quad (3-20)$$

M 步：

$$p(z_k \mid u) = \frac{\sum\limits_{\langle u', a, r \rangle : u' = u} p(z_k \mid u, a, r)}{\sum\limits_{z_k' \in Z} \sum\limits_{\langle u', a, r \rangle : u' \neq u} p(z_k' \mid u, a, r)} \quad (3-21)$$

$$\mu_{a, z_k} = \frac{\sum\limits_{\langle u', a, r \rangle : a' = a} r p(z_k \mid u, a, r)}{\sum\limits_{\langle u', a, r \rangle : a' \neq a} p(z_k \mid u, a, r)} \quad (3-22)$$

$$\Sigma_{a, z_k} = \frac{\sum\limits_{\langle u', a, r \rangle : a' = a} (r - \mu_{a, z_k})^2 p(z_k \mid u, a, r)}{\sum\limits_{\langle u', a, r \rangle : a' \neq a} p(z_k \mid u, a, r)} \quad (3-23)$$

执行 E 和 M 步，直到 $L(\theta) - L'(\theta)$ 小于给定的阈值 $threshold$，迭代终止，得到模型参数。根据以上获得的参数，根据用户 u_u 属于群组 z_k 的概率和用户所在群组对项目评分的均值可得用户 u_u 对项目 i_i 的预测的评分为

$$r_{ui} = \sum_{k=1}^{K} p(z_k \mid u) \int_r r p(r \mid i, z_k) \mathrm{d}r = \sum_{k=1}^{K} p(z_k \mid u) \mu_{ki} \quad (3-24)$$

式中，μ_{ki} 表示群组-项目评分均值。

图 3-2 描述了使用 PLSA 模型预测评分过程。假设用户-项目评分矩阵包含 20 个用户对 6 部电影的 80 个评分，评分范围为 1~5，每部电影有不同的类型，例如喜剧、恐怖片、动作片、爱情片。按照式(3-16)将用户对项目的评分转换为用户对项目属性的偏好，然后选择其中 3 个属性作为用户的特征作为训练数据，利用基于高斯混合模型的 PLSA 方法将用户按照其兴趣偏好划分为 3 组，不同的颜色表示不同的群组。例如，如果要预测评分 $r_{11,2}$，即用户 u_{11} 对项目 i_2 的评分，按照式(3-20)，可获得用户 u_{11} 分别属于群组 z_1、群组 z_2 和群组 z_3 的概率分别是 1.169×10^{-72}、0.133 和 0.867。第一个概率接近于 0，为方便计算忽略了该值，因此预测评分为 $r_{11,2} = p_1 \mu_{1,2} + p_2 \mu_{2,2} + p_3 \mu_{3,2} = 0 + 0.133 \times 3.67 + 0.867 \times 4.75 = 4.67$。

为了保证以上填充的评分的可靠性，利用文献[44, 45]的可靠性评估方法对获得的预测评分进行可靠性评估，根据可靠性评估结果保留可靠的预测评分，去除不可靠的评分，以确保最终的推荐质量。对于基于协同过滤的推荐方

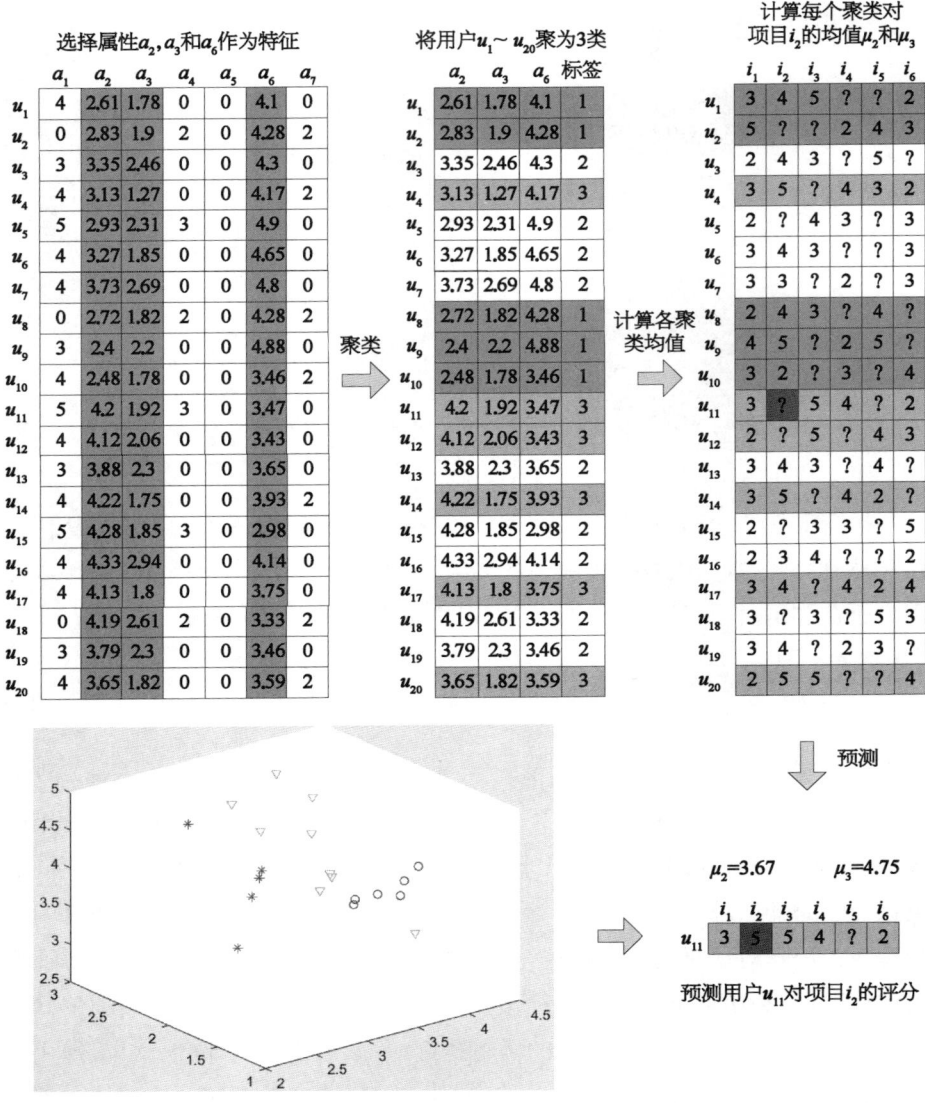

图 3-2 基于用户对项目属性偏好的评分预测过程

法，影响某项目预测评分的可靠性可能有多个因素，如近邻用户的数量、近邻用户共同评分项目数量和用户的信任关系等[44,45]。预测评分可靠性定义为[45]

$$D_{ui} = \left[f_1(g_{u1}^{(1)})^{\lambda_1} f_2(g_{u2}^{(2)})^{\lambda_2} \cdots f_n(g_{un}^{(n)})^{\lambda_n} \right]^{\frac{1}{\lambda_1 + \lambda_2 + \cdots + \lambda_n}} \quad (3-25)$$

式中，$g_{ui}^{(i)}$ ($i=1,2,\cdots,n$)是评分可靠性的影响因素，λ_i 表示影响因素 $g_{ui}^{(i)}$ 的重要程度，f_i 是将影响因素映射到某一个取值范围的函数。

考虑到计算的复杂性，可仅考虑两个影响因素：P_{ui} 和 V_{ui}。其中，P_{ui} 表示 u_u 的近邻用户对项目 i_i 的评分数量，V_{ui} 表示 u_u 的近邻用户对项目 i_i 评分存在偏差的数量。前者是预测评分可靠性的积极因素，后者是影响评分可靠性的消极因素，这两个因素共同决定了对项目评分的可靠程度。为方便计算，令 $\lambda_{P_{ui}}=\lambda_{V_{ui}}=1$，即积极和消极影响相同且各有一个影响因素。根据文献[44]的论述，可得到预测评分的可靠性评估公式为[4,45]

$$D_{ui}=\sqrt{f_P(P_{ui})f_V(V_{ui})}=\frac{P_{ui}}{3\sqrt{1+V_{ui}}} \tag{3-26}$$

式中，P_{ui} 和 V_{ui} 分别是影响预测评分的积极因素和消极因素。P_{ui} 取值越大，得到的评分越可靠；V_{ui} 取值越大，评分越不可靠。

除了考虑用户的多兴趣偏好，还可将基于协同过滤推荐算法线性叠加，从而得到混合推荐模型[7]：

$$r_{ui}=\lambda r_{ui}^{\text{plsa}}+(1-\lambda)r_{ui}^{\text{cf}} \tag{3-27}$$

式中，r_{ui}^{cf} 表示利用协同过滤推荐算法得到预测评分。

3.3 基于矩阵分解的协同过滤推荐算法

矩阵分解推荐方法属于隐因子分解方法，它通过将用户-物品评分矩阵分解成两个或多个矩阵的乘积，来发现用户和物品之间的隐含特征，从而预测未知评分。问题的关键是如何将一个大的用户-物品评分矩阵分解成两个较小的矩阵：用户隐因子矩阵和物品隐因子矩阵。矩阵分解技术可有效地处理大规模的用户和物品数据，同时减少数据的稀疏性问题，提高推荐的准确性。基于矩阵分解的推荐方法常见的有基于SVD的推荐方法、基于概率矩阵分解的推荐方法、基于非负矩阵分解的推荐方法等。

3.3.1 SVD与推荐技术

奇异值分解(singular value decomposition，SVD)是在机器学习领域广泛

应用的算法,它不仅可用于降维算法中的特征分解,还常用于图像压缩、推荐系统及自然语言处理等领域。

1) SVD

SVD 是一种常用的降维技术,是矩阵分解的一种重要方法,它是线性代数中的概念,是特征值分解在任意矩阵上的推广。SVD 适用于任何大小的矩阵[5]。假设一个评分矩阵为 $R_{m\times n}$,通过 SVD 技术可将其分解为

$$R_{m\times n} = U_{m\times m} S_{m\times n} V_{n\times n}^{\mathrm{T}} \tag{3-28}$$

式中,$U^{\mathrm{T}} U = I_{m\times m}$,$V^{\mathrm{T}} V = I_{n\times n}$。$U$ 的每一列被称为左奇异向量;S 是对角矩阵,对角线上的值按从大到小排列,称之为奇异值;V^{T} 的每一行被称为右奇异向量。S 中对角线上的值是 $R^{\mathrm{T}} R$ 或者 $R R^{\mathrm{T}}$ 的平方根。一个矩阵的 SVD 分解过程如图 3-3 所示。

在图 3-3 中,经过 SVD 分解后,R 的维度得到降低,被分解为 U,S 和 V。其中,U 表示用户信息,V 表示项目信息,S 表示特征的重要程度。若选择前 4 个特征,则保留了初始矩阵 R 的 95% 的信息量,转换后的矩阵 $\hat{R}$ 与矩阵 R 近似。一般的,S 是一个 $k\times k$ 的对角矩阵,$k = \min(m, n)$。$\hat{R}$ 是 R 的近似矩阵,有 $R \approx \hat{R} = U \hat{\Sigma} V$,$\hat{\Sigma}$ 是秩为 k 的 Σ 近似矩阵。

为了实现准确、实时推荐,文献[18]提出一种基于本体和降维技术的协同过滤方法,在该方法中,使用降维和本体技术解决了推荐系统中的数据稀疏和可扩展性问题。然后,我们使用本体来提高 CF 部分推荐的准确性。具体实现过程如下[18]:

(1) 将评分矩阵转换为新的稠密矩阵 D。通过使用 SVD 技术,将用户项目评分矩阵 $R_{m\times n}$ 转换为稠密矩阵 $D_{m\times n}$,为了找到用户和项目在矩阵 D 中新的坐标,将 R 映射为 k 维的空间中:

$$\begin{cases} U_{\mathrm{Trans}} = R_{m\times n} \times V_{n\times k} \times \Sigma_{k\times k}^{-1} \\ V_{\mathrm{Trans}} = R_{m\times n} \times U_{n\times k} \times \Sigma_{k\times k}^{-1} \end{cases} \tag{3-29}$$

式中,U_{Trans} 和 V_{Trans} 分别是用户和项目在 k 维空间中的新坐标。例如,对于图 3-4(a)所示的矩阵 R,被分解为 U,V 和 Σ,取其中的前两维,分别用 U',V' 和 Σ' 表示,即

第 3 章 基于模型的协同过滤推荐算法

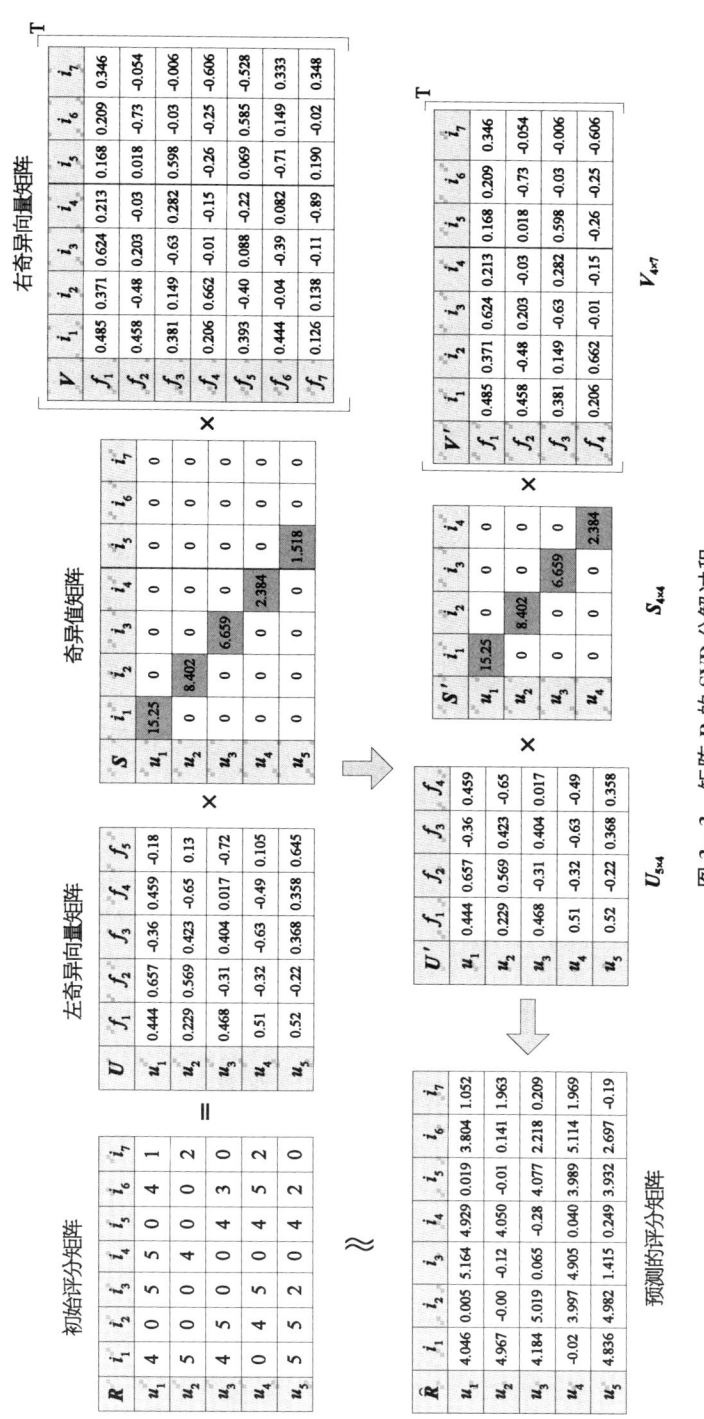

图 3-3 矩阵 R 的 SVD 分解过程

$$U' = \begin{pmatrix} 0.557 & 0.733 \\ 0.503 & -0.475 \\ 0.439 & 0.020 \\ 0.4356 & -0.472 \\ 0.233 & 0.118 \end{pmatrix}, \quad V' = \begin{pmatrix} 0.695 & 0.095 \\ 0.266 & 0.345 \\ 0.344 & 0.559 \\ 0.239 & -0.369 \\ 0.435 & -0.646 \\ 0.285 & 0.068 \end{pmatrix}, \quad \Sigma' = \begin{pmatrix} 11.65 & 0 \\ 0 & 5.767 \end{pmatrix}$$

当一个新用户 u_{new}，其评分向量为 $[5,3,4,0,1,2]$ 到来时，为了获取新用户在新的二维空间中的坐标，需要进行如下计算：

$$u_{\text{new}} = [5,3,4,0,1,2]^{\text{T}} \times V' \times \Sigma^{-1} = [0.572, 0.561]$$

从图 3-4 可以看出，用户 u_1 与新用户 u_{new} 距离很近，可作为最近邻用户。

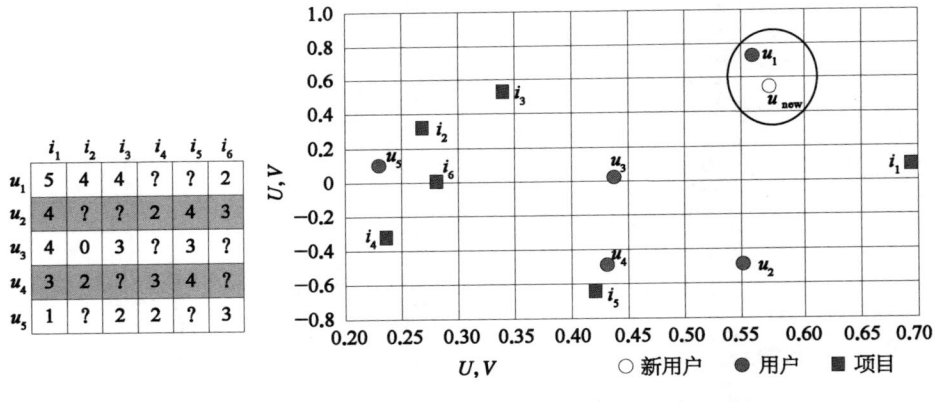

(a) 初始的用户-评分矩阵　　　　(b) 二维空间中的用户和项目

图 3-4　使用 SVD 技术分解后得到的用户和项目及新用户坐标

(2) 对评分矩阵 D 进行归一化处理。矩阵 D 的归一化处理可使用 Z-score 方法，即使 $Z_{ij} = \dfrac{U_{ij} - \bar{U}_i}{\pi_i}$，$Z_{ij} = \dfrac{I_{ij} - \bar{I}_j}{\sigma_j}$，这里的 $\bar{U}$ 和 π 分别表示用户的平均评分和标准差，$\bar{I}$ 和 σ 分别表示项目的平均评分和标准差。

(3) 对矩阵 Z 使用 SVD 技术，将其进行分解，得到新的矩阵 U，S 和 V。

(4) 得到 Z 的近似矩阵。根据低秩矩阵 U，S，V，得到新的近似矩阵 $\hat{Z}$。

(5) 预测未知评分。使用 $\hat{r}_{ij} = \bar{U}_i + \pi_i Z_{ij}$ 或 $\hat{r}_{ij} = \bar{I}_j + \sigma_j Z_{ij}$ 预测未知评分。

2) 基于SVD的推荐方法

在推荐系统领域,实际上的用户评分矩阵是非常稀疏的,若使用SVD技术对评分矩阵进行分解,需要对未知的评分信息进行预填充,然后才能进行分解,而预填充会导致最终预测出的评分不准确。因此,传统的SVD方法会导致推荐的不准确。实际上,$\boldsymbol{R} = \boldsymbol{U\Sigma V}^{\mathrm{T}} \approx \boldsymbol{U}_k \boldsymbol{\Sigma}_k \boldsymbol{V}_k^{\mathrm{T}}$ 与下式是等价的:

$$\boldsymbol{R}_{ui} = \boldsymbol{P}_u \boldsymbol{Q}_i^{\mathrm{T}} \tag{3-30}$$

若令 $\boldsymbol{P} = \boldsymbol{U}_k \boldsymbol{\Sigma}_k^{\frac{1}{2}}$,$\boldsymbol{Q} = \boldsymbol{V}_k \boldsymbol{\Sigma}_k^{\frac{1}{2}}$,即可得到以上公式。

为了得到 $\boldsymbol{P}$ 和 $\boldsymbol{Q}$,通常使用将预测的评分与真实的评分误差最小化得到。

$$L = \|\boldsymbol{R} - \boldsymbol{P Q}^{\mathrm{T}}\|_{\mathrm{F}}^2 = \sum_{u,i}(r_{ui} - p_u q_i^{\mathrm{T}})^2 \tag{3-31}$$

考虑到用户和项目的偏差,用户对项目的评分可通过下式得到:

$$\hat{r}_{ui} = \mu + b_u + b_i + p_u q_i^{\mathrm{T}} \tag{3-32}$$

式中,μ 为用户 u 对所有项目评分的均值,b_u 和 b_i 分别表示观测到的用户和物品偏差。为了获得参数 b_u,b_i,p_u 和 q_i,可最小化以下目标函数:

$$L = \min \sum_{(u,i)\in R}(r_{ui} - \mu - b_u - b_i - p_u q_i^{\mathrm{T}})^2 + \lambda(b_u^2 + b_i^2 + \|p_u\|^2 + \|q_i\|^2) \tag{3-33}$$

利用梯度下降法可得以下模型参数[6, 27]:

$$\begin{cases} e_{ui} = r_{ui} - \hat{r}_{ui} \\ b_u \leftarrow b_u + \alpha \cdot (e_{ui} - \lambda \cdot b_u) \\ b_i \leftarrow b_i + \alpha \cdot (e_{ui} - \lambda \cdot b_i) \\ p_u \leftarrow p_u + \alpha \cdot (e_{ui} \cdot q_i - \lambda \cdot p_u) \\ q_i \leftarrow q_i + \alpha \cdot (e_{ui} \cdot p_u - \lambda \cdot q_i) \end{cases} \tag{3-34}$$

在SVD的基础上引入隐式反馈,用户浏览、点击可作为新的影响因素,SVD++模型预测评分公式为[47]

$$\hat{r}_{ui} = \mu + b_u + b_i + \left(p_u + \frac{1}{\sqrt{\|R_u\|}} \sum_{j \in R_u} y_j\right) \cdot q_i^{\mathrm{T}} \tag{3-35}$$

式中，R_u 表示用户 u 评价过的项目集合，y_j 表示若用户对项目进行了隐式反馈的取值，$\frac{1}{\sqrt{\|R_u\|}}\sum_{j\in R_u}y_j$ 中的 $\frac{1}{\sqrt{\|R_u\|}}$ 是为了将该项规范化。

同样，利用梯度下降法学习模型参数[6,8]：

$$\begin{cases} e_{ui} = r_{ui} - \hat{r}_{ui} \\ b_u \leftarrow b_u + \alpha \cdot (e_{ui} - \lambda \cdot b_u) \\ b_i \leftarrow b_i + \alpha \cdot (e_{ui} - \lambda \cdot b_i) \\ p_u \leftarrow p_u + \alpha \cdot \left(e_{ui} \cdot \left(q_i + \frac{1}{R_u}\sum_{j\in R_u}y_j\right) - \lambda \cdot p_u\right) \\ q_i \leftarrow q_i + \alpha \cdot (e_{ui} \cdot p_u - \lambda \cdot q_i) \\ y_i \leftarrow y_j + \alpha \cdot \left(e_{ui} \cdot \frac{1}{R_u}\sum_{j\in R_u}y_j \cdot q_i - \lambda \cdot y_j\right) \end{cases} \quad (3-36)$$

3.3.2 基于非负矩阵分解的推荐技术

在矩阵分解过程中，并不能保证得到用户特征矩阵和项目特征矩阵中的元素都是正数。非负矩阵分解（non-negtive matrix factorization，NMF）是另一种矩阵分解方法，分解后的所有分量均为非负值。该方法不仅实现了非线性的维数约减，而且广泛应用于信号处理、生物医学工程、模式识别、计算机视觉和图像处理等领域。NMF 将原始矩阵分解为两个非负矩阵 **W** 和 **H**，使得它们的乘积尽可能接近原始矩阵 **R**。

非负矩阵分解执行矩阵分解过程，将 **R** 分解为 **P** 和 **Q**，**P**$\geqslant 0$，**Q**$\geqslant 0$，**P** 和 **Q** 的秩为 f，有 **P** 的大小为 $|U|\times f$，**Q** 的大小为 $f\times|I|$，且 $f\ll \min(|U|,|I|)$。

$$L = \mathrm{argmin}_{P,Q} \|\boldsymbol{R} - \boldsymbol{PQ}\|^2 \quad \boldsymbol{P}\geqslant 0, \boldsymbol{Q}\geqslant 0 \quad (3-37)$$

利用随机梯度下降，优化目标参数[3]：

$$\begin{cases} p_{ik} \leftarrow p_{ik} - \lambda_{ik}\frac{\partial L}{\partial p_{ik}} = u_{ik} - 2\lambda_{ik}[(\boldsymbol{RQ}^\mathrm{T})_{ik} - (\boldsymbol{PQQ}^\mathrm{T})_{ik}] \\ q_{kj} \leftarrow q_{kj} - \eta_{kj}\frac{\partial L}{\partial q_{kj}} = q_{kj} - 2\eta_{kj}[(\boldsymbol{PR})_{kj} - (\boldsymbol{P}^\mathrm{T}\boldsymbol{PQ})_{kj}] \end{cases} \quad (3-38)$$

式中,对每个未知参数来说,其学习率 λ_{ik}, η_{kj} 都是不同的,为了保证 NMF 分解后的矩阵是非负性,需要对 λ_{ik}, η_{kj} 进行约束,可通过换元法保证分解后矩阵的非负性[3]:

$$\begin{cases} \lambda_{ik} = \dfrac{w_{ik}}{[PQQ^T]_{ik}} \\ \eta_{kj} = \dfrac{w_{kj}}{[P^TPQ]_{kj}} \end{cases} \quad (3-39)$$

可得最终的参数学习公式:

$$\begin{cases} p_{ik} = p_{ik} \dfrac{[RQ^T]_{ik}}{[PQQ^T]_{ik}} \\ q_{ik} = q_{ik} \dfrac{[P^TR]_{kj}}{[P^TPQ]_{kj}} \end{cases} \quad (3-40)$$

例如,给定一个矩阵:

$$R = \begin{bmatrix} 5 & 2 & 3 & 0 & 2 \\ 3 & 0 & 1 & 2 & 5 \\ 5 & 2 & 0 & 3 & 5 \\ 3 & 0 & 5 & 0 & 1 \\ 3 & 2 & 5 & 2 & 1 \end{bmatrix}$$

预测到的近似矩阵 R' 为

$$\begin{bmatrix} 4.863\,942\,2 & 1.904\,323\,51 & 3.106\,147\,86 & 1.582\,825\,18 & 2.087\,510\,79 \\ 3.049\,600\,89 & 1.024\,794\,17 & 0.942\,412\,6 & 2.106\,848\,19 & 4.889\,581\,53 \\ 4.974\,098\,43 & 2.055\,604\,2 & 3.236\,406\,32 & 2.878\,355\,65 & 5.020\,535\,23 \\ 3.006\,590\,85 & 2.027\,050\,6 & 4.977\,255\,38 & 2.122\,678\,73 & 0.995\,112\,06 \\ 3.056\,661\,59 & 2.013\,703\,15 & 4.900\,977\,39 & 2.059\,829\,95 & 0.936\,787\,51 \end{bmatrix}$$

P 矩阵分别为

$$\begin{bmatrix} 0.505\,783\,79 & 1.851\,399\,09 & 0.302\,198\,65 \\ 0.127\,811\,65 & 0.611\,800\,5 & 2.000\,625\,68 \\ 0.809\,708\,85 & 1.325\,594\,63 & 1.778\,901\,85 \\ 1.849\,876\,68 & 0.761\,279\,38 & 0.072\,473\,14 \\ 1.792\,461\,4 & 0.811\,394\,19 & 0.033\,675\,82 \end{bmatrix}$$

Q 矩阵为

$$\begin{bmatrix} 0.637\,406\,54 & 2.327\,028\,86 & 0.771\,986\,24 \\ 0.764\,725\,26 & 0.783\,124\,51 & 0.223\,898\,66 \\ 2.253\,580\,18 & 1.061\,679\,25 & 0.002\,420\,7 \\ 0.923\,304\,54 & 0.463\,570\,91 & 0.852\,346\,45 \\ 0.153\,076\,37 & 0.724\,543\,36 & 2.212\,678\,09 \end{bmatrix}$$

在此基础上，联合非负矩阵分解的协同过滤推荐方法[13]首先将用户-物品评分矩阵的缺失值进行填充，然后将用户相似性矩阵、物品相似性矩阵、用户-物品评分矩阵同时进行优化，建立目标函数[13]：

$$L = \alpha \| \boldsymbol{G} - \boldsymbol{X} \|^2 + \beta(1-\alpha) \| \boldsymbol{G} - \boldsymbol{U}\boldsymbol{X} \|^2 + (1-\alpha)(1-\beta) \| \boldsymbol{G} - \boldsymbol{X}\boldsymbol{D} \|^2 \tag{3-41}$$

式中，$\boldsymbol{G}$ 表示用户-项目评分矩阵，$\boldsymbol{D}$ 表示物品间的相似性关系，$\boldsymbol{U}$ 表示用户间的相似性关系，α,β 之间的关系为 $\alpha + \beta(1-\alpha) + (1-\alpha)(1-\beta) = 1$。

优化后的目标参数为

$$X_{ij} \leftarrow X_{ij} \left(\frac{[\alpha \boldsymbol{G} + \varphi \boldsymbol{U}^{\mathrm{T}} \boldsymbol{G} + \gamma \boldsymbol{G}\boldsymbol{D}^{\mathrm{T}}]_{ij}}{[\alpha \boldsymbol{X} + \varphi \boldsymbol{U}^{\mathrm{T}} \boldsymbol{U}\boldsymbol{X} + \gamma \boldsymbol{X}\boldsymbol{D}\boldsymbol{D}^{\mathrm{T}}]_{ij}} \right)^{\frac{1}{2}} \tag{3-42}$$

具有正则化的基于单一元素的非负矩阵分解模型（RSNMF）[24, 30]目标函数为

$$L = \| \boldsymbol{R} - \boldsymbol{U}\boldsymbol{V} \|^2 \approx \sum_{(i,j) \in R} \left(r_{ij} - \sum_{k=1}^{f} u_{ik} v_{kj} \right)^2 \tag{3-43}$$

得到更新后的参数 u 和 v：

$$\begin{cases} u_{ik} \leftarrow u_{ik} - \eta_{ik} \dfrac{\partial L}{\partial u_{ik}} = u_{ik} - 2\eta_{ik} \left[-\sum_{j \in I_i} v_{kj} \left(r_{ij} - \sum_{k=1}^{f} u_{ik} v_{kj} \right) \right] \\ v_{kj} \leftarrow v_{kj} - \eta_{ki} \dfrac{\partial L}{\partial v_{kj}} = v_{kj} - 2\eta_{ki} \left[-\sum_{i \in U_j} u_{ik} \left(r_{ij} - \sum_{k=1}^{f} u_{ik} v_{kj} \right) \right] \end{cases}$$

$$\tag{3-44}$$

最终的模型参数优化公式为

$$\begin{cases} u_{ik} \leftarrow u_{ik} \dfrac{\sum\limits_{t \in I_i} v_{kt} r_{it}}{\sum\limits_{t \in I_i} v_{tk} \sum\limits_{p=1}^{f} u_{ip} v_{pj}} \\ v_{kj} \leftarrow v_{kj} \dfrac{\sum\limits_{i \in U_j} u_{it} r_{ij}}{\sum\limits_{i \in U_j} u_{ik} \sum\limits_{p=1}^{f} u_{ip} v_{pj}} \end{cases} \quad (3-45)$$

NMF是一种基于非负约束的矩阵分解技术，它将非负数据矩阵近似分解为两个低秩非负矩阵的乘积，具有能快速处理大规模数据、可解释性强、占用存储空间少等优势。而PCA，ICA，SVD等技术不能保证原始数据的非负性。

3.3.3 基于概率矩阵分解的推荐技术

传统的基于隐因子分析的矩阵分解方法没有考虑噪声数据的影响，容易导致过拟合问题。考虑到推荐算法的扩展性、效率和推荐质量，采用基于隐因子的低秩概率矩阵分解技术的推荐框架成为矩阵分解技术的主流方法[7,27]。PMF是矩阵分解技术的一种概率实现方法，通过对用户-项目评分矩阵进行分解，导出低秩的用户隐因子特征矩阵和项目隐因子特征矩阵，然后利用低秩的特征矩阵对缺失的评分进行预测。随着社交网络的发展成熟，后来的很多学者将社交关系融入概率矩阵分解模型中，利用矩阵分解技术将用户-项目的历史评分信息和用户的社交关系映射到一个共享的用户特征空间，从而提高预测评分的准确率，促进了基于社交矩阵分解的推荐方法的快速发展[23,27,32,34,56]。

基于概率矩阵分解的推荐模型的概率图结构如图3-5所示。

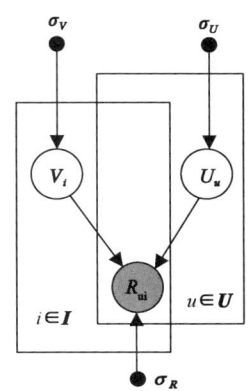

图3-5 基于概率矩阵分解的推荐模型的概率图结构

假设用户-项目评分矩阵 $R = \{r_{ui}\}$ 中包含 N 个用户和 M 个项目，r_{ui} 表示用户 u_u 对项目 v_i 的评分，$r_{ui} \in [0, Z]$，Z 是任意的非负整数，一般取值为5或10。$U \in \mathbf{R}_{d \times N}$ 和 $V \in \mathbf{R}_{d \times N}$ 分别表示用户隐因子特征矩阵和项目隐因子特征矩阵，列向量 U_u 和 V_i 分别为相应的用户和

项目隐特征向量。假定用户-项目评分是由观测到的高斯噪声的线性概率模型组成，则评分矩阵 $\boldsymbol{R}$ 的条件分布为[27]

$$p(\boldsymbol{R} \mid \boldsymbol{U}, \boldsymbol{V}, \sigma^2) = \prod_{u=1}^{N}\prod_{i=1}^{M}[N(r_{ui} \mid g(U_u^\mathrm{T}V_i), \sigma^2)]^{I_{ui}^R} \quad (3-46)$$

式中，$N(x \mid \mu, \sigma^2)$ 为 x 服从均值为 μ 和方差为 σ^2 的高斯分布。I_{ui}^R 为指示函数，表示用户 u_u 对项目 v_i 是否进行了评分。若对项目进行了评分，则取值为 1；否则取值为 0。假设用户特征和项目特征均服从均值为 0 的球形高斯先验分布[32]：

$$\begin{cases} P(U \mid \sigma_U^2) = \prod_{u=1}^{N} N(U_u \mid 0, \sigma_U^2 I) \\ P(V \mid \sigma_V^2) = \prod_{i=1}^{M} N(V_i \mid 0, \sigma_V^2 I) \end{cases} \quad (3-47)$$

式中，I 为一个 d 维单位对角矩阵。通过贝叶斯推断，用户特征和项目特征的后验概率分布为

$$\begin{aligned} p(U, V \mid R, \sigma_R^2, \sigma_U^2, \sigma_V^2) &\propto p(R \mid U, V, \sigma_R^2) p(U \mid \sigma_U^2) p(V \mid \sigma_V^2) \\ &= \prod_{u=1}^{N}\prod_{i=1}^{M}[N(r_{ui} \mid g(U_u^\mathrm{T}V_i), \sigma^2)]^{I_{ui}^R} \times \\ &\quad \prod_{u=1}^{N} N(U_u \mid 0, \sigma_U^2 I) \times \prod_{i=1}^{M} N(V_i \mid 0, \sigma_V^2 I) \end{aligned} \quad (3-48)$$

对以上联合后验分布取对数：

$$\begin{aligned} &\ln p(U, V \mid R, \sigma_R^2, \sigma_U^2, \sigma_V^2) \\ &= -\frac{1}{2\sigma_R^2}\sum_{u=1}^{N} I_{ui}^R[r_{ui} - g(U_u^\mathrm{T}V_i)]^2 - \frac{1}{2\sigma_U^2}\sum_{u=1}^{N} U_u^\mathrm{T}U_u - \frac{1}{2\sigma_V^2}\sum_{u=1}^{M} V_i^\mathrm{T}V_i - \\ &\quad \frac{1}{2}\Big[\Big(\sum_{u=1}^{N}\sum_{i=1}^{M} I_{ui}^R\Big)\ln\sigma_R^2 - dN\ln\sigma_U^2 + dM\ln\sigma_V^2\Big] + C \end{aligned} \quad (3-49)$$

式中，C 为常数。保持参数固定，最大化式（3-47）等价于最小化下式[56]：

$$L(R, U, V) = \frac{1}{2}\sum_{u=1}^{N}\sum_{i=1}^{M} I_{ui}^R[r_{ui} - g(U_u^\mathrm{T}V_i)]^2 + \frac{\lambda_U}{2}\sum_{u=1}^{N} U_u^\mathrm{T}U_u + \frac{\lambda_V}{2}\sum_{i=1}^{M} V_i^\mathrm{T}V_i \quad (3-50)$$

式中,$\lambda_U = \dfrac{\sigma_R^2}{\sigma_U^2}$,$\lambda_V = \dfrac{\sigma_R^2}{\sigma_V^2}$。通过对式(3-48)中的 U_u 和 V_i 分别执行随机梯度下降,使目标函数达到局部最小值。

$$\begin{cases} \dfrac{\partial L}{\partial U_u} = \sum_{i=1}^{M} I_{ui}^R V_i g'(U_u^T V_i)(g(U_u^T V_i) - r_{ui}) + \lambda_U U_u \\ \dfrac{\partial L}{\partial V_i} = \sum_{u=1}^{N} I_{ui}^R U_u g'(U_u^T V_i)(g(U_u^T V_i) - r_{ui}) + \lambda_V V_i \end{cases} \quad (3-51)$$

式中,$g'(x)$ 是 $g(x)$ 的导数,即 $g'(x) = \dfrac{e^{-x}}{(1+e^{-x})^2}$。通过利用已知评分不断更新特征向量 $\boldsymbol{U}_u$ 和 $\boldsymbol{V}_i$:

$$\begin{cases} \boldsymbol{U}_u \leftarrow \boldsymbol{U}_u - \eta \dfrac{\partial L}{\partial \boldsymbol{U}_u} \\ \boldsymbol{V}_i \leftarrow \boldsymbol{V}_i - \eta \dfrac{\partial L}{\partial \boldsymbol{V}_i} \end{cases} \quad (3-52)$$

式中,η 为学习率。最后,利用得到的隐特征矩阵 $\boldsymbol{U}$ 和 $\boldsymbol{V}$ 预测未知评分:

$$\hat{r}_{ui} = \sum_{k=1}^{K} u_{uk} v_{ki} \quad (3-53)$$

式中,K 为隐特征向量的维度,u_{uk} 和 v_{ki} 分别是矩阵 $\boldsymbol{U}$ 和 $\boldsymbol{V}$ 中的元素。利用 PMF 技术实现用户对缺失项目的评分预测过程如图 3-6 所示。基本的 PMF 方法主要使用用户-项目评分信息训练用户和项目特征向量,而没有考虑到用户社交关系和项目间隐含的关联关系,同时受极度稀疏评分数据的影响,推荐

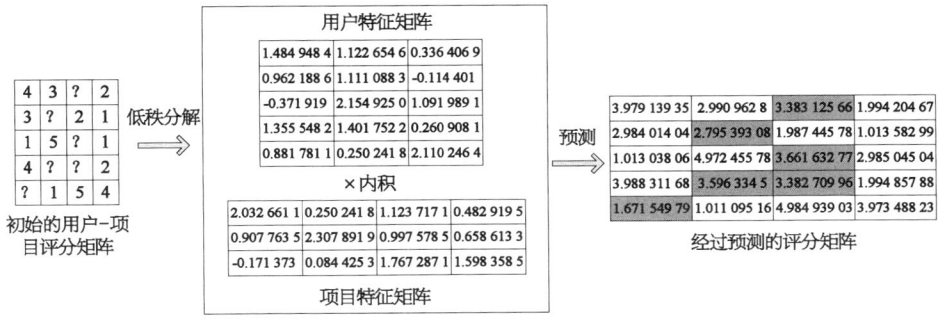

图 3-6 利用 PMF 的评分预测过程

的准确性难以满足用户需求。

作为目前广泛应用于推荐系统的技术,概率矩阵分解技术具有以下优势[15,23,40]:① 容易将各种社交因子(偏好相似性、信任关系、朋友关系等)融入求解用户特征和项目特征矩阵的过程中,以缓解数据稀疏带来的推荐准确率不高的问题。② 概率矩阵分解对高斯噪声有很好的概率解释。③ 可通过多种优化途径(如梯度下降、拉格朗日乘数法)寻找局部最优解。

3.4 因子分解机技术

因子分解机模型(factorization machines,FM)[50]由 Steffen Rendle 于2010年提出,它是基于矩阵分解技术的推荐方法,解决大规模稀疏数据中的特征组合问题。FM 由两部分构成:逻辑回归的一阶部分和特征交叉的二阶部分。其中,一阶部分主要用于学习每个特征的线性权重,二阶部分通过学习特征之间的交叉项(即特征组合),来捕捉特征之间的非线性关系。

逻辑回归能综合利用用户、物品、信任关系、社会标签等多种不同的特征产生更全面的推荐,逻辑回归将推荐问题看成是一个分类问题,通过预测用户对正样本的隐式交互概率进行排序,它将推荐转换为点击率(click trough rate,CTR)的预测问题。

基于逻辑回归的推荐过程如图 3-7 所示,推荐过程描述如下[51]:

(1) 将用户特征、项目特征、社会标签等信息表示成数值型向量 $\boldsymbol{x}=(x_1, x_2, \cdots x_n, 1)$ 作为输入。

(2) 为各特征向量赋予相应的权重 W,加权求和得到 $W\boldsymbol{X}^{\mathrm{T}}$。

(3) 将 $W\boldsymbol{X}^{\mathrm{T}}$ 输入 sigmoid 函数 $g(z)=\dfrac{1}{1+\mathrm{e}^{-z}}$ 中,转换为(0,1)之间的数输出,即为正反馈的概率。

从 sigmoid 函数曲线上看,输出结果即预测值被限定在范围[0,1]之间。在 $x=0$ 时,$h_\theta(x)$ 的取值十分敏感;在 $x \gg 0$ 或 $x \ll 0$ 处,$h_\theta(x)$ 的取值都不敏感。

对于预测点击率问题,逻辑回归方法可通过对所有特征的一个线性加权组合,其预测值为

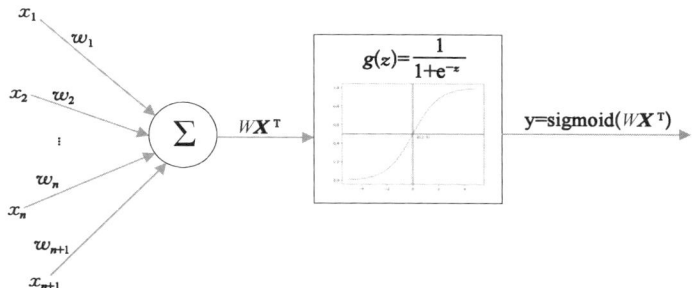

图 3-7 逻辑回归模型的推荐过程

$$\hat{y} = w_0 + \sum_{i=1}^{n} w_i x_i \quad (3-54)$$

这样假设特征之间是相互独立的，且需要人工进行特征组合，无法拟合特征之间的非线性关系，而在现实生活中，特征之间往往是相互依赖的。若简单地考虑特征的两两组合，会导致组合后的特征非常稀疏，特征维度过高，其特征组合模型的形式为[50,54]

$$\hat{y} = w_0 + \sum_{i=1}^{n} w_i x_i + \sum_{i=1}^{n} \sum_{j=1}^{n} w_{ij} x_i x_j \quad (3-55)$$

与逻辑回归模型相比，虽然这个模型似乎解决了二阶特征组合问题，但它的泛化能力较弱，对于极度稀疏的数据，交叉项不为 0 的样本非常少，由于参数训练不充分而影响推荐性能。

在 CTR 预估中，通常会将特征转换为 one-hot 类型的变量，会导致数据特征的稀疏。于是在 2010 年，为了解决数据稀疏情况下的特征组合问题，Steffen Rendle 就提出了 FM 模型，它将 w_{ij} 优化成两个向量的乘积形式。FM 模型的形式为

$$\hat{y} = w_0 + \sum_{i=1}^{n} w_i x_i + \sum_{i=1}^{n} \sum_{j=i+1}^{n} \langle v_i, v_j \rangle x_i x_j \quad (3-56)$$

式中，$\langle v_i, v_j \rangle$ 表示两个向量的点积运算，若维度为 k，则 $\langle v_i, v_j \rangle = \sum_{h=1}^{k} v_{ih} \cdot v_{jh}$。上式的时间复杂度为 $O(kn^2)$，为了降低时间复杂度，Steffen Rendle 又对上式进行了改进[50]。

$$\sum_{i=1}^{n}\sum_{j=i+1}^{n}\langle v_i, v_j\rangle x_i x_j = \frac{1}{2}\sum_{i=1}^{n}\sum_{j=1}^{n}\langle v_i, v_j\rangle x_i x_j - \frac{1}{2}\sum_{i=1}^{n}\langle v_i, v_i\rangle x_i x_i$$

$$= \frac{1}{2}\sum_{i=1}^{n}\sum_{j=1}^{n}\sum_{h=1}^{k}v_{ih}v_{jh}x_i x_j - \frac{1}{2}\sum_{i=1}^{n}\sum_{h=1}^{k}v_{ih}v_{ih}x_i x_i$$

$$= \frac{1}{2}\sum_{h=1}^{n}\left[\left(\sum_{i=1}^{n}v_{ih}x_i\right)\left(\sum_{j=1}^{n}v_{jh}x_j\right) - \sum_{i=1}^{n}v_{ih}^2 x_i^2\right]$$

$$= \frac{1}{2}\sum_{h=1}^{n}\left[\left(\sum_{i=1}^{n}v_{ih}x_i\right)^2 - \sum_{i=1}^{n}v_{ih}^2 x_i^2\right] \quad (3-57)$$

这样，FM 模型的时间复杂度就降低到 $O(kn)$ 了。

采用随机梯度下降法对 FM 模型各参数进行学习，各参数的梯度为：

(1) 当参数为 w_0 时，$\dfrac{\partial \hat{y}}{\partial w_0}=1$。

(2) 当参数为 w_i 时，$\dfrac{\partial \hat{y}}{\partial w_i}=x_i$。

(3) 当参数为 v_{ih} 时，$\dfrac{\partial \hat{y}}{\partial w_i}=x_i\sum_{j=1}^{n}v_{jh}x_j - v_{ih}x_i^2$。

FFM（field-aware factorization machine）[53] 是 FM 的扩展模型，自从 2015 年在 CTR 比赛中获奖之后，被广泛应用在各领域。FFM 模型引入了域感知的概念，提高了模型的表征能力，其模型形式为

$$\hat{y} = w_0 + \sum_{i=1}^{n}w_i x_i + \sum_{i=1}^{n}\sum_{j=i+1}^{n}\langle v_{ih_j}, v_{jh_i}\rangle x_i x_j \quad (3-58)$$

与 FM 模型相比，FFM 在二阶特征交叉部分将隐向量从 v_i 变为 v_{ih_j}，这表明在进行二阶交叉时，每个特征对应的不是唯一的隐向量，而是一组隐向量。这个域的作用就是当一个不同域的特征与其他特征进行交叉时，其对应的隐向量是不同的。例如，抓娃娃、shenteng、male 分别属于 3 个域：电影名、演员、性别。在 FM 模型中，抓娃娃、shenteng、male 对应的隐向量分别为 v_{zhua}、v_{shen}、v_{male}，则抓娃娃与 shenteng、shenteng 与 male 进行交叉时的权重应该是 $v_{zhua} \cdot v_{shen}$、$v_{shen} \cdot v_{male}$，向量 v_{shen} 在两次交叉中是相同的。而在 FFM 中，shenteng 在两次交叉过程中，其对应的隐向量是不同的，分别对应着 $v_{zhua} \cdot v_{shen,电影名}$、$v_{shen,性别} \cdot v_{male}$。这是因为 shenteng 分别与不同域中的特征进行了交叉，分别属于电影名和性别两个不同的域。

与矩阵分解相比,FM 模型能够处理具有高维度和稀疏性的输入数据,能显式建模特征之间的二阶交互作用,通过因子分解技术,使得参数学习变得高效,在大规模数据上也能快速收敛。因此,FM 被成功地应用于各种推荐系统中。随着深度学习技术的出现,FM 与其结合以提升模型的效果,如 FM 和 DNN 进行结合,产生了 DeepFM,建模特征之间的二阶和高阶交互;引入 attention 思想,产生了 AFM,建模不同特征交互的重要性。

3.5 本章小结

本章首先介绍了基于模型的协同过滤推荐算法的发展和相关研究进展,接着介绍了基于概率的协同过滤推荐算法,包括朴素贝叶斯的协同过滤和 PLSA 的协同过滤推荐;然后介绍了基于矩阵分解的协同过滤推荐算法,包括 SVD、非负矩阵分解、概率矩阵分解等推荐技术的原理、模型推导过程、优势与不足;最后介绍了因子分解机技术,包括 FM 和 FFM 的演变过程、优势和不足。

参考文献

[1] Li G, Zhang Z, Wang L, et al. One-class collaborative filtering based on rating prediction and ranking prediction. Knowledge-Based Systems,2005(2017):1-9.
[2] Yang X, Guo Y, Liu Y, et al. A survey of collaborative filtering based social recommender systems. Computer Communications,2014,41(5):1-10.
[3] Luo X, Zhou M, Xia Y, et al. An efficient non-negative matrix-factorization-based approach to collaborative filtering for recommender systems. IEEE Transactions on Industrial Informatics,2014,10(2):1273-1284.
[4] Hernando A, Bobadilla J, Ortega F. A non negative matrix factorization for collaborative filtering recommender systems based on a Bayesian probabilistic model. Knowledge-Based Systems,2016:188-202.
[5] Hofmann T. Latent semantic models for collaborative filtering. ACM Transactions on Information Systems (TOIS),2004.
[6] Charu C Aggarwal. Recommender Systems. Springer,2016.
[7] 陈登科,孔繁胜. 基于高斯 PLSA 模型与项目的协同过滤混合推荐. 计算机工程与应

用,2010,46(23):209-234.
- [8] Lu L, Medo M, Yeung C, et al. Recommender systems. Physics Reports, 2012, 519(2012):1-49.
- [9] Zhou X, He J, Huang G, et al. SVD-based incremental approaches for recommender systems. Journal of Computer and System Sciences, 2015, 81(2015):717-733.
- [10] Luo C, Zhang B, Xiang Y, et al. Gaussian-Gamma collaborative filtering: Ahierarchical Bayesian model for recommender systems. Journal of Computer and System Sciences, 2019, 102(2049):42-56.
- [11] Gong S. An efficient collaborative recommendation algorithm based on item clusting. Advanced in Wireless Networks and Information Systems, Berlin, Germany: Spring Verlag, 2010:381-387.
- [12] Wang F, Li T, Wang X, et al. Community discovery using nonnegative matrix factorization. Data Mining and Knowledge Discovery, 2011, 22(3):493-521.
- [13] 黄波,严宣辉,林建辉. 基于联合非负矩阵分解的协同过滤推荐算法. 模式识别与人工智能, 2016, 29(8):10.
- [14] Xue G, Lin C, Yang Q, et al. Scalable collaborative filtering using cluster-based smoothing. Proceedings of the 28th Annual International ACM SIGIR Conference on Research and Development in Information Retrieval, ACM, 2005:114-121.
- [15] Chen R, Hua Q, Chang Y, et al. A survey of collaborative filtering-based recommender systems: From traditional methods to hybrid methods based on social networks. IEEE Access, 2018, 6(2018):64301-64320.
- [16] Salakhutdinov R, Mnih A. Probabilistic matrix factorization. Proceedings of the 21th Annual Conference on Neural Information Proceeding Systems, Vancouver, B. C., 2007:252-260.
- [17] Shi Y, Larson M, Hanjalic A. List-wise learning to rank with matrix factorization for collaborative filtering. Proceedings of the 4th ACM Conference on Recommender Systems, New York, NY, USA, ACM 2010:269-272.
- [18] Nilashi M, Ibrahi O, Bagherifard K. A recommender system based on collaborative filtering using Ontology and dimensionality reduction techniques. Expert Syst. Appl., 2018, 92:507-520.
- [19] Park Y, Park S, Jung W, et al. Reversed CF: A fast collaborative filtering algorithm using k-nearest neighbor graph. Expert Systems with Applications, 2015, 42(2015):4022-4028.
- [20] Zahra S, Ghazanfar M, Khalid A, et al. Novel centroid selection approaches for Kmeans-clustering based recommender systems. Information Sciences, 2014, 320(2015):156-189.
- [21] Najafabadi M, Mahrin M, Chuprat S, et al. Improving the accuracy of collaborative filtering recommendations using clustering and association rules mining on implicit data. Computers in Human Behavior, 2017, 67(2017):113-128.
- [22] 魏慧娟,戴牡红,宁勇余. 基于最近邻居聚类的协同过滤推荐算法. 中国科学技术大学学报,2016,46(9):736-742.
- [23] Luo X, Zhou M, Li S, et al. An inherently nonnegative latent factor model for high-dimensional and sparse matrices from industrial applications. IEEE Transactions on Industrial Informatics, 2018, 14(5): 2011-2022.
- [24] Lee D, Seung H. Algorithms for non-negative matrix factorization. http://papers.nips.cc/paper/1861-algorithms-fornon-negative-matrix-factorization.pdf, 2015.
- [25] 印鉴, 王智圣, 李琪, 等. 基于大规模隐式反馈的个性化推荐. 软件学报, 2014(9): 1953-1966.
- [26] Qiu H, Liu Y, Guo G, et al. BPRH: Bayesian personalized ranking for heterogeneous implicit feedback. Information Sciences, 2018, 453: 80-98.
- [27] Ricci F, Rokach L, Shapira B, et al. Recommender systems handbook: context-aware recommender systems. New York: Springer, 2010: 217-253.
- [28] Zhang S, Wang W, Ford J, et al. Learning from incomplete ratings using non-negative matrix factorization. SDM, SIAM, 2006: 549-553.
- [29] Zhou X, He J, Huang G, et al. A personalized recommendation algorithm based on approximating the singular value decomposition(ApproSVD). Proceedings of the 2012 IEEE/WIC/ACM International Joint Conferences on Web Intelligence and Intelligent Agent Technology, IEEE Computer Society, 2012: 458-464.
- [30] Li Y, Wang D, He H, et al. Mining intrinsic information by matrix factorzation-based approaches for collaborative filtering in recommender systems. Neurocomputing, 2017, 249(2017): 48-63.
- [31] Kang Z, Peng C, Cheng Q. Top-N recommender system via matrix completion. AAAI Press, 2016.
- [32] Lee D, Seung S. Learning the parts of objects by non-negative matrix factorization. Nature, 1999, 401: 788-791.
- [33] Chen D, Kong F. Hybrid Gaussian PLSA model and item based collaborative filtering recommendation. Computer Engineering and Application, 2010, 46(23): 209-211.
- [34] Jorge A M, Vinagre J, Domingues M, et al. Scalable online top-N recommender systems. Springer, 2017: 3-20.
- [35] Alqadah F, Reddy C K, Hu J, et al. Biclustering neighborhood-based collaborative filtering method for top-N, recommender systems. Knowledge & Information Systems, 2015, 44(2): 475-491.
- [36] Aytekin T, Karakaya M. Clustering-based diversity improvement in top-N, recommendation. Journal of Intelligent Information Systems, 2014, 42(1): 1-18.
- [37] Jian Y, Wang Z, Qi L, et al. Personalized recommendation based on large-scale implicit feedback. Journal of Software, 2014, 25(9): 1953-1966.
- [38] Rendle S, Freudenthaler C, Gantner Z, et al. BPR: Bayesian personalized ranking from implicit feedback. Proceedings of the Twenty-Fifth Conference on Uncertainty in Artificial Intelligence, AUAI Press, 2009: 452-461.
- [39] Chang X, Ma Z, Lin M, et al. Feature interaction augmented sparse learning for fast

kinect motion detection. IEEE Transactions on Image Processing, 2017, 26(8): 3911 - 3920.

[40] Xiang L. Recommended system practice. Posts & Telecom Press, 2012: 51 - 77.

[41] Hu Y, Koren Y, Volinsky C. Collaborative filtering for implicit feedback datasets. Eighth IEEE International Conference on Data Mining, ICDM'08, 2008: 263 - 272.

[42] Delporte J, Karatzoglou A, Matuszczyk T, et al. Socially enabled preference learning from implicit feedback data. Proceedings, Part II, of the European Conference on Machine Learning and Knowledge Discovery in Databases — Vol. 8189. Springer-Verlag New York, 2013: 145 - 160.

[43] Chen R, Chang Y S, Hua Q, et al. An enhanced social matrix factorization model for recommendation based on social networks using social interaction factors. Multimedia Tools and Applications, 2020(7): 1 - 31.

[44] Hernando A, Ortega F, Tejedor J. Incorporating reliability measurements into the predictions of a recommender system. Information Sciences, 2013, 218: 1 - 16.

[45] Hernando A, Bobadilla J, Ortega F. A non negative matrix factorization for collaborative filtering recommender systems based on a Bayesian probabilistic model. Knowledge-Based Systems, 2016, 97: 188 - 202.

[46] Jia W, Hua Q, Zhang M, et al. Semi-supervised classification of mobile interface pattern using improved extreme learning machine. Computer Engineering and Applications, 2024.

[47] Koren Y. Factorization meets the neighborhood: a multifaceted collaborative filtering model. Proceedings of 14th ACM SIGKDD international conference on knowledge discovery and data mining, 2008.

[48] He X, Cai D, Shao Y, et al. Laplacian regularized Gaussian mixture model for data clustering. IEEE Transactions on Knowledge and Data Engineering, 2011, 23(9): 1406 - 1418.

[49] 李乐, 章毓晋. 非负矩阵分解算法综述. 电子学报, 2008, 36(4): 737 - 743.

[50] Rendle S. Factorization Machines. IEEE International Conference on Data Mining, 2010.

[51] 王喆. 深度学习推荐系统. 北京: 电子工业出版社, 2020.

[52] https://zhuanlan.zhihu.com/p/144346116.

[53] Zhang Y. An introduction to matrix factorization and factorization machines in recommendation system and beyond. Sat, 12 Mar 2022. https://doi.org/10.48550/arXiv.2203.11026

[54] Juan D Lefortier, Chapelle O. Field-aware factorization machines in a real-world online advertising system. Proceedings of the 26th International Conference on World Wide Web Companion, 2017: 680 - 688.

第 4 章

基于社交关系的矩阵分解推荐算法

互联网技术的发展和移动技术的普及应用,促进了社交网络的快速发展,为缓解推荐系统中的数据稀疏提供了丰富的数据源,由于概率矩阵分解模型的可扩展性和预测的准确性,很多学者将社交关系融入概率矩阵分解模型中,由此产生了基于社交关系的矩阵分解推荐方法。在基于深度学习推荐方法出现之前,基于社交关系的矩阵分解推荐方法作为推荐系统中一种主流的推荐方法,吸引众多学术界和工业界的研究者深入研究,并将其应用在各领域。

4.1 引言

基于社交关系的矩阵分解推荐方法,也称为基于社交网络的矩阵分解推荐方法,其主要思想是利用矩阵分解技术将用户-项目的历史评分信息和用户的社交关系映射到一个共享的用户特征空间,将获得隐含的用户特征矩阵和项目特征矩阵进行交叉,以更加准确地预测缺失的评分信息。Ma 等人[6]基于在社交网络上的用户会影响其他用户行为的思想,提出一种基于概率矩阵分解的因子分析方法,通过利用用户的社交网络信息和评分记录来解决数据稀疏和预测精度不高的问题。Jamali 等人[4]将信任传播机制加入模型中,提出一个基于矩阵因子分解的社交网络推荐模型(SocialMF),使每个用户的特征依赖于其在社交网络中的直接邻居的特征向量,从而传播信任关系。Qian 等人[1]将用户个人兴趣、用户之间的兴趣相似性和相互影响等社交因素融合到一个基于概率矩阵分解的统一个性化推荐模型中。对于冷启动用户来说,用户之间的兴趣相似性和相互影响可增强潜在空间中特征之间的内在联系。郭磊等人[13]将推荐对象的关联关系引入矩阵分解模型,假设具有关联关系的推荐对象更易受同一用户的关注,提出了一种结合推荐对象间关联关系的社会化推荐算法。

Tang J 等人[15, 24]将同质性理论融入非负矩阵分解模型中以建模用户信任预测关系,但没有将该同质性对信任关系的影响用于评分预测。余永红等人[39]考虑到不同用户其社会地位不同,将社会地位的影响引入社交矩阵分解过程,提出一种融合用户社会地位信息的矩阵分解推荐算法,首先利用社交网络结构信息和用户的评分信息构造社交网络结构,然后利用 PageRank 算法计算用户在特定领域的社会地位。Cao 等人[25]提出一种融合社交标签的近邻用户感知的概率矩阵分解推荐模型,在该方法中,首先通过使用标签进行邻域选择来计算用户和项目之间的相似性。然后,构建用户-项目评级矩阵、用户-标签标记矩阵、项目-标签相关矩阵和单一概率矩阵分解,通过优化训练参数来获得 3 个矩阵的潜在特征向量,以推荐给用户。Zheng 等人[5]提出一种新的混合矩阵分解(HMF)模型,该模型使用超图拓扑来描述和分析社交网络的内部关系,将上下文信息、用户特征、项目特征和用户评分相似性等因素引入矩阵分解模型。在这之后,社会地位和同质性关系受到越来越多的学者的重视,大量的关于社会地位和同质性关系的推荐算法被提出,有效地提高了推荐质量。

社交关系上下文信息在推荐系统中起到了非常重要的作用,绝大多数社会化推荐系统在建模时仅考虑了用户的直接信任关系,而忽略了有价值的社会信息,例如时间、地理位置、朋友的伴随状态及用户之间的连接关系[13, 19, 39]。社交关系上下文既关系到活动用户在社交网络中的连接情况,其间接社交关系的连接状态也会对用户的行为产生影响[13, 68]。王立才等人[26, 30]从用户认知角度分析用户偏好行为受其认知心理支配的影响,将社交网络中个体认知行为的影响因素融入用户偏好模型。郭磊等人[13, 42]利用社交关系上下文中用户的共同关系、用户与项目的共同关系进行建模,将其作为约束项融入推荐过程。在目前的社交网络环境中,由于用户自身交往范围和数据采集方式的局限性,用户之间的社交关系数据往往非常稀疏,难以满足推荐系统所需的数据密度需求。为了准确获取用户和项目隐因子特征,文献[35]对用户之间、用户与项目、项目与项目之间的社交关系进行了深入分析,通过用户信任关系交互、社会标签交互、共同关注项目交互、项目属性交互建立增强的社交关系模型,并将改进的社交关系融入矩阵分解过程,提出一种基于社交关系上下文的社会化推荐方法,以解决用户评分和社交关系稀疏引起的推荐准确性不高的问题。

4.2 基于社交网络推荐系统的形式化定义和基本框架

4.2.1 基于社交网络推荐系统的形式化定义

在2011年的第20届国际互联网会议上,基于社交网络推荐系统的概念被正式提出:基于社交网络的推荐是以社交媒体数据为主要加工对象的推荐方法[27]。推荐系统可利用的数据资源不仅包含反映用户行为的用户-项目评分数据,还包括社交媒体中的各种用户与项目、用户与用户之间的交互关系数据,如用户的点击、收藏、购买、分享等行为,用户信任关系和社会标签等。

根据传统的推荐系统的形式化定义,结合社交关系的影响因素,基于社交网络的推荐系统可形式化描述如下[19]:

定义1 基于社交网络的推荐系统[16,19]。该系统可用一个五元组表示,即 $RS=(U, I, S, \mu, R)$,其中 U 表示用户集合,I 为项目集合,$S=(s_{ij})_{N \times N}$ 表示用户社交关系矩阵,映射 $\mu: U \times I \to R$ 表示推荐结果的评价效用函数,R 为推荐的效用值,取值为一定范围内的非负实数集。$N=|U|$,$M=|I|$,$Y=|\{u_y | u_y \in U, s_{xy} \neq 0, x \neq y, s_{xy} \in S\}|$ 表示与用户 u_x 存在社交关系的用户总数。它研究的问题是:在具有已知社交关系的用户群体中,根据所有项目在用户群体中的评价情况,主动地为用户推荐满足其偏好需求、效用度最大的项目集 I^*,即

$$\forall u_x \in U, I^* = \mathrm{argmax}_{i \in I} \left[\mu_i + \alpha \mu(u_x, i) + (1-\alpha) \frac{1}{Y} \sum_{y}^{Y} \mu(u_y, i) \right]$$

(4-1)

式中,$\forall \alpha \in [0,1]$,μ_i 表示偏倚变量,其值越大也就意味着项目 $i \in I$ 在用户群体中的关注度越高。换言之,以上形式化描述的是根据用户 u_x 和与其有社交关系的用户 u_y 获得最大的效用值,从而推荐相应的项目。目前基于社交网络的推荐算法都是基于以上推荐系统形式化定义建立的。

4.2.2 基于社交网络推荐系统的基本框架

近几年,国内外研究人员对基于社交网络的推荐系统进行了广泛研究,提出了许多行之有效的推荐算法。这些推荐算法所采用的技术虽各不相同,但推荐框架模型都是基于社交网络结构特征、项目在社会群体中的流行度及用户间的社交关系信息对推荐质量的影响建立起来的[19, 27, 36]。基于社交网络推荐系统的基本框架如图4-1所示,包括4个部分[16, 19, 23]:

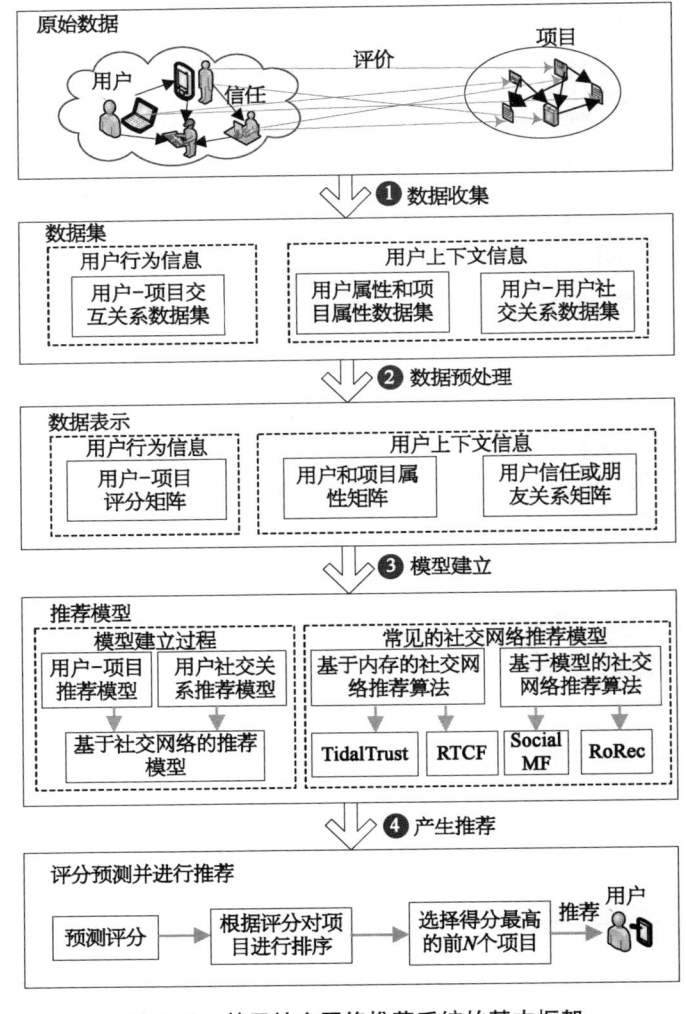

图 4-1 基于社交网络推荐系统的基本框架

(1) 数据采集。通过显式或隐式的方式获取用户、项目的属性信息及用户与项目的交互数据(包括用户对项目的显式评分及点击、购买、收藏等隐式交互信息),形成用户、项目属性数据集及用户-项目的关联关系数据集。同时,分析用户社会标签、社交活动日志和上下文等信息形成社交网络关系数据集。

(2) 数据预处理。收集到用户-项目相关数据后,需要对这些数据进行去噪、降维、填充等预处理,然后才能将这些处理后的信息输入到社会化推荐模型中,对模型进行学习训练,从而完成推荐任务。为了去除噪声的影响,可通过修正、预填充、降维等方式对数据进行预处理。对于一些伪偏好行为数据,通过删除、行为补偿等策略进行修正,以确保输入信息的可靠性[18, 30]。对于极度稀疏的用户-项目评分矩阵,需要利用均值、中值等算法对缺失值进行预填充[9, 10, 37]。对于不存在显式评分的数据,需要利用用户交互信息量化用户的评分(如 Tencent 数据集)[13]。利用用户信任网络关系数据集构建用户网络关系拓扑结构图,有时还需要评估信任关系的可靠性,筛选出用户间不信任的关系[3, 9, 12];而对于缺失的信任关系,可基于用户兴趣相似性或用户社交关系通过社会学理论和矩阵分解技术进行预测[24, 31, 36]。用户-项目评分矩阵和用户社交关系如图 4-2 所示。

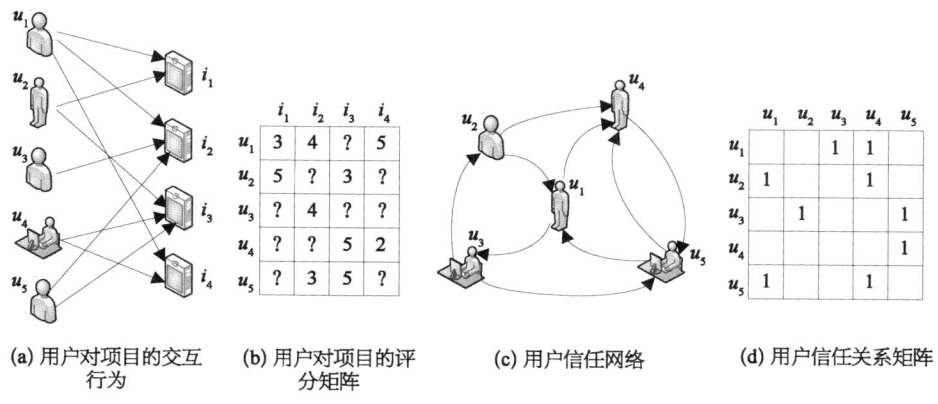

(a) 用户对项目的交互行为　　(b) 用户对项目的评分矩阵　　(c) 用户信任网络　　(d) 用户信任关系矩阵

图 4-2　推荐系统中用户对项目的评分矩阵和用户间的关系矩阵

(3) 基于社交网络推荐模型的建立。这是基于社交网络推荐系统的关键环节,其任务主要是从用户-项目评分矩阵和用户社交关系两个方面分析用户偏好行为,并考虑选取合适的推荐技术,将用户社交关系对推荐结果的影响融入推荐系统中。因此,用户社交关系的度量、社交关系对推荐结果的影响程度及如何将社交关系的影响融合进推荐模型成为目前基于社交关系推荐系统的主要研究内容[19, 31]。在不同的推荐系统中,用户社交关系对于推荐结果的影响时机存在差异。对于基于社交关系的矩阵分解算法,社交关系对推荐性能的影响体现在矩阵分解过程中用户及项目潜在特征向量的提取过程;对于基于内存的社交网络协同过滤推荐模型,根据用户-项目评分和用户之间的信任关系构建用户间的权重关系对推荐结果起着重要影响。

按照推荐策略和数据来源,推荐算法可分为以下几类[2, 3, 23]:协同过滤推荐、基于内容的推荐、基于关联规则的推荐、基于知识的推荐和基于社交网络的推荐。

基于社交网络的推荐系统研究充分利用了社交网络分析领域的研究成果。社交网络分析是一种非常流行的社会科学研究方法,它从社交关系角度出发研究社会现象和社会结构,通过对社交关系数据进行分析处理,从而获得由社会结构形成的态度和行为[19, 36]。本书的多因子融合的推荐算法模型也是基于社交网络分析的思想建立的。

(4)推荐结果的呈现和评价。该阶段的任务除了利用社会化推荐模型对缺失项进行预测并根据预测结果为用户推荐可能感兴趣的项目外,还需要根据用户对推荐结果的隐式反馈,分析用户对推荐结果的满意度,从而对推荐策略和推荐方法进行改进,以便提高用户对推荐系统的满意度。评估的指标有推荐的准确率、多样性、覆盖率和推荐系统的可用性等[14, 36]。

4.3 基于概率矩阵分解的社交网络推荐技术

4.3.1 基于社交网络矩阵分解推荐系统的形式化定义

融合社交关系的矩阵分解推荐方法除了考虑近邻用户对项目的偏好兴趣外,还考虑到用户的社交网络信息(例如信任关系、朋友关系、同事关系)对用户偏好兴趣和用户行为的影响,它通过把各种社会网络信息融入矩阵的优化过程,学习用户历史行为和社会关联信息以优化用户潜在的特征向量,以获得更准确的预测评分,从而提高推荐质量。这种推荐方法可统一形式化为[16, 19, 37]

$$\min_{U, V, \Omega} \| W\Theta(R - U^T V) \|_F^2 + \alpha Social(S, C, \Omega) + \lambda (\| U \|_F^2 + \| V \|_F^2 + \| \Omega \|_F^2)$$

(4-2)

式中，$Social(S,C,\Omega)$ 描述了用户各种社会关系网络信息，S 是根据用户-项目评分信息得到的用户偏好相似性矩阵，C 是用户社交关系矩阵，Ω 是从社交网络中学习到的参数集合。W 为控制评分信息在模型中的权重矩阵，Θ 表示两个矩阵的 Hadamard 内积，α 为控制社交信息的贡献大小，λ 是正则项参数。$\|\cdot\|_F^2$ 表示 Frobenius 范数。

4.3.2 基于社交网络矩阵分解推荐系统发展轨迹

自 2008 年 Ma 等人提出 SoRec 社交网络推荐模型之后，国内外学者陆续提出了一系列基于社交网络的推荐模型[5, 10~14, 19, 23, 34, 39, 50]，具有代表性的推荐模型发展轨迹如图 4-3 所示。

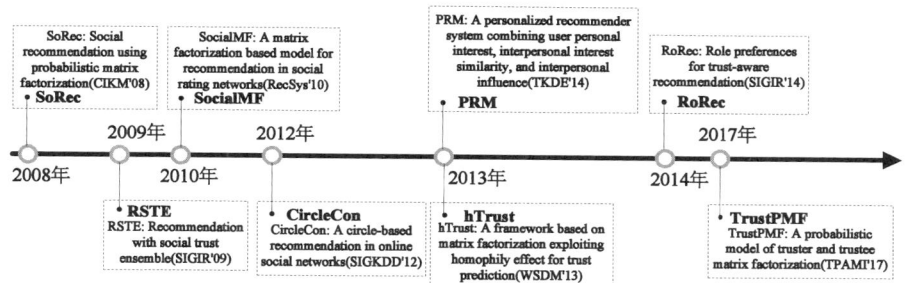

图 4-3 基于社交网络的矩阵分解算法发展历史

4.3.3 具有代表性的基于社交网络矩阵分解推荐算法

根据社交网络信息对潜在特征向量优化求解的方法不同，基于社交网络的矩阵分解方法可分为 3 类[2, 16, 19, 45]：加权集成、协同分解和正则化方法。

1）加权集成方法

集成方法就是利用具有相同偏好的用户评分和具有信任用户的评分的线性叠加对未评分项目进行预测。例如文献[12]提出的社会信任集成推荐方法（recommend social trust ensemble，RSTE）就是加权集成方法的典型代表，它同时考虑了用户 u_u 对项目 v_i 的直接预测评分和用户 u_u 信任的朋友对项目 v_i 的评分，对应的概率图如图 4-4 所示，已有评分的条件概率分布为

$$p(R\mid S,U,V,\sigma_R^2)=\prod_{u=1}^{N}\prod_{i=1}^{M}\left[N\left(r_{ui}\mid g\left(\sum_{k\in T(u)}S_{uk}U_k^{\mathrm{T}}V_i\right),\sigma_R^2\right)\right]^{I_{ui}^R}$$

(4-3)

式中，$T(u)$ 表示被用户 u_u 信任的朋友集合，S_{uk} 表示用户 u_u 对朋友 $u_k \in T(u)$ 的信任关系。通过综合考虑用户 u_u 及信任朋友 u_k 对项目 v_i 的评分信息，得到以下目标函数：

$$L(R,S,U,V) = \frac{1}{2}\sum_{u=1}^{N}\sum_{i=1}^{M}I_{ui}^{R}\left[r_{ui} - g\left(\alpha U_u^T V_i + (1-\alpha)\sum_{k\in T(i)} S_{uk}U_k^T V_i\right)\right]^2 + \frac{\lambda_U}{2}\|U\|_F^2 + \frac{\lambda_V}{2}\|V\|_F^2 \qquad (4-4)$$

式中，α 用于控制当前用户对项目评分和其信任的朋友对项目评分的影响程度。用户 u_u 对项目 v_i 最终的预测评分 $\hat{r}_{ui}$ 为

$$\hat{r}_{ui} = \alpha U_u^T V_i + (1-\alpha)\sum_{k\in T(u)} S_{uk}U_k^T V_i \qquad (4-5)$$

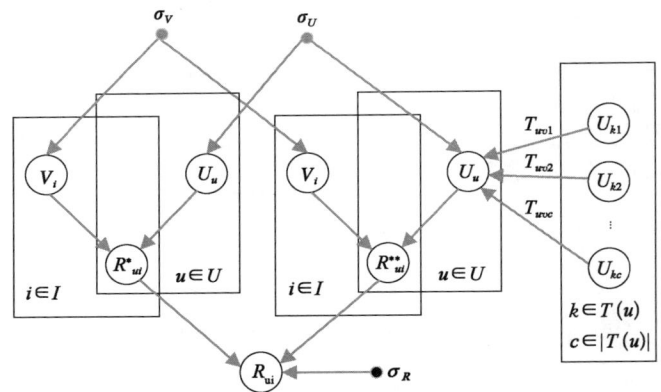

图 4-4 RSTE 模型的概率图

使用随机梯度下降算法优化以上目标函数：

$$\frac{\partial L}{\partial U_u} = \sum_{i=1}^{M} I_{ui}^R g'\left(\alpha U_u^T V_i + (1-\alpha)\sum_{k\in T(u)} S_{uk}U_u^T V_i\right)V_i \times$$

$$\left[g\left(\alpha U_u^T V_i + (1-\alpha)\sum_{k\in T(u)} S_{uk}U_u^T V_i\right) - r_{ui}\right] +$$

$$(1-\alpha)\sum_{p\in B(i)}\sum_{i=1}^{M} I_{pi}^R g'\left(\alpha U_p^T V_i + (1-\alpha)\sum_{k\in T(p)} S_{pk}U_k^T V_i\right) \times$$

$$\left[g\left(\alpha U_p^T V_i + (1-\alpha)\sum_{k\in T(p)} S_{pk}U_k^T V_i\right) - r_{pi}\right] S_{pi} V_i + \lambda_U U_u \qquad (4-6)$$

第4章 基于社交关系的矩阵分解推荐算法

$$\frac{\partial L}{\partial V_i} = \sum_{i=1}^{N} I_{ui}^{R} g'\left(\alpha U_u^T V_i + (1-\alpha)\sum_{k\in T(u)} S_{uk} U_k^T V_i\right) \times$$
$$\left[g\left(\alpha U_u^T V_i + (1-\alpha)\sum_{k\in T(u)} S_{uk} U_k^T V_i\right) - r_{ui}\right] \times$$
$$\left[\alpha U_u + (1-\alpha)\sum_{k\in T(u)} S_{uk} U_k^T\right] + \lambda_V V_i \quad (4-7)$$

式中,$g'(x)$ 是 logistic 函数的导数,即 $g'(x) = \dfrac{e^{-x}}{(1+e^{-x})^2}$。

文献[2]将信任传播机制与传统的用户-项目评分信任融合一起,提出一种基于信任综合评价的个性化推荐模型(comprehensive evaluation based on trust recommendation,CETrust)。该模型通过对用户的评分相似性和信任关系进行加权,将评分和信任值综合评价较高的用户作为近邻用户。CETrust 算法预测用户 u_u 对项目 v_i 的评分为

$$\hat{r}_{ui} = \alpha U_u^T V_i + (1-\alpha) \frac{\sum_{k\in T(u)} T_{uk}^* U_k^T V_i}{\sum_{k\in T(u)} T_{uk}^*} \quad (4-8)$$

式中,T_{uk}^* 表示社交网络中用户 u_u 对用户 u_k 的综合信任程度。

文献[38]利用用户之间的信任关系去优化用户特征和用户-项目评分空间,提出了基于信任关系的社会感知推荐模型(context-aware social recommendation via individual trust,CSIT)。其概率图如图 4-5 所示。

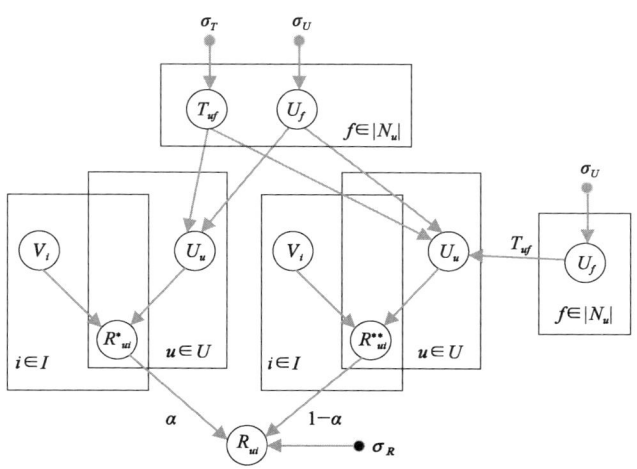

图 4-5 CSIT 的概率图

带正则项的目标函数为

$$L(R,U,V,T) = \frac{1}{2}\sum_{u=1}^{N}\sum_{i=1}^{M}I_{ui}^{R}\left[r_{ui}-g\left(\alpha U_{u}^{T}V_{i}+(1-\alpha)\sum_{\{f|f\in N_{u}\}}T_{uf}U_{f}^{T}V_{i}\right)\right]^{2}+$$

$$\frac{\lambda_{f}}{2}\sum_{u=1}^{N}\sum_{\{f|f\in N_{u}\}}T_{uf}(U_{u}-U_{f})^{2}+\frac{\lambda_{U}}{2}\|U\|_{F}^{2}+\frac{\lambda_{U}}{2}\|V\|_{F}^{2}$$

(4-9)

根据随机梯度下降对目标函数进行优化:

$$\frac{\partial L}{\partial U_{u}}=\alpha\sum_{i=1}^{M}I_{ui}^{R}\left[\alpha U_{u}^{T}V_{i}+(1-\alpha)\sum_{k\in T(i)}T_{uk}U_{k}^{T}V_{i}-r_{ui}\right]V_{i}+$$

$$(1-\alpha)\sum_{p\in B(u)}\sum_{i=1}^{M}\left[\alpha U_{p}^{T}V_{i}+(1-\alpha)\sum_{k\in T(p)}T_{pk}U_{k}^{T}V_{i}-r_{pi}\right]T_{pi}V_{i}+$$

$$\lambda_{U}U_{u}+\lambda_{f}\left[\sum_{k\in T(u)}T_{uk}(U_{u}-U_{k})+\sum_{p\in B(u)}T_{pu}(U_{u}-U_{p})\right] \quad (4-10)$$

$$\frac{\partial L}{\partial V_{i}}=\sum_{i=1}^{N}\left[\alpha U_{u}^{T}V_{i}+(1-\alpha)\sum_{k\in T(u)}T_{uk}U_{k}^{T}V_{i}-r_{ui}\right]\times$$

$$\left[\alpha U_{u}+(1-\alpha)\sum_{k\in T(u)}T_{uk}U_{k}\right]+\lambda_{V}V_{i} \quad (4-11)$$

2) 协同分解方法

协同分解就是利用用户评分信息和社交关系共同优化其共享的用户特征空间,从而获得更加准确的用户偏好。最具代表性的是 Yao 和 Ma 等人提出的基于信任传播的矩阵分解模型:RoRec[14]和 SoRec[6]。

按照用户在信任关系中扮演的角色,Yao 等人将用户分为信任者用户和被信任者用户,从用户的信任者和被信任者两个角度出发建模用户对项目的预测评分,提出了一种基于用户角色偏好的信任感知推荐模型(role preferences for trust-aware recommendation,RoRec)[28]:

$$L(R,T,W,E,V)=\frac{1}{2}\sum_{u=1}^{N}\sum_{i=1}^{M}I_{ui}^{R}\left[r_{ui}-g(\alpha W_{u}^{T}V_{i}+(1-\alpha)E_{u}^{T}V_{i})\right]^{2}+$$

$$\frac{1}{2}\sum_{u=1}^{N}\sum_{k=1}^{N}I_{uk}^{S}(S_{uk}-\hat{S}_{uk})^{2}+\frac{\lambda_{W}}{2}\sum_{u=1}^{N}\sum_{j=1}^{N}C_{uj}^{(W)}(W_{u}-W_{j})^{2}+$$

$$\frac{\lambda_{E}}{2}\sum_{u=1}^{N}\sum_{j=1}^{N}C_{uj}^{(E)}(E_{u}-E_{j})^{2}+$$

$$\frac{\lambda}{2}(\sum_{u=1}^{N}W_u^T W_u + \sum_{k=1}^{N}E_k^T E_k + \sum_{i=1}^{M}V_i^T V_i) \qquad (4-12)$$

式中，$\hat{S}_{uk}=g(W_u^T E_k)$。$W_u \in R^K$，$E_u \in R^K$ 分别是用户 u_u 的维度为 K 的信任者和被信任者偏好特征向量。$C_{uj}^{(W)}$ 表示两个信任者用户之间的偏好相似性，$C_{uj}^{(E)}$ 表示两个被信任者用户之间的偏好相似性。

用户 u 对项目 i 的预测评分为

$$\hat{r}_{ui} = g(b_u + b_i + \alpha W_u^T V_i + (1-\alpha)E_u^T V_i) \qquad (4-13)$$

式中，b_u 和 b_i 分别表示用户 u 和项目 i 的偏置。

Ma 等人将用户的社交网络与用户-项目评分信息结合，提出了一种基于用户社交关系的推荐方法（social recommendation using probabilistic factor analysis，SoRec），其概率图如图 4-6 所示[6]。

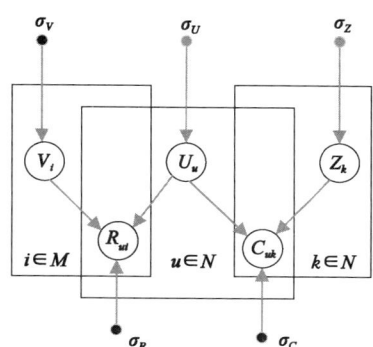

图 4-6 SoRec 模型概率图

损失函数为

$$L(R,C,U,V,Z) = \frac{1}{2}\sum_{u=1}^{N}\sum_{i=1}^{M}I_{ui}^R[r_{ui} - g(U_u^T V_i)]^2 +$$
$$\frac{\lambda_C}{2}\sum_{u=1}^{N}\sum_{k=1}^{N}I_{uk}^C[C_{uk} - g(U_u^T Z_k)]^2 +$$
$$\frac{\lambda_U}{2}\sum_{u=1}^{N}U_u^T U_u + \frac{\lambda_V}{2}\sum_{i=1}^{M}V_i^T V_i + \frac{\lambda_Z}{2}\sum_{k=1}^{N}Z_k^T Z_k$$
$$(4-14)$$

式中，C_{uk} 表示用户 u_u 和 u_k 之间的社交网络关系，Z_k 表示用户 U_k 辅助因子特征向量。

使用随机梯度下降算法优化以上目标函数：

$$\frac{\partial L}{\partial U_u} = \sum_{i=1}^{M}I_{ui}^R V_i g'(U_u^T V_i)[g(U_u^T V_i) - r_{ui}]V_i +$$
$$\lambda_C \sum_{i=1}^{N}I_{uk}^C g'(U_u^T Z_k)[g(U_u^T Z_k) - C_{uk}]Z_k + \lambda_U U_i \qquad (4-15)$$

$$\frac{\partial L}{\partial V_i} = \sum_{u=1}^{N} I_{ui}^R g'(U_u^T V_i)[g(U_u^T V_i) - r_{ui}]U_u + \lambda_V U_i \qquad (4-16)$$

$$\frac{\partial L}{\partial Z_k} = \lambda_C \sum_{u=1}^{N} I_{uk}^C V_{uk} g'(U_u^T Z_k)[g(U_u^T Z_k) - C_{uk}]U_u + \lambda_Z Z_k \qquad (4-17)$$

Qian 等人将用户的个人兴趣、兴趣相似性和用户特征的相互影响等因素融入个性化推荐模型中[1]：

$$\begin{aligned}L(R, U, S, V, W, Q) =& \frac{1}{2} \sum_{u=1}^{N} \sum_{i=1}^{M} I_{ui}^R [r_{ui}^c - g(U_u^T V_i)]^2 + \\& \frac{\lambda_H}{2} \sum_{u=1}^{N} \sum_{i=1}^{M} |H_u^c| (Q_{ui}^c - U_{ui}^c V_i^{cT})^2 + \\& \frac{\lambda_S}{2} \sum_{u=1}^{N} \left[U_u^c - \sum_k g(S_{uk}^c U_k^c) \right] \left[U_u^c - \sum_k g(S_{uk}^c U_k^c) \right]^T + \\& \frac{\lambda_W}{2} \sum_{u=1}^{N} \left[U_u^c - \sum_k g(W_{uk}^c U_k^c) \right] \left[U_u^c - \sum_k g(W_{uk}^c U_k^c) \right]^T + \\& \frac{\lambda_U}{2} \sum_{u=1}^{N} U_u^T U_u + \frac{\lambda_V}{2} \sum_{i=1}^{M} V_i^T V_i \qquad (4-18)\end{aligned}$$

式中，Q_{ui}^c 表示用户 u_u 对项目 v_i 的主题个性化兴趣偏好。$|H_u^c|$ 为用户 u_u 对已评分项目数量的归一化表示。W_{uk}^c 表示用户 u_u 和 u_k 的兴趣相似性，S_{uk}^c 表示用户 u_u 和 u_k 隐特征向量的相互影响权重。

利用梯度下降法对模型参数训练如下：

$$\begin{aligned}\frac{\partial L}{\partial U_u} =& \sum_{i=1}^{M} I_{ui}^R (\hat{r}_{ui}^c - r_{ui}^c) V_i^c + \lambda_U U_u^c + \lambda_S (U_u^c - \sum_{v \in F_u^c} S_{uv}^c U_v^c) - \\& \lambda_S \sum_{v: u \in F_v^c} S_{vu}^c (U_v^c - \sum_{w \in F_v^c} S_{vw}^c U_w^c) + \lambda_W (U_u^c - \sum_{v \in F_u^c} W_{uv}^c U_v^c) - \\& \lambda_W \sum_{v: u \in F_v^c} W_{vu}^c (U_v^c - \sum_{w \in F_v^c} W_{vw}^c U_w^c) + \lambda_U \sum_{i \in H_u^c} I_{ui}^c |H_u^c| (U_u^c P_i^{cT} - Q_{ui}^c) V_i^c\end{aligned}$$

$$(4-19)$$

$$\frac{\partial L}{\partial V_i^c} = \sum_{i=1}^{M} I_{ui}^R V_i (\hat{r}_{ui}^c - r_{ui}^c) U_u^c + \lambda_V V_i^c + \eta \sum_{i=1}^{N} I_{ui}^R |H_u^c| (U_u^c V_i^{cT} - Q_{ui}^c) U_u^c$$

$$(4-20)$$

3) 正则化方法

正则化方法[4, 11, 13, 56, 61]通过利用两个用户特征或项目特征的近似程度约束社交网络中用户特征的偏好以逼近真实的用户特征。SocialMF[4]、ASR 和 ISR 是基于社交网络的推荐方法的典型代表。考虑到社交网络对用户偏好的影响,根据用户的决策很可能来自朋友有价值的建议的观点,Ma 等人提出了基于社交关系正则化的矩阵分解方法(average-based social regularization, ASR)[21],它利用社交网络中朋友的平均偏好影响来约束矩阵分解过程[21]。

$$L(R, T, U, V) = \frac{1}{2}\sum_{u=1}^{N}\sum_{i=1}^{M} I_{ui}^R [r_{ui} - g(U_u^T V_i)]^2 + \frac{\lambda_U}{2}\sum_{u=1}^{N} U_u^T U_u + \frac{\lambda_V}{2}\sum_{i=1}^{M} V_i^T V_i +$$

$$\frac{\lambda_F}{2}\sum_{u=1}^{N} \left\| U_u - \frac{\sum_{f \in F^+(u)} sim(u, f) * U_f}{\sum_{f \in F^+(u)} sim(u, f)} \right\|_F^2 \quad (4-21)$$

式中, $\frac{\lambda_F}{2}\sum_{u=1}^{N} \left\| U_u - \frac{\sum_{f \in F^+(u)} sim(u, f) * U_f}{\sum_{f \in F^+(u)} sim(u, f)} \right\|_F^2$ 为社交正则项,通过其朋友的平均偏好去约束用户 u_u 的偏好。$F^+(u)$ 表示用户 u_u 的朋友集合,$sim(u, f) \in [0, 1]$ 是相似性函数,表示用户 u_u 与 u_f 之间的相似性。

为了体现用户个性化偏好,Ma 提出了基于用户个体兴趣的正则化方法(individual-based social regularization, ISR):

$$\frac{\lambda_F}{2}\sum_{u=1}^{N} \sum_{f \in F^+(u)} sim(u, f) \| U_u - U_f \|_F^2 \quad (4-22)$$

对 U_u 和 V_i 执行梯度下降得到

$$\frac{\partial L}{\partial U_u} = \sum_{i=1}^{M} I_{ui}^R (U_u^T V_i - r_{ui}) V_i + \lambda_U U_u + \alpha \left[U_u - \frac{\sum_{f \in F_u^+} sim(u, f) \times U_f}{\sum_{f \in F_u^+} sim(u, f)} \right] +$$

$$\alpha \sum_{g \in F^-(u)} \frac{-sim(u, g) \left[U_g - \frac{\sum_{f \in F^+(g)} sim(g, f) \times U_f}{\sum_{f \in F^+(g)} sim(g, f)} \right]}{\sum_{f \in F^+(g)} sim(g, f)} \quad (4-23)$$

基于社交关系的个性化推荐方法

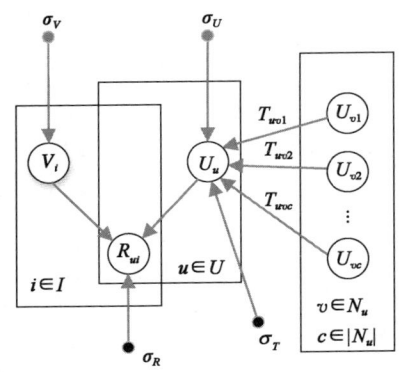

图 4-7 SocialMF 的概率图

$$\frac{\partial L}{\partial V_i} = \sum_{i=1}^{N} I_{ui}^R (U_u^T V_i - r_{ui}) U_u + \lambda_V V_i \quad (4-24)$$

Jamali 等人通过建立用户之间的信任关系约束用户的特征向量，提出了一种基于信任传播的社交网络推荐模型（matrix factorization-based model for recommendation in social networks，SocialMF），其概率图如图 4-7 所示[4]。

SocialMF 模型的损失函数为

$$L(R,T,U,V) = \frac{1}{2}\sum_{u=1}^{N}\sum_{i=1}^{M} I_{ui}^R [r_{ui} - g(U_u^T V_i)]^2 + \frac{\lambda_U}{2}\sum_{u=1}^{N} U_u^T U_u + \frac{\lambda_V}{2}\sum_{i=1}^{M} V_i^T V_i +$$
$$\frac{\lambda_F}{2}\sum_{u=1}^{N} \left[\left(U_u - \sum_{v \in N_u} T_{uk} U_k\right)^T \left(U_u - \sum_{v \in N_u} T_{uk} U_k\right) \right] \quad (4-25)$$

式中，T_{uk} 表示用户 u_u 对 u_k 的信任程度，且 $\sum_{k=1}^{N} T_{uk} = 1$。

利用梯度下降法对 U_u 和 V_i 的参数学习如下：

$$\frac{\partial L}{\partial U_u} = \sum_{i=1}^{M} I_{ui}^R V_i g'(U_u^T V_i)[g(U_u^T V)_i - r_{ui}] + \lambda_U U_u +$$
$$\lambda_T \left(U_u - \sum_{v \in N_u} T_{uv} U_v\right) - \lambda_T \sum_{\{v|u \in N_v\}} T_{vu}\left(U_v - \sum_{w \in N_v} T_{vw} U_w\right) \quad (4-26)$$

$$\frac{\partial L}{\partial V_i} = \sum_{u=1}^{M} I_{ui}^R U_v g'(U_u^T V_i)[g(U_u^T V)_i - r_{ui}] + \lambda_V V_i \quad (4-27)$$

4.3.4　其他基于多种社交因子的矩阵分解推荐算法

除了以上经典的社交矩阵分解方法外，受文献[4,6,9,14,15]的启发，社会标签、用户地位、同质性、朋友关系等影响因子被引入矩阵分解过程，产生了一系列基于社交矩阵分解模型，以提高推荐系统的性能。郭磊等人[13]提出一种结合推荐对象间关联关系的社会化推荐方法（probabilistic matrix factorization with user and item relations,PMFUI)推荐模型,将对象的关联关系引入矩阵分解过程,其概率图如图 4-8 所示。

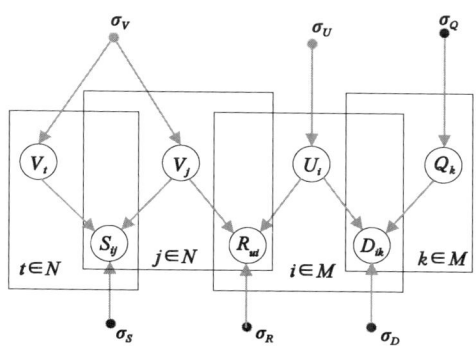

图 4-8　PMFUI 的概率图

PMFUI 的损失函数为

$$L(R,D,U,V,S,Q) = \frac{1}{2}\sum_{u=1}^{N}\sum_{i=1}^{M}I_{ui}^{R}[r_{ui}-g(U_u^\mathrm{T}V_i)]^2 + \frac{\lambda_U}{2}\sum_{u=1}^{N}U_u^\mathrm{T}U_u +$$

$$\frac{\lambda_V}{2}\sum_{i=1}^{M}V_i^\mathrm{T}V_i + \frac{\lambda_Q}{2}\sum_{k=1}^{N}Q_k^\mathrm{T}Q_k +$$

$$\frac{\lambda_D}{2}\sum_{u=1}^{N}\sum_{k=1}^{N}I_{uk}^{D}[d_{uk}-g(U_u^\mathrm{T}Q_k)]^2 +$$

$$\frac{\lambda_S}{2}\sum_{t=1}^{M}\sum_{j=1}^{M}I_{tj}^{D}[s_{tj}-g(V_t^\mathrm{T}V_j)]^2 \tag{4-28}$$

其参数学习结果如下:

$$\frac{\partial L}{\partial U_u} = \sum_{i=1}^{M}I_{ui}^{R}g'(U_u^\mathrm{T}V_i)[g(U_u^\mathrm{T}V)_i - r_{ui}]V_i +$$

$$\lambda_D\sum_{k=1}^{N}I_{uk}^{D}g'(U_u^\mathrm{T}Q_k)[g(U_u^\mathrm{T}Q_k)-d_{uk}]Q_k + \lambda_U U_u \tag{4-29}$$

$$\frac{\partial L}{\partial V_i} = \sum_{u=1}^{N}I_{ui}^{R}g'(U_u^\mathrm{T}V_i)[g(U_u^\mathrm{T}V)_i - r_{ui}]U_u + \lambda_V V_i +$$

$$\lambda_S\sum_{t=1}^{M}I_{ti}^{S}g'(V_t^\mathrm{T}V_i)[g(V_t^\mathrm{T}V_i)-s_{ti}]V_t \tag{4-30}$$

$$\frac{\partial L}{\partial Q_k} = \sum_{i=1}^{N} I_{uk}^D g'(U_u^T V_i)[g(U_u^T V)_i - d_{uk}]U_u + \lambda_Q Q_k \quad (4-31)$$

文献[25]将社会标签引入矩阵分解过程,提出了一种近邻感知的矩阵分解推荐方法(neighborhood-aware unified probabilistic matrix factorization model,NAUPMF),其概率图如图4-9所示。

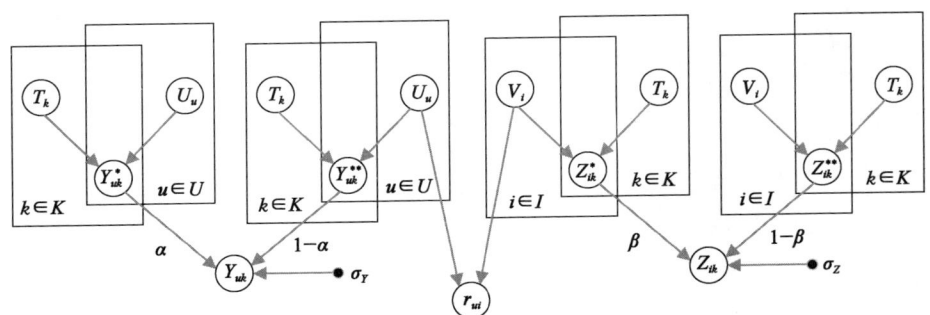

图4-9 NAUPMF概率图

损失函数为

$$L(R, U, V, T, P, Q)$$
$$= \frac{1}{2}\sum_{u=1}^{N}\sum_{i=1}^{M} I_{ui}^R [r_{ui} - g(U_u^T V_i)]^2 + \frac{\lambda_U}{2}\sum_{u=1}^{N} U_u^T U_u + \frac{\lambda_V}{2}\sum_{i=1}^{M} V_i^T V_i + \frac{\lambda_T}{2}\sum_{k=1}^{K} T_k^T T_k +$$
$$\frac{\lambda_Y}{2}\sum_{u=1}^{K}\sum_{k=1}^{K} I_{uk}^Y \Big[P_{uk} - g\Big(\alpha U_u^T T_k + (1-\alpha)\sum_{p \in N_u} P_{up} U_p^T T_k\Big)\Big]^2 + \frac{\lambda_Z}{2}\sum_{i=1}^{M}\sum_{k=1}^{K} I_{ik}^Z +$$
$$\frac{\lambda_Z}{2}\sum_{i=1}^{M}\sum_{k=1}^{K} I_{ik}^Z \Big[Q_{ik} - g\Big(\beta V_i^T T_k + (1-\alpha)\sum_{q \in N_v} Q_{iq} V_q^T T_k\Big)\Big]^2 \quad (4-32)$$

为了缓解数据稀疏问题,文献[33]利用社会标签和项目类别等信息建模用户正则化项,提出了一种增强的矩阵分解推荐模型,其中,用户正则化项为

$$\frac{\lambda_{\text{user}}}{2}\sum_{u=1}^{N} \Big\| U_u - \Big[\alpha U_u + (1-\alpha)\sum_{k \in T(u)} S_{uk} U_k\Big] \Big\|_F^2 \quad (4-33)$$

项目正则化项为

$$\frac{\lambda_{\text{item}}}{2}\sum_{i=1}^{M}\sum_{h \in F_i} F_{ih} \| V_i - V_h \|_F^2 \quad (4-34)$$

第4章 基于社交关系的矩阵分解推荐算法

正则化项的主要作用是使信任用户之间和近邻项目之间的误差尽可能地小。损失函数为

$$L(R,U,V,S) = \frac{1}{2}\sum_{u=1}^{N}\sum_{i=1}^{M}I_{ui}^{R}[r_{ui}-g(U_u^\mathrm{T}V_i)]^2 + \frac{\lambda_U}{2}\sum_{u=1}^{N}U_u^\mathrm{T}U_u + \frac{\lambda_V}{2}\sum_{i=1}^{M}V_i^\mathrm{T}V_i +$$

$$\frac{\lambda_{\mathrm{user}}}{2}\sum_{u=1}^{N}(1-\alpha)^2\left\|U_u - \sum_{k\in T(u)}S_{uk}U_k\right\|_\mathrm{F}^2 +$$

$$\frac{\lambda_{\mathrm{item}}}{2}\sum_{i=1}^{M}\sum_{h\in F(i)}F_{ih}\|V_i - V_h\|_\mathrm{F}^2 \quad (4-35)$$

文献[15]将同质性关系引入矩阵分解正则化建模过程,提出了一种同质性关系正则化的信任关系预测方法。同质性正则化因子为

$$\sum_{i=1}^{N}\sum_{j=1}^{N}\zeta(i,j)\|U(i,:) - U(j,:)\|_\mathrm{F}^2 \quad (4-36)$$

$\zeta(i,j)$的作用是控制用户i和用户j的隐距离,而式(4-36)等价于$Tr(U^\mathrm{T}LU)$,其中$L = D - Z$。

信任关系预测的损失函数为

$$L(T,U,V) = \|T - UVU^\mathrm{T}\|_\mathrm{F}^2 + \alpha\|U\|_\mathrm{F}^2 + \beta\|V\|_\mathrm{F}^2 + \lambda Tr(U^\mathrm{T}LU) \quad (4-37)$$

文献[24]从社会学角度出发,通过研究社会等级理论和同质性理论构建信任关系预测模型SocialTrust,对社会等级和信任关系进行了预测,其预测模型为

$$L(T,U,V) = \|T - UHU^\mathrm{T}\|_\mathrm{F}^2 + \alpha\|U\|_\mathrm{F}^2 + \beta\|H\|_\mathrm{F}^2 +$$

$$\lambda_1\sum_{i}^{N}\sum_{j=i+1}^{N}\max\{0, f(r_i - r_j)(U_iHU_j^\mathrm{T} - U_jHU_i^\mathrm{T})\} +$$

$$\lambda_2\min\sum_{i=1}^{N}\sum_{j=i+1}^{N}\zeta(i,j)\|U_i - U_j\|_\mathrm{F}^2 \quad (4-38)$$

式中,$U_iHU_j^\mathrm{T}$表示用户i与用户j建立信任关系的可能性。

文献[15,16]提出了结合信任关系和评分矩阵的社会化推荐模型,还尝试将社会标签引入模型构建过程中,提出了基于社会标签的矩阵分解模型,其概率图如图4-10所示。

基于社交关系的个性化推荐方法

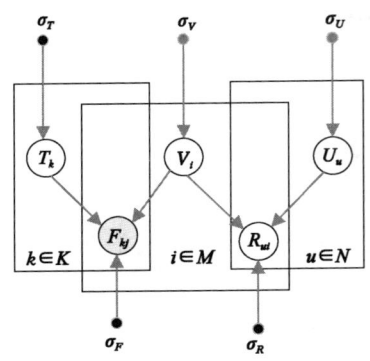

图 4-10 基于社会标签的概率图

损失函数为

$$L(R, U, V, F, T) = \frac{1}{2}\sum_{u=1}^{N}\sum_{i=1}^{M}I_{ui}^{R}[r_{ui} - g(U_u^T V_i)]^2 + \frac{\lambda_U}{2}\sum_{u=1}^{N}U_u^T U_u +$$
$$\frac{\lambda_V}{2}\sum_{i=1}^{M}V_i^T V_i + \frac{\lambda_F}{2}\sum_{i=1}^{M}\sum_{k=1}^{K}I_{ik}^{F}[F_{ik} - g(\alpha V_i^T T_k)]^2 +$$
$$\frac{\lambda_T}{2}\sum_{k=1}^{K}T_k^T T_k \tag{4-39}$$

式中，F_{ik} 为标签的权重，表示项目 i 被标签 k 标记的次数。

文献[42]通过对 SocialMF 模型中用户特征进行约束，既考虑了用户间的信任强度，又考虑了用户与朋友之间的兴趣偏好相似性，提出了一种信任关系强度敏感的社会化推荐算法 StrengthMF，其概率图如图 4-11 所示。

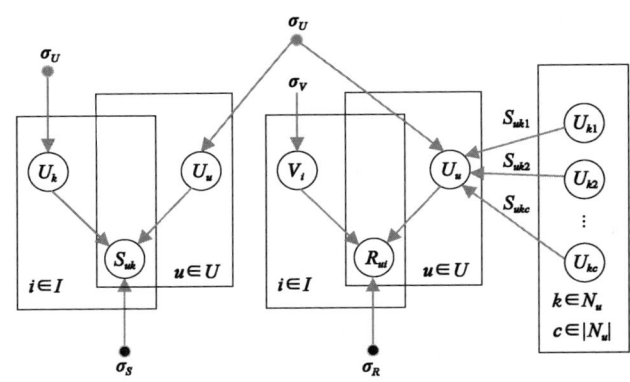

图 4-11 StrengthMF 的概率图

StrengthMF 的损失函数为

$$L(R, U, V, S) = \frac{1}{2} \sum_{u=1}^{N} \sum_{i=1}^{M} I_{ui}^{R} [r_{ui} - g(U_u^T V_i)]^2 + \frac{\lambda_U}{2} \sum_{u=1}^{N} U_u^T U_u +$$
$$\frac{\lambda_V}{2} \sum_{i=1}^{M} V_i^T V_i + \frac{\lambda_S}{2} \sum_{u=1}^{N} \sum_{k=1}^{N} I_{ik}^{F} [S_{uk} - g(U_u^T U_k)]^2 +$$
$$\frac{\lambda_T}{2} \sum_{u=1}^{N} \left(U_u - \sum_{k \in N_u} S_{uk} U_k\right)^T \left(U_u - \sum_{k \in N_u} S_{uk} U_k\right)$$

$$(4-40)$$

利用信任者和被信任者用户的信任关系相似性来约束信任者和被信任者特征。这两个信任者用户的特征越接近,说明他们的偏好越相似。因此,可通过用户信任者的特征相似性来约束两个信任者特征向量[10]。

$$\frac{\lambda_B}{2} \sum_{u=1}^{N} \sum_{v=1}^{N} P_{uv}^{(B)} \| B_u - B_v \|_F^2 \qquad (4-41)$$

式中,$P_{uv}^{(B)}$ 表示两个用户基于信任关系的相似性,可通过用户 u_u 和 u_v 分别对其共同信任用户 u_k 的信任关系获得。此外,一个用户受信度越高,就会有越多的用户采纳其建议,该用户的入度就越大。根据文献[2,10,14,15],改进后的用户相似性为

$$P_{uv}^{(B)} = \frac{\sum_{k=1}^{N} \frac{d_k^{(\text{in})}}{d_u^{(\text{out})} + d_k^{(\text{in})}} T_{uk} \frac{d_k^{(\text{in})}}{d_v^{(\text{out})} + d_k^{(\text{in})}} T_{vk}}{\sqrt{\sum_{k=1}^{N} \frac{d_k^{(\text{in})}}{d_u^{(\text{out})} + d_k^{(\text{in})}} T_{uk}^2} \sqrt{\sum_{k=1}^{N} \frac{d_k^{(\text{in})}}{d_v^{(\text{out})} + d_k^{(\text{in})}} T_{vk}^2}} \qquad (4-42)$$

式中,$d_k^{(\text{in})}$ 和 $d_u^{(\text{out})}$ 分别表示用户 u_k 和 u_u 在信任网络中的入度和出度。同理,作为被信任者用户来说,他们的特征越接近,则这两个用户的偏好越相似。因此,两个被信任者用户特征向量的约束项为[14]

$$\frac{\lambda_E}{2} \sum_{u=1}^{N} \sum_{v=1}^{N} Q_{uv}^{(E)} \| E_u - E_v \|_F^2 \qquad (4-43)$$

式中,$Q_{uv}^{(E)}$ 表示两个被信任者基于信任关系的相似性,由 u_u,u_v 与共同被信任用户 u_k 的信任关系获得。根据文献[10,14,15],改进后的基于被信任者

的用户相似性为

$$Q_{uv}^{(E)} = \frac{\sum_{k=1}^{N} \frac{d_u^{(\text{in})}}{d_k^{(\text{out})} + d_u^{(\text{in})}} T_{ku} \frac{d_v^{(\text{in})}}{d_k^{(\text{out})} + d_v^{(\text{in})}} T_{kv}}{\sqrt{\sum_{k=1}^{N} \frac{d_u^{(\text{in})}}{d_k^{(\text{out})} + d_v^{(\text{in})}} T_{ku}^2} \sqrt{\sum_{k=1}^{N} \frac{d_v^{(\text{in})}}{d_k^{(\text{out})} + d_v^{(\text{in})}} T_{kv}^2}} \quad (4-44)$$

综上分析,考虑到用户评分和信任关系的贡献程度,改进后的用户 u_u 和 u_v 相似性为

$$sim(u,v) = \begin{cases} \dfrac{2(P_{uv}^{(B)} + Q_{uv}^{(E)}) sim_{uv}}{P_{uv}^{(B)} + Q_{uv}^{(E)} + 2sim_{uv}} & P_{uv}^{(B)} \neq 0, Q_{uv}^{(E)} \neq 0, sim_{uv} \neq 0 \\ s_{uv} & P_{uv}^{(B)} = 0, Q_{uv}^{(E)} = 0, sim_{uv} \neq 0 \\ \dfrac{2P_{uv}^{(B)} Q_{uv}^{(E)}}{P_{uv}^{(B)} + Q_{uv}^{(E)}} & P_{uv}^{(B)} \neq 0, Q_{uv}^{(E)} \neq 0, sim_{uv} = 0 \\ 0 & \text{其他} \end{cases}$$

$$(4-45)$$

受文献[10]的启发,若一个用户 u_1 信任用户 u_2,同时,用户 u_3 信任用户 u_1,则 u_1 的特征与 u_2 的特征很接近,u_3 的特征与 u_1 的特征很接近。因此,用户 u_3 和 u_2 分别作为用户 u_1 的信任者和被信任者用户,其特征向量是相似的。于是得到以下正则项:

$$\frac{\beta}{2} \sum_{u=1}^{N} sim(u_{I_u^{(B)}}, u_{I_u^{(E)}}) \| B_u - E_u \|_F^2 \quad (4-46)$$

式中,$I_u^{(B)}$ 和 $I_u^{(E)}$ 分别表示用户 u_u 的信任者和被信任者集合。若用户之间不存在显式的信任关系,由于用户对项目的标注和评论信息在一定程度上反映了用户对项目的喜好程度,因此,利用用户和项目的标签权重信息可提取出用户和项目的隐含社交关系。G_{uk} 和 H_{ik} 分别表示用户 u_u 和项目 i_i 对标签 l_k 的权重关系,可利用 TF-IDF 获得[12,22,25,31]:

$$G_{up} = \frac{c_{up}}{\sum_{p \in K} c_{up}} \log_2 \frac{N_t}{c_p^{(u)} + 1} \quad (4-47)$$

$$H_{ip} = \frac{c_{ip}}{\sum_{p \in K} c_{ip}} \log_2 \frac{N_t}{c_p^{(i)} + 1} \tag{4-48}$$

式中，c_{up} 表示用户 u_u 选择标签 l_p 的次数，$c_p^{(u)}$ 表示使用标签 l_p 的用户数，N_t 表示标签的总数。用户 u_u 使用标签 l_p 的次数越多，则该标签的权重值越大。c_{ip} 表示标签 l_p 出现在项目 i_i 中的次数，$c_p^{(i)}$ 表示被标注标签 l_p 的项目个数。标签 l_p 在某项目集中出现的次数越多，则该标签越重要，则权重值越大。

类似的，社会标签反映了用户对项目的偏好程度，为了更好地度量社会标签反映用户的个性化偏好特征，设定每个标签服从不同的先验方差，标签特征的高斯先验分布为

$$p(L \mid \sigma_L^2) = \prod_{t=1}^{D} N\left(L_t \mid 0, \frac{\sigma_L^2}{n_{l_t}} I\right) \tag{4-49}$$

式中，n_{l_t} 表示标签 l_t 被用户标注的数量。受文献[5,12,25,31]启发，根据用户-标签和项目-标签的权重关系，利用潜语义模型可间接获得用户和项目特征，则用户-标签、项目-标签权重矩阵的条件概率为

$$p(G \mid U, L, \sigma_G^2) = \prod_{u=1}^{N} \prod_{t=1}^{D} N(G_{ut} \mid g(U_u^T L_t), \sigma_G^2) \tag{4-50}$$

$$p(H \mid V, L, \sigma_H^2) = \prod_{i=1}^{M} \prod_{t=1}^{D} N(H_{it} \mid g(V_i^T L_t), \sigma_H^2) \tag{4-51}$$

式中，G 被映射到用户特征 U 和标签特征空间 L，H 被映射到项目特征 V 和标签特征空间 L。根据贝叶斯公式，G 和 H 的后验概率为

$$\begin{aligned}
p(U, V, L \mid G, H, \sigma_L^2, \sigma_G^2, \sigma_U^2, \sigma_V^2) &\propto p(G \mid U, L, \sigma_G^2) p(H \mid V, L, \\
&\sigma_H^2) \cdot p(U \mid \sigma_U^2/n_{u_u}) p(V \mid \sigma_V^2/n_{v_i}) p(L \mid \sigma_L^2/n_{l_t}) \\
&= \prod_{u=1}^{N} \prod_{t=1}^{D} N(G_{ut} \mid g(U_u^T L_t), \sigma_G^2) \times \prod_{i=1}^{M} \prod_{t=1}^{D} N(H_{it} \mid g(V_i^T L_t), \sigma_H^2) \times \\
&\prod_{u=1}^{N} N\left(U_u \mid 0, \frac{\sigma_U^2}{n_{u_u}}\right) \times \prod_{i=1}^{M} N\left(V_i \mid 0, \frac{\sigma_V^2}{n_{v_i}}\right) \times \prod_{t=1}^{D} N\left(L_t \mid 0, \frac{\sigma_L^2}{n_{l_t}}\right)
\end{aligned}$$

$$(4-52)$$

对以上公式求对数后，等价于最小化以下损失函数。

$$L(U,V,L,G,H) = \frac{1}{2}\sum_{u=1}^{N}\sum_{t=1}^{D}[G_{ut}-g(U_u^{\mathrm{T}}L_t)]^2 + \frac{1}{2}\sum_{i=1}^{M}\sum_{t=1}^{D}[H_{it}-g(V_i^{\mathrm{T}}L_t)]^2 +$$
$$\frac{\lambda_U}{2}\sum_{u=1}^{N}n_{u_u}\|U\|_{\mathrm{F}}^2 + \frac{\lambda_V}{2}\sum_{i=1}^{M}n_{v_i}\|V\|_{\mathrm{F}}^2 + \frac{\lambda_L}{2}\sum_{t=1}^{D}n_{l_t}\|L\|_{\mathrm{F}}^2$$

(4-53)

4.4 增强的社交矩阵分解模型

在线社交网络中用户的信任关系作为人类交互的基础,在解决信息共享、经验交流和公共舆论等问题时表现出重要的作用[21]。但是,信任是一个复杂和抽象的概念,它受到多方面因素的影响,社会科学中的社会学理论有助于解释现实世界中的社会现象。前面的基于社交网络的推荐方法仅考虑了用户的信任关系、朋友关系,忽略了每个用户在社交网络中的不同作用和同质性用户的影响。此外,用户多兴趣、用户交互上下文也对推荐具有重要影响。一些研究从社会学角度研究用户社会地位和同质性影响因素对用户决策的作用,探讨用户多兴趣偏好挖掘和用户社交上下文的影响因素,从社会标签中分析隐含的用户社交关系,建立融合用户社会地位和同质性、用户多兴趣发现和用户社交关系上下文的社会化推荐模型。

4.4.1 几种增强的社交矩阵分解推荐方法的思想

近年来,一些基于社交网络的推荐算法被提出,在一定程度上提高了推荐准确率,但是,大多数推荐算法只关注用户个体间的信任关系和朋友关系,将社交网络中的用户个体同等看待,认为其具有相同的权威性[10~13,24,39]。实际上,不同领域中用户个体的权威程度并不尽相同,用户个体间的相互影响程度也不同[14,24,39]。我们将用户在社交网络中的权威性称为社会地位。例如,用户u_1是一位擅长计算机的专家,但不是娱乐爱好者;用户u_2是一位电影达人和流行音乐的歌迷,熟悉国内外上映的各种题材的电影,但他是一名计算机初学者。假设用户u_3同时是用户u_1和用户u_2的信任者,若他想了解最新上映的电影,尽管u_3对u_1相当信任,但他很可能会听从用户u_2的建议;若u_3要购买一本计算机图书,很可能会接受u_1的建议,而不会接受u_2的建议。

此外，一个人的兴趣偏好往往与跟自己具有相同背景的人的兴趣特别相似，其行为很可能会受同一个工作单位同事或同一社区朋友的行为影响[23,30]。例如，历史专业的学生喜欢关注一些历史题材的图书，计算机专业的学生更倾向于购买计算机类图书。

用户的社会地位和同质性因素作为影响其朋友行为的重要因素，对推荐质量的提高具有重要作用。一些研究方法从社会学理论角度考虑用户社会地位和同质性等因素对推荐质量的影响，分别利用 PageRank 算法、TF－IDF 技术建立用户社会地位、同质性关系权重模型，并将其融入推荐过程，使用以上影响因素优化用户特征空间，提高推荐的准确率。文献[39]基于用户社会地位的影响，提出了融合社会地位和矩阵分解的推荐算法框架结构，如图 4－12 所示。

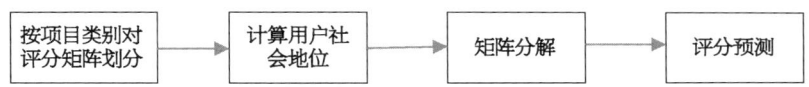

图 4－12 融合社会地位和矩阵分解的推荐算法框架

采用 PageRank 算法计算社交网络中每个用户的社会地位值，定义了目标函数：

$$L(R,U,V) = \frac{1}{2}\sum_{u=1}^{N}\sum_{i=1}^{M}S_u^c[r_{ui}^c - g((U_u^c)^T V_i)]^2 + \frac{\lambda_U}{2}\sum_{u=1}^{N}U_u^T U_u +$$

$$\frac{\lambda_V}{2}\sum_{i=1}^{M}V_i^T V_i + \frac{\lambda_T}{2}\left\|U_u^c - \sum_{v \in F^c(u)}T_{uv}U_v^c\right\|_F^2 \quad (4-54)$$

式中，$S_u^c = \dfrac{1}{1+\lg(r_u^c)}$，当用户的 PageRank 排名在类别 c 中排名降低时，其用户的地位值越低。

在实际生活场景中，用户往往具有多种兴趣偏好，在用户选择物品时，主要是根据对几种物品属性的配置情况进行比较后，选择具有该用户最看重的属性的物品。研究证实，用户对物品的选择过程实际上是对物品的属性选择过程，选择实际上是从不同备选物品中进行的决策过程，推荐过程的研究可借鉴决策理论的研究成果[23,46,58,146]。根据文献[26,146]，一个用户是否对一个项目感兴趣取决于该项目所具有的属性对该用户的吸引程度。例如，一个用户喜欢一部电影可能取决于以下因素：这部电影是娱乐还是文艺片,是国外电影还是国内电影,是否有著名演员。文献[23,46]根据物品拥有的各个属性值分别给目标用户带来的效用汇总决定该物品对目标用户的总体效用,预测目标用户对物品的评分。但该方法忽略了用户对物品喜欢的程度及物品属性在不同物品间的分布情况。

社交关系上下文信息在推荐系统中起到了非常重要的作用,绝大多数社会化推荐系统在建模时仅考虑了用户的直接信任关系。根据用户个体认知行为理论,用户认知能力会影响用户的需求和偏好选择。通常情况下,用户认知行为的度量可以转化为对认知水平的度量,影响用户认知水平的主要因素有上下文环境、历史经验、用户属性和项目属性等[13,30]。

4.4.2 融合用户社会地位和同质性的社会化推荐算法

1)用户信任关系

用户的决策常常受到亲密朋友的影响,其影响程度依赖于他对朋友的信任程度[2,24,39,44]。除此之外,个性化推荐模型还需考虑两个因素的影响:① 一个用户更愿意接受在某一领域权威用户的建议;② 一个用户的偏好通常与具有相同或相似背景的用户相似。基于以上考虑,文献[46]将用户社会地位、同质性和用户的信任关系等影响因素融入矩阵分解模型中,提出了一种融合用户社会地位和同质性的推荐方法,其推荐框架如图 4-13 所示。

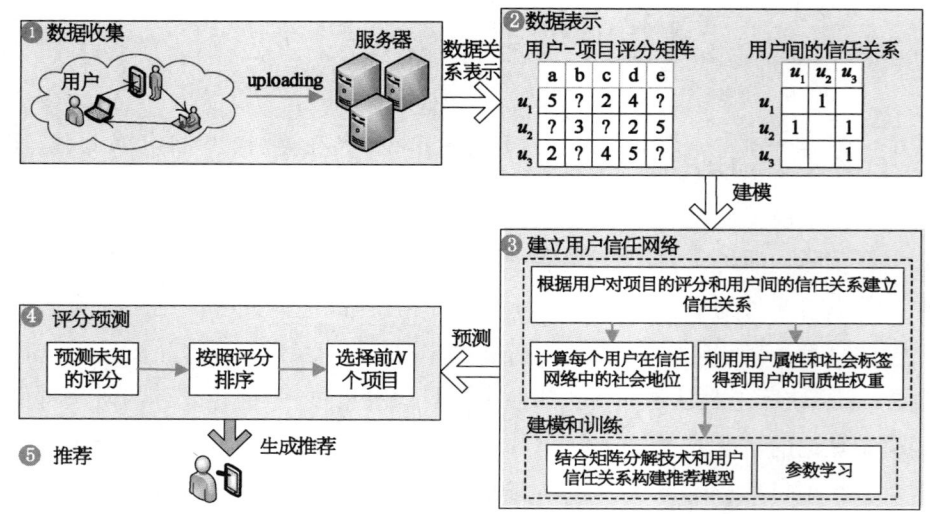

图 4-13 融合用户社会地位和同质性的推荐方法框架

推荐方法分为以下步骤：① 通过收集到的用户行为数据构造用户-项目评分矩阵和用户信任关系矩阵；② 结合信任传播理论与用户-项目评分矩阵计算用户隐式信任关系；③ 使用信息检索理论中的 PageRank 算法计算用户在社交网络中的社会地位；④ 结合社会标签和用户属性信息，利用 TF‑IDF 技术建立用户同质性关系权重值；⑤ 将用户社会地位和同质性权重关系融入社交矩阵分解模型，以预测用户评分。

2) 用户信任网络

信任网络表示用户在社交网络中的信任关系[2,45]。图 4‑14 是一个具有显式信任关系的社交网络，其中结点表示用户，有向边表示用户之间的信任关系。例如，图 4‑14(a)中用户 u_3 对 u_4 的信任关系为 0.7，对 u_1 的信任关系为 1，因此 u_1 和 u_4 在 u_3 的信任网络中。图 4‑14(b)是对应于图 4‑14(a)的信任网络的信任关系矩阵。

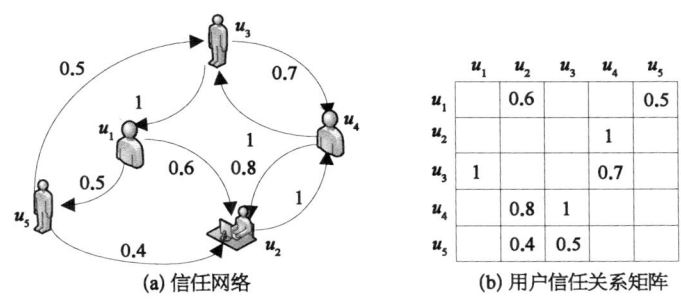

图 4‑14 基于用户信任关系的社交网络及用户信任关系矩阵

在目前真实的数据集中，用户之间的信任关系值只有 1 和 0，即信任和不信任，且还有很多缺失的信任关系。对于用户之间缺失的信任关系，我们可基于下面的假设获得信任关系：随着用户之间距离的增加，用户之间的信任程度在降低，用户 u_u 和用户 u_v 的信任值计算如下[46]：

$$t_{uv} = \frac{d_{\max} - d_{uv} + 1}{d_{\max}} \qquad (4-55)$$

式中，$d_{\max}$ 表示用户之间允许的最大传播距离，d_{uv} 表示用户 u_u 和 u_v 之间的距离，两个直接近邻用户之间的信任距离被设定为 1，设定 4 为最大传播距离。例如，若要预测用户 u_5 对用户 u_2、u_3 和 u_4 的信任值，按照式(4‑55)，用户 u_2 和 u_3 的信任距离为 1，则预测的信任值为 $(4-1+1)/4=1$。对于用户 u_4 来

基于社交关系的个性化推荐方法

说，u_5 和 u_4 的信任距离为 2，则预测的信任值为 $(4-2+1)/4=0.75$。

此外，对于有些数据集中用户之间不存在显式信任关系（例如 Movielens 数据集），可通过用户-项目评分矩阵中用户之间的近邻关系去挖掘他们隐含的信任值[2]。

$$t_{uv} = \frac{\sum_{i \in I_{uv}} value(u, v, i)}{|I_{uv}|} = \frac{\sum_{i \in I_{uv}} \left(1 - \frac{1}{S}|r_{ui} - r_{vi}|\right)}{|I_{uv}|} \quad (4-56)$$

式中，S 表示评分的尺度大小。对于 Movielens 数据集，S 的大小为 5。

3）用户社会地位

A）用户社会地位建模

用户社会地位是社会学中一个非常重要的概念，它反映了一个用户在社交网络中的重要性和网络中的个体用户与其他用户的联系程度，被用来解释如何影响用户之间信任关系的建立。在社交网络中，具有较高社会地位的用户通常被认为是权威用户，具有较低社会地位的用户更可能与具有较高社会地位的用户建立信任关系[24, 39]。

图 4-15 是一个具有用户信任关系的社交网络。其中，图 4-15(a) 和 4-15(b) 分别是一个不含社会地位和包含社会地位的社交网络。图中的粗线条表示两个用户之间具有较强的连接关系，细线条表示较弱的连接关系。例如，用户 u_1 对用户 u_2 的信任值为 0.6，用户 u_1 具有的社会地位值是 0.3，用户 u_4 的社会地位值是 0.6，用户 u_3 的社会地位值是 0.9。用户 u_1 更愿意采纳 u_3 的建议，因此 u_1 和 u_3 之间具有更强的关联关系。u_4 更愿意接受 u_3 的建议，因

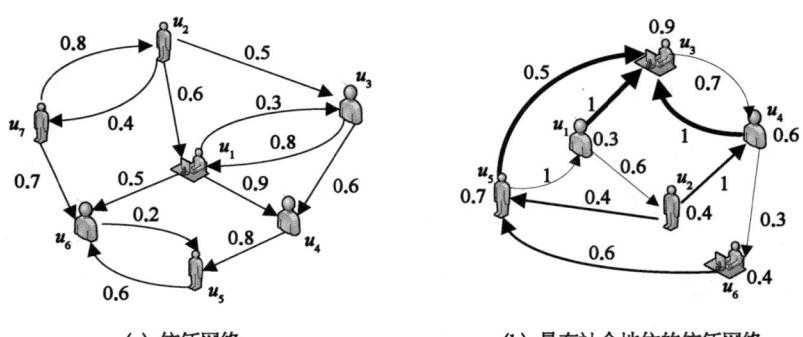

(a) 信任网络　　　　　　　　(b) 具有社会地位的信任网络

图 4-15　具有用户信任关系的社交网络

第 4 章 基于社交关系的矩阵分解推荐算法

此，u_4 到 u_3 有较强的连接。反过来，u_3 的社会地位高于 u_4，而 u_3 采纳 u_4 的建议的可能性较小，u_3 到 u_4 的连接较弱。

用户社会地位计算方法来源于信息检索领域中的 PageRank 算法思想。PageRank 算法由 Larry Page 和 Sergey Brin 提出，最初被用于网页排序，该算法基于两个假设：数量假设和质量假设。对于 Web 页面，若一个页面节点 A 接收到其他网页指向的链接数量越多，则这个页面越重要。链接到页面 A 的网页（即指向页面 A 的链接）质量会各不相同，其中，质量高的页面指向 A，则页面 A 就越重要[39~42]。在社交网络中，具有较高社会地位的用户通常能提供一些有价值的信息给社会地位较低的用户，因此他们会有较高的入度。相应的，具有较低的社会地位的用户通常会参考具有社会地位高的用户的建议，因此他们具有更多的出度信息[36,39]。推荐系统中的用户-项目对〈user, item〉可表示成一个二部图 $G(V, E)$，其中，V 和 E 分别表示顶点和边的集合，V 包含用户 u_i 和项目 i_j 两类顶点，E 表示用户和项目的交互关系，如图 4-16 所示。当用户 u_1 点击了项目 i_1，i_2 和 i_3，用户 u_2 点击了项目 i_1 和 i_3，用户 u_3 点击了项目 i_2 和 i_5，用户 u_4 点击了项目 i_3 和 i_4。以上可以转换表示为图 4-16(b)。

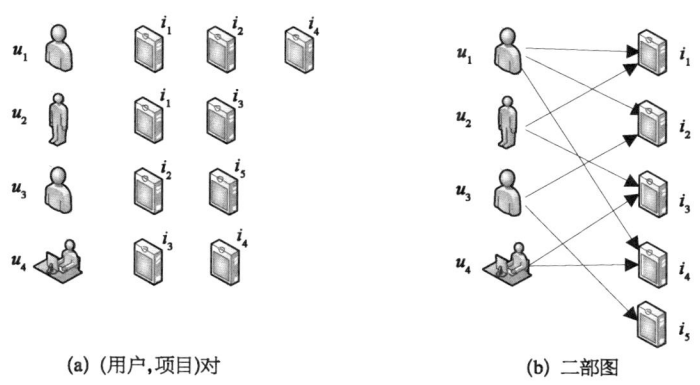

(a) (用户,项目)对　　　　　　(b) 二部图

图 4-16　二部图表示的用户项目关系

假设要为用户 u_1 推荐感兴趣的项目。从用户 u_1 开始，以概率 φ 从 u_1 的出边随机地选择能到达下一个顶点的路径，比如 i_1，然后以概率 $1-\varphi$ 从项目 i_1 返回，继续从项目 i_1 的出边以概率 φ 随机游走。经过多次游走后，每个用户的重要性收敛，并且每个用户的概率就是其社会地位值。我们使用 PageRank 算法去计算社交网络中每一个用户的社会地位[39,42,47]。因为每个顶点的初始访问概率相同，因此将每个顶点的初始概率设置为 $1/N$。通过以上分析，采

用 PageRank 算法计算社交网络中每个用户的社会地位值为[36,39,47]

$$PR_u = \varphi \sum_{v \in C_u} \frac{PR_v}{|C_u|} + \frac{1}{N}(1-\varphi) \quad (4-57)$$

式中，PR_u 表示用户 u_u 在每个聚类中的 PageRank 值，C_u 表示用户 u_u 信任的朋友集合，N 表示用户的数量，φ 是跳出当前网络的概率值，取值范围为$[0,1]$。

定义 2　具有社会地位的用户 u_u 和 u_v 的信任关系。在某领域内一个用户的社会地位越高，其影响力就会越大，其建议更可能会被其他人接受。考虑此因素，调整的用户 u_u 和 u_v 之间的关系权重 W_{uv} 计算为

$$W_{uv} = \begin{cases} PR_v \cdot t_{uv} & PR_v > PR_u \\ \dfrac{PR_v}{PR_u} \cdot t_{uv} & 其他 \end{cases} \quad (4-58)$$

在社交网络中，用户 u_v 的社会地位越高，用户 u_v 的可信度就越高。例如，如果用户 u_u，u_v 和 u_w 对应的社会地位权重值 PR_u，PR_v 和 PR_w 分别是 0.8，1 和 0.6，则用户 u_u 很可能会接受用户 u_v 的推荐而不会接受 u_w 的推荐。否则，用户 u_v 接受用户 u_u 的建议的可能性小于用户 u_u 接受 u_v 的建议的可能性。需要注意的是 PR_u 和 PR_v 都是经过归一化的值。

定义 3　用户 u_u 对 u_v 的信任程度不仅受用户社会地位的影响，还与用户之间的交互次数有关，若两个用户对同一项目都感兴趣，评分越相似，表明他们都对该项目感兴趣。考虑到用户社交关系的动态变化特性，若两个用户对同一项目的评价时间间隔越大，则两个用户的兴趣相似性应该被减弱。基于此，改进的用户信任关系权重为

$$W_{uv}^* = \begin{cases} \dfrac{Card(I_{uv})}{Card(I_u)+Card(I_v)} \cdot \dfrac{\sum_{i \in I_{uv}} 1/[1+\exp(\omega |t_{ui}-t_{vi}|)]}{Card(I_{uv})+1} \cdot PR_v \cdot t_{uv} & PR_v \geqslant PR_u \\[2ex] \dfrac{Card(I_{uv})}{Card(I_u)+Card(I_v)} \cdot \dfrac{\sum_{i \in I_{uv}} 1/[1+\exp(\omega |t_{ui}-t_{vi}|)]}{Card(I_{uv})+1} \cdot sim_{uv} \cdot \dfrac{PR_v}{PR_u} \cdot t_{uv} & 其他 \end{cases}$$

$$(4-59)$$

式中，ω 是时间衰减因子，取值为$[0,1]$。t_{ui} 和 t_{vi} 分别表示用户 u_u 和 u_v 对项目 i_i 的评价时间。sim_{uv} 表示用户 u_u 和 u_v 的相似性。

B）利用谱聚类对用户进行聚类

为了提高推荐质量，可先利用改进的信任关系对具有相似兴趣的用户进行聚类。一方面，可减少高维数据的计算复杂度；另一方面，在同一个聚类中数据的稀疏性会相对得到缓解。采用谱聚类算法实现聚类，用带权图表示用户之间的信任关系，将聚类问题转换为对图的分割问题，对图的聚类问题就是寻找一种最优的切分，即把一个带权图划分为两个或两个以上最优子图。

设 $A_1, A_2, \cdots, A_k$ 为图 $G(V, E, w)$ 的 k 个子图集合，满足 $A_i \cap A_j = \phi$ 且 $A_1 \cup A_2 \cup \cdots \cup A_k = V (1 \leq i \leq k, 1 \leq j \leq k, i,j \in N)$。最优切分就是使被切割的边的权值之和最小，权重较大的边不会被切割，即需要最小化以下目标函数：

$$cut(A_1, A_2, \cdots, A_k) = \sum_{i \in A_i, j \in \bar{A}_i} e_{ij} \qquad (4-60)$$

式中，e_{ij} 表示两个图 X 和 Y 之间的边，$\bar{A}_i$ 表示 A_i 的补集。但最小化 $cut(A_1, A_2, \cdots, A_k)$ 通常会产生边缘点问题，却不是最优的分割[51]。为了找到最优切图，除了最小化 $cut(A_1, A_2, \cdots, A_k)$，还要考虑最大化子图 $A_1, A_2, \cdots, A_k$ 中每个数据点的个数，即

$$RatioCut(A_1, A_2, \cdots, A_k) = \sum_{i=1}^{k} \frac{cut(A_i, \bar{A}_i)}{vol \mid A_i \mid} \qquad (4-61)$$

式中，$vol(A) = \sum_{i \in A} w_{ij}$。

根据拉普拉斯矩阵的性质[35]可推导出：

$$f^T L f = \mid V \mid RatioCut(X, Y) \qquad (4-62)$$

式中，$\mid V \mid$ 是个常量，f 是任意的向量，L 是拉普拉斯矩阵。上式说明拉普拉斯矩阵 L 和优化的目标函数 $RatioCut$ 是等价的，即最小化 $RatioCut$ 就是最小化 $f^T L f$。

在文献[46,48,49,50]的基础上，利用谱聚类方法对图进行分割实现聚类，然后在每个聚类中通过 USSHMF 算法实现推荐。聚类算法如下：

(1) 利用式(4-59)计算用户之间的权重矩阵 W，构造带权图模型 $G = (V, E, w)$。如果两用户不存在直接关系，则关联权重为 0，这里设 $w_{ii} = 0$。

(2) 将矩阵 W 的每列值分别相加得到的 N 个数置于对角线上，组成一个 $N \times N$ 的对角矩阵 D，即度矩阵，对角线上的元素值为 $d_{jj} = \sum_{i=1}^{N} w_{ij}$。

(3) 令 $L = D - W$，则 L 就是拉普拉斯矩阵。

(4) 归一化矩阵 L，即 $L = D^{-\frac{1}{2}} L D^{-\frac{1}{2}} = D^{-\frac{1}{2}}(D - W)D^{-\frac{1}{2}} = D^{-\frac{1}{2}} D D^{-\frac{1}{2}} - D^{-\frac{1}{2}} W D^{-\frac{1}{2}} = E - D^{-\frac{1}{2}} W D^{-\frac{1}{2}}$，于是对 L 进行归一化就变成了对 W 的归一化，E 为单位矩阵。

(5) 求 L 的前 k 个特征值 $\lambda_1, \lambda_2, \cdots, \lambda_k$，其中 $\lambda_i \geqslant \lambda_j$ 且 $i < j$，即特征值从大到小排列，并求出相应的特征向量 $V_1, V_2, V_3, \cdots, V_k$。

(6) 这 k 个特征向量构成 $N \times k$ 的矩阵，并使用 k-means 算法进行聚类。这就完成了对用户兴趣偏好的划分。

4) 同质性理论

在社交网络中，同质性也是一个影响用户之间信任关系的重要因素，它反映了个体与类似个体相关的倾向性。在现实世界中，两个具有相似背景的用户往往会容易建立联系[15]。也就是说，用户倾向于与在某一方面与自己有相似经历的用户建立交互。同质性因素由两个方面组成：个体特征相似和社会环境相似[30,82]。其中，个体特征相似包括种族、性别、年龄、宗教信仰、理想信念、职业、教育背景等。社会环境特征包括职位、社会地位、网络位置、行为、能力、愿望等。

两个用户之间的相似性可通过标签相似性和个人特征相似性建立[2,15]。信息检索领域中的 TF-IDF 被用来计算标签的权重，系统中的标签被看成是一个文档集合，用户 u_u 对标签 l_k 的权重计算为[25,36]

$$g_{uk} = \frac{c_{uk}}{\sum_{k \in K} c_{uk}} \cdot \log_2 \frac{N_t}{c_k + 1} \qquad (4-63)$$

式中，c_{uk} 表示用户 u_u 在标签集 K 中使用标签 l_k 的次数，c_k 表示使用标签 l_k 的用户个数，N_t 表示标签的总数。

根据任意两个用户的标签权重向量，两个用户的相似性可表示为

$$G_{uv} = \frac{\sum_{k=1}^{n} g_{uk} g_{vk}}{\sqrt{\sum_{k=1}^{n} g_{uk}^2} \sqrt{\sum_{k=1}^{n} g_{vk}^2}} \tag{4-64}$$

式中，G_{uv} 表示用户 u_u 和 u_v 的相似性。

此外，用户的个体特征作为一个重要的影响用户决策的因素，可被划分为 3 类：相同、相似和不相似[18,30]。

$$W_{uv}^* = \begin{cases} (v_s, v_t) \in same & v_s = v_t \\ (v_s, v_t) \in similar & |r_s - r_t| \leqslant \dfrac{\sum_{u_i \in U} \sum_{u_j \in U} |v_i - v_j|}{Card(U) * Card(U-1)} \\ (v_s, v_t) \in dissimilar & 其他 \end{cases} \tag{4-65}$$

式中，用户的个体特征可定义为一个向量 $\boldsymbol{F} = (f_1, f_2, \cdots, f_m)$，$v_s$ 和 v_t 是特征 f_i 的两个值，r_s 和 r_t 分别表示具有特征 v_s 和 v_t 的平均偏好值，u_i 和 u_j 是用户集合 U 中的任意两个用户。如果两个用户的属性值相同，则这两个用户的偏好是相同的。如果两个用户属性在同一个范围区间，则两个用户的兴趣是相似的。否则，这两个用户的偏好不相似。基于以上分析，用户的同质性关系可表示为

$$H_{uv} = 2 * \frac{|s_a| + \delta |s_s|}{|s_a| + \delta |s_s| + |s_d|} * \frac{\sum_{k=1}^{n} g_{uk} g_{vk}}{\sqrt{\sum_{k=1}^{n} g_{uk}^2} \sqrt{\sum_{k=1}^{n} g_{vk}^2}} \Bigg/ \left(\frac{|s_a| + \delta |s_s|}{|s_a| + \delta |s_s| + |s_d|} + \frac{\sum_{k=1}^{n} g_{uk} g_{vk}}{\sqrt{\sum_{k=1}^{n} g_{uk}^2} \sqrt{\sum_{k=1}^{n} g_{vk}^2}} \right) \tag{4-66}$$

式中，s_a、s_s 和 s_d 是同质性具有相同、相似和不相似特征的集合，δ 是相似性阈值，这里设置为 0.85。

5) USSHMF 算法模型

先考虑一个融合用户信任关系的矩阵分解模型，如图 4-17 所示。图中的用户信任网络 G 由 6 个用户和 10 个关系组成，每个用户具有一个社会地位

值 s_u，权重 w_{uv} 表示用户 u_u 信任 u_v 的程度，取值范围为 $[0,1]$。为了预测用户对项目的缺失评分，可利用矩阵分解技术将用户-评分矩阵分解为 U^TV，然后根据用户特征矩阵 U 和项目特征矩阵 V 进行预测，但对于冷启动用户 u_4，仅利用评分信息无法预测出用户 u_4 对项目的评分。由于用户-项目评分和用户之间的信任关系都会影响到用户的行为，因此，可根据评分矩阵和信任关系将用户特征 U 映射到一个共享的低秩特征空间。这样，用户 u_u 的隐特征空间可由其直接近邻用户 $u_v \in N_u$ 得到，影响关系可形式化表示为[32]

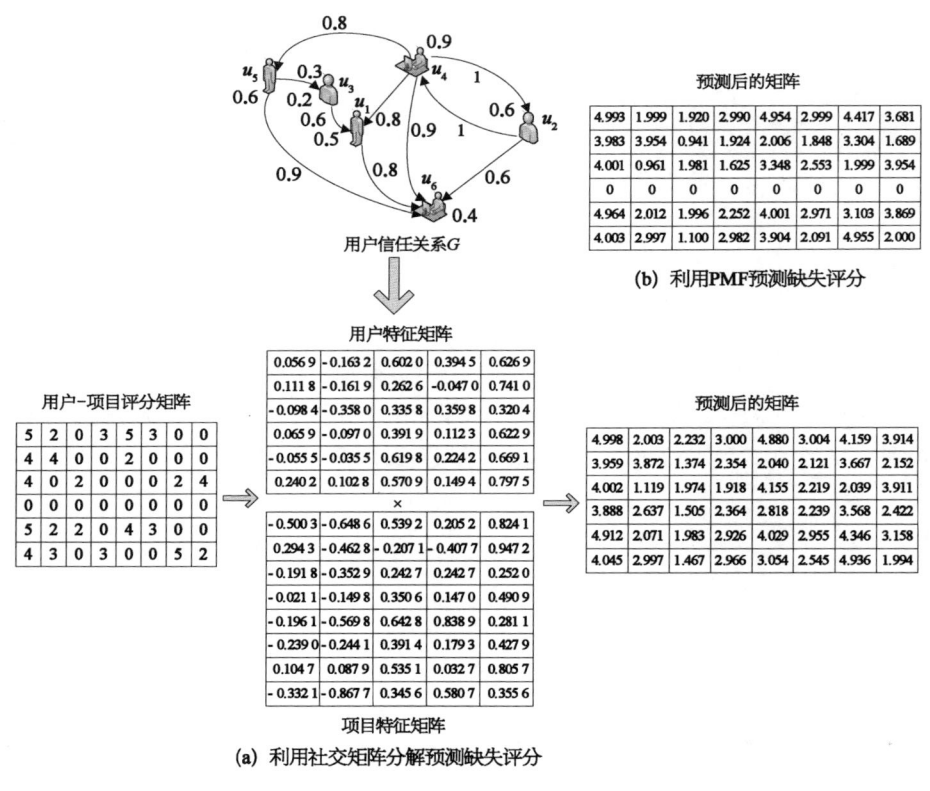

图 4-17 一个社交矩阵分解的例子

$$\hat{U}_u = \frac{\sum_{v \in N_u} T_{uv} U_v}{\sum_{v \in N_u} T_{uv}} \qquad (4-67)$$

式中，$\hat{U}_u$ 由 u_u 直接近邻用户的隐特征向量得到，用户信任关系被归一化，即

$\sum_{v=1}^{N} T_{uv} = 1$。因此,用户 u_u 的隐特征向量可由其近邻用户 u_v 得到[34]:

$$\hat{U}_u = \sum_{v \in N_u} T_{uv} U_v \qquad (4-68)$$

对于图 4-17,令维度 $k=5$,根据社交矩阵分解技术对用户评分和信任关系进行分解,可得 $U_{6\times5}$ 和 $V_{8\times5}$,然后使用 $U^T V$ 就可以预测缺失评分项。对于冷启动用户,也可根据信任关系预测出缺失评分。

A) 引入社会地位的影响

受文献[28,34,39,56,68]的启发,通过引入信任网络到用户特征向量,根据近邻关系可获得用户 u_u 的条件分布:

$$p(U \mid W^*, \sigma_{W^*}^2) = \prod_{u=1}^{N} N\Big(U_u \mid \sum_{v \in N_u} W_{uv}^* U_v, \sigma_W^2\Big) \qquad (4-69)$$

根据文献[34],隐特征向量的后验概率可通过贝叶斯推理得到:

$$p(U, V \mid R, W^*, \sigma_R^2, \sigma_{W^*}^2, \sigma_U^2, \sigma_V^2) \propto p(R \mid U, V, \sigma_R^2) p(U \mid W^*, \sigma_U^2, \sigma_{W^*}^2) p(V \mid \sigma_V^2)$$

$$= \prod_{u=1}^{N} \prod_{i=1}^{M} [N(r_{ui} \mid g(U_u^T V_i), \sigma_R^2)]^{I_{ui}^R} \times \prod_{u=1}^{N} N\Big(U_u \mid \sum_{v \in N_u} W_{uv}^* U_v, \sigma_{W^*}^2 I\Big) \times$$

$$\prod_{u=1}^{N} N(U_u \mid 0, \sigma_U^2 I) \times \prod_{i=1}^{M} N(V_i \mid 0, \sigma_V^2 I) \qquad (4-70)$$

式中,I 是一个 d 维单位对角阵,d 为隐特征向量 U_u 和 V_i 的维度。

B) 引入用户间同质性的影响

受文献[9,32]的启发,用户特征的条件分布为

$$p(U \mid H, \sigma_H^2) = \prod_{u=1}^{N} N\Big(U_u \mid \sum_{v \in N_u} H_{uv} U_v, \sigma_H^2\Big) \qquad (4-71)$$

根据文献[32,39],融合了用户-项目评分矩阵、社交信任矩阵和用户同质性等因素的隐特征向量的后验概率为

$$p(U, V \mid R, W^*, H, \sigma_R^2, \sigma_{W^*}^2, \sigma_H^2, \sigma_U^2, \sigma_V^2) \propto p(R \mid U, V, \sigma_R^2) p(U \mid W^*, \sigma_U^2, \sigma_{W^*}^2) p(U \mid H, \sigma_U^2, \sigma_H^2) p(V \mid \sigma_V^2)$$

$$= \prod_{u=1}^{N} \prod_{i=1}^{M} [N(r_{ui} \mid g(U_u^T V_i), \sigma_R^2)]^{I_{ui}^R} \times \prod_{u=1}^{N} N\Big(U_u \Big| \sum_{v \in N_u} W_{uv}^* U_v, \sigma_{W^*}^2 I\Big)$$

$$= \prod_{u=1}^{N} N\left(U_u \mid \sum_{v \in N_u} H_{uv} U_v, \sigma_H^2 I\right) \times \prod_{u=1}^{N} N(U_u \mid 0, \sigma_U^2 I) \times \prod_{i=1}^{M} N(V_i \mid 0, \sigma_V^2 I)$$
(4-72)

C) 引入用户特征向量的影响

用户 u_u 对用户 u_v 非常信任并不代表用户 u_u 和用户 u_v 一定具有相似的兴趣和偏好。如果用户 u_u 与其信任的朋友之间的兴趣偏好差距太大，这将要导致用户 u_u 的隐特征向量 U_u 的不准确。因此，为了解决这个问题，受文献 [32，48，49，50] 的启发，将下列正则项引入推荐模型中：

$$\frac{\beta}{2} \sum_{u=1}^{N} \sum_{t \in T^+(u)} sim(u, t) \| U_u - U_t \|_F^2$$
(4-73)

式中，$T^+(u)$ 是用户 u_u 信任朋友的用户集合。

D) 引入项目特征向量的影响

考虑到用户在选择物品时，由于其很可能对类似的物品感兴趣，常常会选择类似的物品作为替代。因此，通过以下社交正则项约束项目特征 V_i。

$$\frac{\gamma}{2} \sum_{i=1}^{M} \sum_{j \in N_i} sim(i, j) \| V_i - V_j \|_F^2$$
(4-74)

式中，$sim(i, j)$ 是项目 i_i 和 i_j 的相似性，其计算公式为

$$sim(i, j) = \frac{\sum_{u \in U_{ij}} (r_{ui} - \bar{r}_i)(r_{uj} - \bar{r}_j)}{\sqrt{\sum_{u \in U_{ij}} (r_{ui} - \bar{r}_i)^2} \sqrt{\sum_{u \in U_{ij}} (r_{uj} - \bar{r}_j)^2}}$$
(4-75)

式中，U_{ij} 表示对项目 i_i 和 i_j 有共同评分的用户集合，$\bar{r}_i$ 和 $\bar{r}_j$ 分别表示在集合 U_{ij} 中用户对项目 i_i 和 i_j 的平均偏好。

经过以上分析，目标函数的后验概率的对数可看成目标函数，保持参数固定，最大化两个潜在的特征向量 U 和 V 可看成一个无约束的优化问题，则最初的问题转换为一个最小化下式的问题：

$$L(R, U, V, W^*, H)$$
$$= \frac{1}{2} \sum_{u=1}^{N} \sum_{i=1}^{M} I_{ui}^R [r_{ui} - g(U_u^T V_i)]^2 + \frac{\lambda_U}{2} \sum_{u=1}^{N} U_u^T U_u + \frac{\lambda_V}{2} \sum_{i=1}^{M} V_i^T V_i +$$

$$\frac{\lambda_W}{2} \sum_{u=1}^{N} \{ [\boldsymbol{U}_u - \sum_{v \in N_u} W_{uv}^* \boldsymbol{U}_v]^{\mathrm{T}} [\boldsymbol{U}_u - \sum_{v \in N_u} W_{uv}^* \boldsymbol{U}_v] \} +$$

$$\frac{\lambda_H}{2} \sum_{u=1}^{N} \{ [\boldsymbol{U}_u - \sum_{v \in N_u} H_{uv} \boldsymbol{U}_v]^{\mathrm{T}} [\boldsymbol{U}_u - \sum_{v \in N_u} H_{uv} \boldsymbol{U}_v] \} +$$

$$\frac{\beta}{2} \sum_{u=1}^{N} \sum_{t \in T(u)} sim(u, t) \| \boldsymbol{U}_u - \boldsymbol{U}_t \|_{\mathrm{F}}^2 +$$

$$\frac{\gamma}{2} \sum_{i=1}^{M} \sum_{j \in N_i} sim(i, j) \| \boldsymbol{V}_i - \boldsymbol{V}_j \|_{\mathrm{F}}^2 \qquad (4-76)$$

式中，$\lambda_U = \frac{\sigma_R^2}{\sigma_U^2}$，$\lambda_V = \frac{\sigma_R^2}{\sigma_V^2}$，$\lambda_W = \frac{\sigma_R^2}{\sigma_W^2}$，$\lambda_H = \frac{\sigma_R^2}{\sigma_H^2}$。其概率图模型如图 4-18 所示。

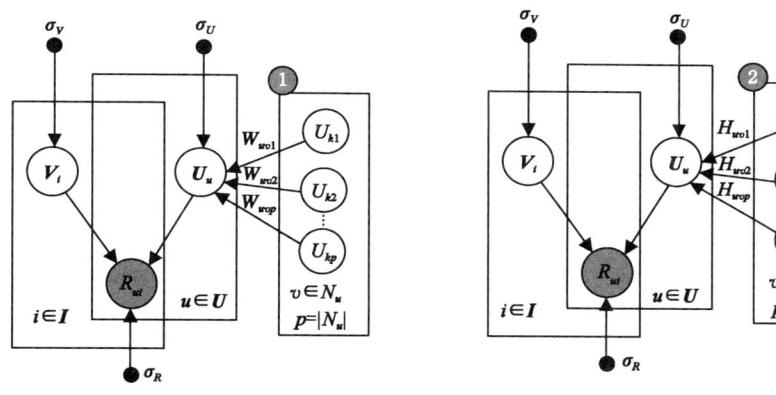

(a) 引入用户社会地位影响　　　　(b) 引入用户同质性影响

图 4-18　USSHMF 概率图模型

通过利用随机梯度下降法对上式进行优化，得到 $\boldsymbol{U}_u$ 和 $\boldsymbol{V}_i$ 的梯度为

$$\frac{\partial L}{\partial \boldsymbol{U}_u} = \sum_{i=1}^{M} I_{ui}^R g'(\boldsymbol{U}_u^{\mathrm{T}} \boldsymbol{V}_i) [g(\boldsymbol{U}_u^{\mathrm{T}} \boldsymbol{V}_i) - r_{ui}] \boldsymbol{V}_i + \lambda_U \boldsymbol{U}_u +$$

$$\lambda_W (\boldsymbol{U}_u - \sum_{v \in N_u} W_{uv}^* \boldsymbol{U}_v) - \lambda_W \sum_{u \in N_v} W_{uv}^* (\boldsymbol{U}_v - \sum_{w \in N_v} W_{vw}^* \boldsymbol{U}_w) +$$

$$\lambda_H (\boldsymbol{U}_u - \sum_{v \in N_u} H_{uv} \boldsymbol{U}_v) - \lambda_H \sum_{u \in N_v} H_{uv} (\boldsymbol{U}_v - \sum_{w \in N_v} H_{vw} \boldsymbol{U}_w) +$$

$$\beta \sum_{t \in T^+(u)} sim(u, t)(\boldsymbol{U}_u - \boldsymbol{U}_t) + \beta \sum_{p \in T^-(u)} sim(u, p)(\boldsymbol{U}_u - \boldsymbol{U}_p) \quad (4-77)$$

$$\frac{\partial L}{\partial \boldsymbol{V}_i} = \sum_{u=1}^{N} I_{ui}^R g'(\boldsymbol{U}_u^T \boldsymbol{V}_i)[g(\boldsymbol{U}_u^T \boldsymbol{V}_i) - r_{ui}]\boldsymbol{U}_u + \lambda_V \boldsymbol{V}_i + \gamma \sum_{j \in N_i} sim(i,j)(\boldsymbol{V}_i - \boldsymbol{V}_j)$$

(4-78)

式中，$T^-(u)$ 表示被用户 u_u 信任的用户集合。$sim(u,t)$ 和 $sim(u,p)$ 分别表示用户 u 和 t 的相似性、用户 u_u 和 u_p 之间的相似性，可通过式(2-18)得到。

用户和项目的隐特征向量 $\boldsymbol{U}_u$ 和 $\boldsymbol{V}_i$ 可通过下式更新得到：

$$\boldsymbol{U}_u^{(t+1)} = \boldsymbol{U}_u^{(t)} - \eta \frac{\partial L(t)}{\partial \boldsymbol{U}_u}$$

$$\boldsymbol{V}_i^{(t+1)} = \boldsymbol{V}_i^{(t)} - \eta \frac{\partial L(t)}{\partial \boldsymbol{V}_i} \qquad (4-79)$$

式中，η 是学习率。

融合用户社会地位和同质性的推荐算法描述如下：

算法4.1 融合用户社会地位和同质性的推荐算法（USSHMF）

Input：用户集 $U = \{u_1, u_2, \cdots, u_N\}$，项目集 $V = \{v_1, v_2, \cdots, v_M\}$，用户-项目评分矩阵 $\boldsymbol{R}$，社交信任关系矩阵 $\boldsymbol{W}$，用户-标签集 L.
初始化：$\boldsymbol{U}_u^{(0)}$，$\boldsymbol{V}_i^{(0)}$，$t=0$，迭代次数 $maxIter$，阈值 $threshold$.
Output：用户-项目评分矩阵 $\boldsymbol{R}$，用户特征向量 $\boldsymbol{U}_u^{(*)}$，项目特征向量 $\boldsymbol{V}_i^{(*)}$.
1　建立带用户社会地位的社交矩阵 $\boldsymbol{W}$.
2　for $i=1$ to N
3　　for $j=1$ to N
4　　　if $W_{ij} \notin \phi$ then
5　　　　利用式(4-59)计算 W_{ij}.
6　　　end if
7　　end for
8　end for
9　建立用户社会同质性矩阵 $\boldsymbol{H}$.
10　for $i=1$ to N
11　　for $j=1$ to N
12　　　if $H_{ij} \notin \phi$
13　　　　利用式(4-66)计算 H_{ij}.
14　　　end if
15　　end for
16　end for

```
17    while t < maxIter
18        L_old ← L;
19        计算 ∂L(t)/∂U_u 和 ∂L(t)/∂V_i;
20        计算 U_u^(t+1) = U_u^(t) - η ∂L(t)/∂U_u 和 V_i^(t+1) = V_i^(t) - η ∂L(t)/∂V_i;
21        按照式(4-76)更新 L.
22        if |L - L_old| < threshold  then
23            break;
24        end if
25        t ← t + 1;
26    end while
27    输出 U_u^(*), V_i^(*);
28    预测缺失评分.
```

通过用户-项目评分矩阵 $\boldsymbol{R}$ 和用户之间的信任关系,我们可得到具有社会地位的用户信任关系矩阵 $\boldsymbol{W}$。用户同质性矩阵 $\boldsymbol{H}$ 可通过 TF-IDF 分析用户的个体特征和标签相似性获得。按照得到的 $\boldsymbol{R}$,$\boldsymbol{W}$ 和 $\boldsymbol{H}$,使用社交矩阵模型 USSHMF 可训练和优化得到用户特征空间向量 $\boldsymbol{U}_u$ 和项目特征向量 $\boldsymbol{V}_i$。最后通过 $\boldsymbol{U}_u$ 和 $\boldsymbol{V}_i$ 对缺失评分进行预测。

4.4.3 基于用户多兴趣挖掘的混合推荐方法

为了获得准确用户特征和项目特征,受文献[5,10,11,13,32,40]的启发,本节利用增强的社交矩阵分解模型 ESMF 将用户的信任关系和项目间的相似性融入矩阵分解模型中,对用户特征空间和项目特征空间进行优化,从而获得较为准确的用户特征和项目特征,以避免数据稀疏导致的不准确预测。在数据非常稀疏时,为了将用户按照兴趣偏好进行准确聚类,发现用户的多兴趣偏好,提高评分预测的准确率,文献[51]结合概率潜语义分析模型和增强的社交矩阵分解技术,提出了一种基于用户多兴趣挖掘的混合推荐方法 HESMF,其推荐框架如图 4-19 所示。

推荐过程描述如下:① 考虑到用户对项目属性偏好的不同分布情况及积极、消极影响,结合项目的属性信息,利用 TF-IDF 加权技术将用户对项目的评分转换为用户对项目属性的偏好。② 基于用户对项目属性的偏好,通过 PLSA 模型对用户进行聚类,估计每个用户属于每一个聚类的概率,结合期望

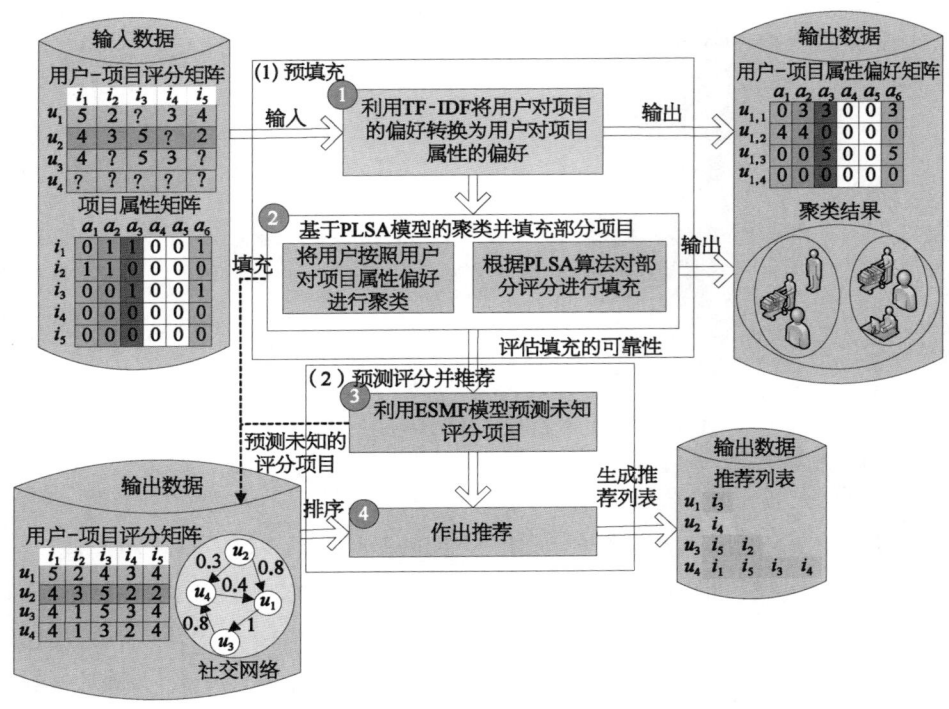

图 4-19　基于用户多兴趣挖掘的混合推荐框架

最大化算法预测部分未评分项目实现填充,并对预测的评分进行可靠性评估,从而得到一个较为稠密且具有可靠评分的矩阵。由于 PLSA 利用了高斯混合模型的思想,因此可挖掘出用户的多兴趣偏好。③ 将用户的信任关系和项目特征相似性关系引入矩阵分解模型,运用增强的社交矩阵分解方法完成评分预测任务。④ 通过将预测评分结果按照从大到小排序,候选项目被推荐给目标用户。

与文献[7,11,13,32,34,57]中社会化推荐方法的区别是,HESMF 除了考虑用户之间的社交关系,还考虑了物品间的相似性关系。现实生活中,当人们购买物品时,他们会常常考虑与该物品相似的或可替代的物品。基于此,我们将物品相似性也融入矩阵分解模型。

1) 改进的用户关系权重

一般情况下,两个用户共同评分的数量可以看作是交互关系,共同评分的用户数越多,评分越相似,说明两个用户的兴趣越接近。用户的信任网络可根据用户的信任程度和用户的相似程度建立。改进的用户关系权重定义为

$$T_{uv}^{*} = \begin{cases} \dfrac{\mid I_{uv} \mid}{\mid I_u \mid + \mid I_v \mid} \dfrac{2sim_{uv}t_{uv}}{sim_{uv}+t_{uv}} & t_{uv} \neq 0, sim_{uv} \neq 0 \\ t_{uv} & t_{uv} \neq 0, sim_{uv} = 0 \\ \dfrac{\mid I_{uv} \mid}{\mid I_u \mid + \mid I_v \mid} sim_{uv} & t_{uv} = 0 \end{cases} \quad (4-80)$$

式中，I_u 和 I_v 分别表示被用户 u_u 和 u_v 评价的项目集合，I_{uv} 表示被用户 u_u 和 u_v 共同评价的项目集合，sim_{uv} 表示用户 u_u 和 u_v 之间的相似度。

2) ESMF 算法模型

假设有 N 个用户、M 个物品，R 表示用户-项目评分矩阵，$U \in R^{d \times N}$ 和 $V \in R^{d \times M}$ 分别表示用户和项目潜在特征向量矩阵，U_u 和 V_i 分别表示相应的用户和项目潜在特征向量，d 为特征向量的维度。根据第 2 章提到的概率矩阵分解技术，可得到用户和物品的隐特征向量的后验概率分布：

$$\begin{aligned} & p(\boldsymbol{U}, \boldsymbol{V} \mid \boldsymbol{R}, \sigma_R^2, \sigma_U^2, \sigma_V^2) \propto p(\boldsymbol{R} \mid \boldsymbol{U}, \boldsymbol{V}, \sigma_R^2) p(\boldsymbol{U} \mid \sigma_U^2) p(\boldsymbol{V} \mid \sigma_V^2) \\ & = \prod_{u=1}^{N} \prod_{i=1}^{M} N[r_{ui} \mid g(\boldsymbol{U}_u^{\mathrm{T}} \boldsymbol{V}_i), \sigma_R^2]^{I_{ui}^R} \times \prod_{u=1}^{N} N(\boldsymbol{U}_u \mid 0, \sigma_U^2 \boldsymbol{I}) \times \prod_{i=1}^{M} N(\boldsymbol{V}_i \mid 0, \sigma_V^2 \boldsymbol{I}) \end{aligned}$$
(4-81)

用户隐特征矩阵 U 有两个影响因素：零均值的高斯先验分布和用户隐特征的条件分布，前者是为了避免过拟合，后者是受信任用户的影响[32]：

$$\begin{aligned} & p(\boldsymbol{U} \mid \boldsymbol{T}^*, \sigma_U^2, \sigma_T^2) \propto p(\boldsymbol{U} \mid \sigma_U^2) p(\boldsymbol{U} \mid \boldsymbol{T}^*, \sigma_T^2) \\ & = \prod_{u=1}^{N} N(\boldsymbol{U}_u \mid 0, \sigma_U^2 \boldsymbol{I}) \times \prod_{u=1}^{N} N\Big(\boldsymbol{U}_u \Big| \sum_{k \in N_u} T_{uk}^* \boldsymbol{U}_k, \sigma_T^2 \boldsymbol{I}\Big) \end{aligned} \quad (4-82)$$

通过贝叶斯推理，评分矩阵和社交信任矩阵的后验概率分布如下：

$$\begin{aligned} & p(\boldsymbol{U}, \boldsymbol{V} \mid \boldsymbol{R}, \boldsymbol{T}^*, \sigma_R^2, \sigma_U^2, \sigma_V^2, \sigma_T^2) \propto p(\boldsymbol{R} \mid \boldsymbol{U}, \boldsymbol{V}, \sigma_R^2) p(\boldsymbol{U} \mid \boldsymbol{T}^*, \sigma_T^2, \sigma_U^2) \\ & p(\boldsymbol{V} \mid \sigma_V^2) \\ & = \prod_{u=1}^{N} \prod_{i=1}^{M} [N(r_{ui} \mid g(\boldsymbol{U}_u^{\mathrm{T}} \boldsymbol{V}_i), \sigma_R^2)]^{I_{ui}^R} \times \prod_{u=1}^{N} N\Big(\boldsymbol{U}_u \mid g\Big(\sum_{k \in N_u} T_{uk}^* \boldsymbol{U}_k\Big), \sigma_T^2 \boldsymbol{I}\Big) \times \\ & \prod_{u=1}^{N} N(\boldsymbol{U}_u \mid 0, \sigma_U^2 \boldsymbol{I}) \times \prod_{i=1}^{M} N(\boldsymbol{V}_i \mid 0, \sigma_V^2 \boldsymbol{I}) \end{aligned} \quad (4-83)$$

类似的，项目相似性被引入矩阵分解模型。社交矩阵分解的目标是基于项目相似性 S 的基础上获取高质量的特征向量 V_i。令 $V \in R^{f \times M}$、$Z \in R^{f \times M}$ 分别是隐项目特征和辅助特征矩阵，其中 f 是项目的隐特征向量维度。基于观测到的项目社交网络关系的条件分布为

$$p(S \mid V, Z, \sigma_S^2) = \prod_{i=1}^{M} \prod_{j=1}^{M} \left[N(S_{ij} \mid g(V_i^T Z_j), \sigma_S^2) \right]^{I_{ui}^S} \quad (4-84)$$

式中，S_{ij} 表示项目 i_i 和项目 i_j 的相似性。基于辅助特征向量的零均值高斯先验分布为

$$p(Z \mid \sigma_Z^2) = \sum_{j=1}^{M} N(Z_j \mid 0, \sigma_Z^2 I) \quad (4-85)$$

通过以上分析，利用贝叶斯推理，给定项目相似性矩阵 S，其隐特征向量的后验概率为

$$\begin{aligned}
p(V, Z \mid S, \sigma_S^2, \sigma_V^2, \sigma_Z^2) &\propto p(S \mid V, Z, \sigma_S^2) p(V \mid \sigma_V^2) p(Z \mid \sigma_Z^2) \\
&= \prod_{i=1}^{M} \prod_{j=1}^{M} \left[N(S_{ij} \mid g(V_i^T Z_j), \sigma_S^2) \right]^{I_{ij}^S} \times \\
&\quad \prod_{i=1}^{M} N(V_i \mid 0, \sigma_V^2 I) \times \prod_{j=1}^{M} N(Z_j \mid 0, \sigma_Z^2 I)
\end{aligned} \quad (4-86)$$

根据用户-项目评分、项目相似性和用户信任关系可建立 ESMF 概率图模型如图 4-20 所示，该模型的后验概率为

$$\begin{aligned}
&p(U, V, Z \mid R, T, S, \sigma_R^2, \sigma_U^2, \sigma_V^2, \sigma_T^2, \sigma_S^2, \sigma_Z^2) \propto p(R \mid U, V, \sigma_R^2) p(S \mid V, Z, \sigma_S^2) p(U \mid T, \sigma_T^2, \sigma_U^2) p(V \mid \sigma_V^2) p(Z \mid \sigma_Z^2) \\
&= \prod_{u=1}^{N} \prod_{i=1}^{M} \left[N(r_{ui} \mid g(U_u^T V_i), \sigma_R^2) \right]^{I_{ui}^R} \times \prod_{i=1}^{M} \prod_{j=1}^{M} \left[N(S_{ij} \mid g(V_i^T Z_j), \sigma_S^2) \right]^{I_{ij}^S} \times \\
&\quad \prod_{u=1}^{N} N\Big(U_u \mid g\Big(\sum_{k \in N_u} T_{uk}^* U_k\Big), \sigma_T^2 I\Big) \times \prod_{u=1}^{N} N(U_u \mid 0, \sigma_U^2 I) \times \\
&\quad \prod_{i=1}^{M} N(V_i \mid 0, \sigma_V^2 I) \times \prod_{j=1}^{M} N(Z_j \mid 0, \sigma_Z^2 I)
\end{aligned} \quad (4-87)$$

对上面的后验概率取对数，固定其观测到的噪声偏差和先验偏差，最大化用户和项目隐特征等价于下面的目标函数：

第 4 章 基于社交关系的矩阵分解推荐算法

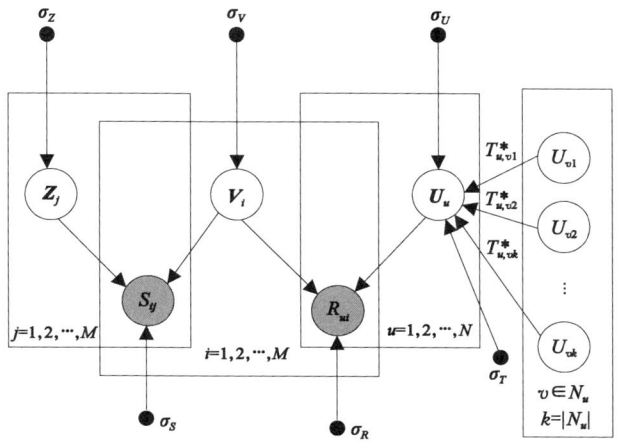

图 4-20 ESMF 模型的概率图

$$L(\boldsymbol{R},\boldsymbol{U},\boldsymbol{V},\boldsymbol{T},\boldsymbol{Z},\boldsymbol{S}) = \frac{1}{2}\sum_{u=1}^{N}\sum_{i=1}^{M}[r_{ui} - g(\boldsymbol{U}_u^{\mathrm{T}}\boldsymbol{V}_i)]^2 +$$

$$\frac{\lambda_S}{2}\sum_{i=1}^{M}\sum_{j=1}^{M}[S_{ij} - g(\boldsymbol{V}_i^{\mathrm{T}}\boldsymbol{Z}_j)]^2 +$$

$$\frac{\lambda_T}{2}\sum_{u=1}^{N}\left[\left(\boldsymbol{U}_u - \sum_{k\in N_u}T_{uk}^*\boldsymbol{U}_k\right)^{\mathrm{T}}\left(\boldsymbol{U}_u - \sum_{k\in N_u}T_{uk}^*\boldsymbol{U}_k\right)\right]+$$

$$\frac{\lambda_S}{2}\|\boldsymbol{U}\|_{\mathrm{F}}^2 + \frac{\lambda_V}{2}\|\boldsymbol{V}\|_{\mathrm{F}}^2 + \frac{\lambda_Z}{2}\|\boldsymbol{Z}\|_{\mathrm{F}}^2 \quad (4-88)$$

式中，$\lambda_T = \dfrac{\sigma_R^2}{\sigma_T^2}$，$\lambda_U = \dfrac{\sigma_R^2}{\sigma_U^2}$，$\lambda_V = \dfrac{\sigma_R^2}{\sigma_V^2}$，$\lambda_Z = \dfrac{\sigma_R^2}{\sigma_Z^2}$。$T_{uk}^*$ 表示用户 u_u 信任用户 u_k 的程度。N 和 M 分别是用户和项目的个数。通过使用函数 $f(x) = (x-1)/(max-1)$ 将 r_{ui} 的值归一化为 $[0,1]$ 区间。$\boldsymbol{U}_u$ 和 $\boldsymbol{U}_k$ 分别是用户 u_u 和 u_k 的隐特征向量，$\|\boldsymbol{U}\|_{\mathrm{F}}^2$，$\|\boldsymbol{V}\|_{\mathrm{F}}^2$ 和 $\|\boldsymbol{Z}\|_{\mathrm{F}}^2$ 分别是 $\boldsymbol{U}$，$\boldsymbol{V}$ 和 $\boldsymbol{Z}$ 的 Frobenius 2-范式。

使用随机梯度下降算法优化以上目标函数：

$$\frac{\partial L}{\partial \boldsymbol{U}_u} = \sum_{i=1}^{M} I_{ui}^R g'(\boldsymbol{U}_u^{\mathrm{T}}\boldsymbol{V}_i)[g(\boldsymbol{U}_u^{\mathrm{T}}\boldsymbol{V}_i) - r_{ui}]\boldsymbol{V}_i + \lambda_U \boldsymbol{U}_u +$$

$$\lambda_T\left(\boldsymbol{U}_u - \sum_{v\in N_u}T_{uv}^*\boldsymbol{U}_v\right) - \lambda_T \sum_{\langle v|u\in N_v\rangle} T_{vu}^*\left(\boldsymbol{U}_v - \sum_{w\in N_v}T_{vw}^*\boldsymbol{U}_w\right)$$

$$(4-89)$$

$$\frac{\partial L}{\partial \boldsymbol{V}_i} = \sum_{u=1}^{N} I_{ui}^R g'(\boldsymbol{U}_u^T \boldsymbol{V}_i)[g(\boldsymbol{U}_u^T \boldsymbol{V}_i) - r_{ui}]\boldsymbol{U}_u + \lambda_V \boldsymbol{U}_i +$$
$$\lambda_S \sum_{i=1}^{M} I_{ij}^S g'(\boldsymbol{U}_u^T \boldsymbol{V}_i)[g(\boldsymbol{U}_u^T \boldsymbol{V}_i) - S_{ij}]\boldsymbol{Z}_j \qquad (4-90)$$

$$\frac{\partial L}{\partial \boldsymbol{Z}_j} = \lambda_S \sum_{i=1}^{M} I_{ij}^S g'(\boldsymbol{Z}_j^T \boldsymbol{V}_i)[g(\boldsymbol{Z}_j^T \boldsymbol{V}_i) - S_{ij}]\boldsymbol{V}_i + \lambda_Z \boldsymbol{Z}_j \qquad (4-91)$$

式中，$g'(x)$ 是 logistic 函数的导数，即 $g'(x) = \dfrac{\mathrm{e}^{-x}}{(1+\mathrm{e}^{-x})^2}$。

混合推荐算法 HESMF 描述如下：

算法 4.2 基于用户多兴趣挖掘的混合推荐算法（HESMF）

Input：用户-项目评分矩阵 $\boldsymbol{R}$，用户社交矩阵 $\boldsymbol{T}$，k，λ_T，λ_S，λ_Z，学习率 α，迭代次数 $maxIter$，阈值 $threshold$；
Output：用户隐特征矩阵 $\boldsymbol{U}$ 和项目隐特征矩阵 $\boldsymbol{V}$.
1 初始化 α，λ_T，λ_S，λ_Z，k，$\boldsymbol{U}$ 和 $\boldsymbol{V}$；
2 将用户对项目的评分转换为用户对项目属性的偏好；
3 预测部分评分；
4 计算预测评分的可靠性，去除不可靠的评分；
5 **while** $t < maxIter$
6    $L_{old} \leftarrow L$；
7   **for** $r_{ij} \in R$ **do**
8   根据式(4-89)更新 $\boldsymbol{U}_u \leftarrow \boldsymbol{U}_u - \alpha \dfrac{\partial L}{\partial \boldsymbol{U}_u}$
9   根据式(4-90)更新 $\boldsymbol{V}_i \leftarrow \boldsymbol{V}_i - \alpha \dfrac{\partial L}{\partial \boldsymbol{V}_i}$
10   根据式(4-91)更新 $\boldsymbol{Z}_j \leftarrow \boldsymbol{Z}_j - \alpha \dfrac{\partial L}{\partial \boldsymbol{Z}_j}$
11   **end for**
12   按照式(4-88)更新 L；
13   **if** $|L - L_{old}| < threshold$ **then**
14   break；
15   **end if**
16   $t \leftarrow t + 1$；
17 **end while**
18 输出 $\boldsymbol{U}$，$\boldsymbol{V}$ 和 $\boldsymbol{Z}$；
19 根据式(2-3)完成评分预测.

4.4.4 基于社交关系上下文的推荐方法

由于用户的社会化性质,其社交关系上下文即社交网络中的用户间的连接情况除了存在直接的社交关系外,还存在间接的社交关系,它隐式地反映了用户间的信任程度和用户对项目的偏好。文献[35]从社交关系上下文角度分析用户认知行为对用户偏好的影响,通过从影响用户认知行为的主要因素出发建立社交因子增强模型,将用户信任关系、用户兴趣相似性和项目相似性等影响因素融入矩阵分解模型,提出了一种基于社交关系上下文的社会化推荐方法 EnSocialMF。

1) 推荐框架

EnSocialMF 框架结构如图 4-21 所示。主要推荐过程为:① 根据用户认知行为理论,利用用户-项目评分、用户信任关系和社会标签分别提取用户共同关注项目交互关系和用户交互偏好关系。② 根据社交关系传播理论构建基于社交关系传播增强、共同用户关注关系增强、共同兴趣的增强模型。

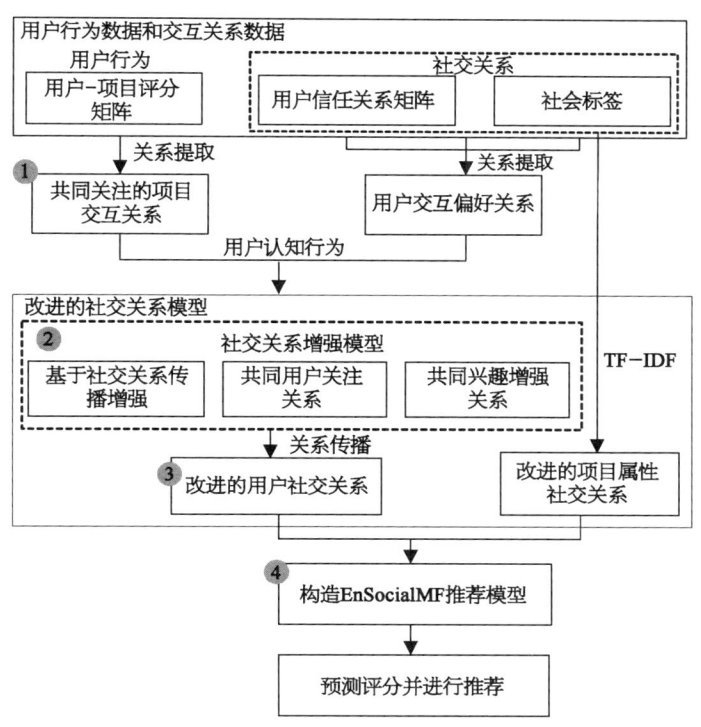

图 4-21 EnSocialMF 推荐框架

③ 基于以上模型可获得改进的用户社交关系,并通过 TF‑IDF 获得改进的项目社交关系权重。④ 将以上社交关系增强模型融入矩阵分解过程,建立 EnSocialMF 推荐模型,从而完成评分预测和推荐任务。

2) 社交关系增强模型

在真实的社交环境当中,社交关系数据是非常稀疏的,且服从长尾分布,难以满足推荐系统的实际需要。通过度量社交关系强度以缓解社交关系的稀疏性,从而提高推荐质量。社交关系度(social relationship degree)反映了任意两个用户间的社交关系紧密程度[17]。受到文献[11,54,60]的启发,在文献[9,10,25,30,33]的基础上,根据信任传播理论,将社交关系因子与用户信任关系结合,提出一种基于社交因子的社交关系增强方法,并将改进的社交关系融入推荐模型中。

定义 4 社交因子(interaction factors)。用户之间的社交关系值会受到用户上下文交互信息的影响,包括用户的信任关系、伴随状态、所处的时间、地理位置和共同关注的项目个数等。这些影响因子作为交互因子会影响到用户的社交关系,此外,项目属性也是影响用户决策的社交因子。

定义 5 用户交互偏好关系(user interaction preference relationship)。用户交互偏好可从直接社交关系和间接社交关系中提取,其中直接社交关系可通过用户间的信任关系表示,间接社交关系可通过用户对项目的社会标签信息获取。用户交互偏好可描述为

$$S_{uv}^{(u\alpha)} = \frac{2B_{uv}E_{uv}}{B_{uv}+E_{uv}} \tag{4-92}$$

式中,B_{uv} 和 E_{uv} 分别表示用户 u_u 和 u_v 的直接社交关系和间接社交关系。B_{uv} 表示的直接社交关系为

$$B_{uv}^{(u\alpha)} = \frac{\sum_{k=1}^{n} t_{uk} t_{vk}}{\sqrt{\sum_{k=1}^{n} t_{uk}^2}\sqrt{\sum_{k=1}^{n} t_{vk}^2}} \tag{4-93}$$

式中,t_{uk} 和 t_{vk} 分别表示用户 u_u 和 u_v 对用户 u_k 的信任程度。用户的间接社交关系可通过用户对项目的标注信息反映,因此,用户 u_u 和 u_v 的偏好相似关系可表示为

$$E_{uv}^{(ua)} = \frac{\sum_{p=1}^{n} f_{up} f_{vp}}{\sqrt{\sum_{p=1}^{n} f_{up}^2} \sqrt{\sum_{p=1}^{n} f_{vp}^2}} \tag{4-94}$$

式中，f_{up} 和 f_{vp} 分别表示用户 u_u 和 u_v 对标签 l_p 的权重，可通过 TF‐IDF 获得。

定义 6 共同关注的项目交互关系（item interaction relationship of common concern）。两个用户关注同一个项目或相似的项目反映了他们是否都对同一个项目或相似的项目有相同的偏好兴趣，间接反映了两个用户的相互信任强度，共同关注的项目交互社会关系描述为[29~33]

$$S_{uv}^{(ic)} = \frac{2 |I_{uv}|}{|I_u| + |I_v|} \tag{4-95}$$

式中，I_u 和 I_v 分别表示被用户 u_u 和 u_v 评分的项目集合，I_{uv} 表示被用户 u_u 和 u_v 共同评分的项目集合。

为了建模更为准确的用户偏好模型，考虑到用户行为和用户社交关系客观反映了隐含的用户偏好信息，利用社交关系传播理论，结合文献[13,18,30]，得到改进的社交关系增强模型：社交关系传播增强、共同用户关系增强和共同兴趣增强。图 4‐22 描述了一个用户社交关系增强模型。

（1）社交关系传播增强（social relationship propagation enhancement）。如果 u_1，u_2 之间和 u_2，u_3 之间存在较强的双向社交关系，则增强 u_1 和 u_3 之间的社交关系值。增强社交关系时分两种情况：用户 u_1 和 u_3 之间不存在直接的社交关系和存在直接的社交关系，如图 4‐22(a)所示。改进的 u_u 对 u_v 的社交关系 $S_{uv}^{(rpe)}$ 计算如下：

$$S_{uv}^{(rpe)} = \begin{cases} \dfrac{\sum\limits_{w \in F_u^+} S_{uw} S_{wv}}{|F_u^+|} & relation(u,v) \neq 0 \\ S_{uv}\left(1 + \dfrac{\sum\limits_{w \in F_u^+} S_{uw} * S_{wv}}{|F_u^+|}\right) & 其他 \end{cases} \tag{4-96}$$

基于社交关系的个性化推荐方法

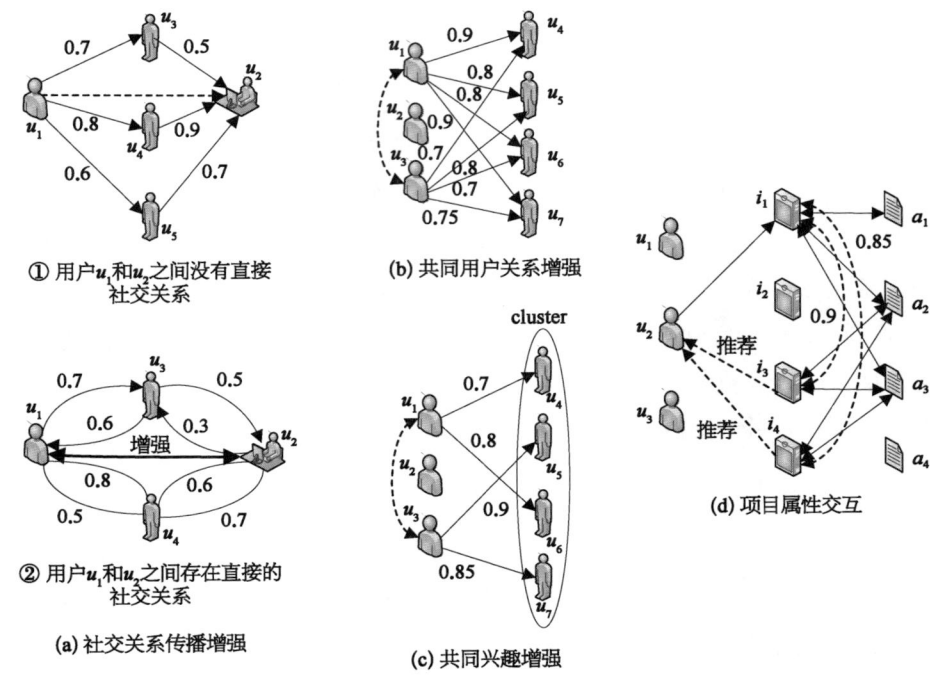

图 4-22　基于社交关系传播的增强模型

式中，$relation(u,v) \neq 0$ 表示用户 u_u 到用户 u_v 之间存在直接的社交关系，$S_{uv}^{(rpe)}$ 表示 u_u 对 u_v 的增强的社会关系，S_{uw} 和 S_{wv} 分别表示共同关注的用户属性交互或项目交互的社交关系。S_{uw} 表示 u_u 对 u_w 的社交关系，S_{wv} 表示 u_w 对 u_v 的社交关系。F_u^+ 表示与用户 u_u 具有直接近邻社交关系的用户集合。S_{uv} 描述为

$$S_{uv} = \frac{2S_{uv}^{(ua)}S_{uv}^{(ic)}}{S_{uv}^{(ua)}+S_{uv}^{(ic)}}t_{uv} \tag{4-97}$$

式中，t_{uv} 表示 u_u 对 u_v 的信任程度。

（2）共同用户关系增强（common user relationship enhancement）。如果用户 u_u 和 u_v 有许多共同用户，并且与这些用户有较强的社交关系，表明用户 u_u 和用户 u_v 也具有较强的社交关系，则 u_u 和 u_v 的社交关系应该得到增强。如图 4-22(b)所示。这里的社交关系主要是指具有共同兴趣的信任值。共同评分被认为是两个用户之间的交互。共同评分项目越多，评分越相似，他们的兴趣就会越相似。因此，基于共同用户关系增强的信任模型可定义为

$$S_{uv}^{(cpe)} = \begin{cases} S_{uv}\left(1 + \dfrac{|F_u^+|}{N-2}\sum_{w\in F_u^+}\dfrac{S_{uw}+S_{vw}}{2}\right) & relation(u,v) \neq 0 \\ \dfrac{|F_u^+|}{N-2}\sum_{w\in F_u^+}\dfrac{S_{uw}+S_{vw}}{2} & 其他 \end{cases}$$

(4-98)

式中，N 表示用户的数量。

（3）共同兴趣增强（common interest enhancement）。在社交网络中，如果两个用户 u_u 和 u_v 与同一聚类中的用户有较强的社交关系，则他们之间也具有较强的社交关系。增强的社交关系定义为

$$S_{uv}^{(cie)} = \begin{cases} \dfrac{\sum_{w\in C_{uv}}(S_{uw}+S_{vw})}{|C_u|+|C_v|} & S_{uv}=0 \\ S_{uv}\left(1+\dfrac{\sum_{w\in C_{uv}}(S_{uw}+S_{vw})}{|C_u|+|C_v|}\right) & 其他 \end{cases}$$

(4-99)

式中，C_u 和 C_v 分别表示与用户 u_u 和 u_v 具有较强的社交关系度的用户集合，C_{uv} 表示与 u_u 和 u_v 在同一个聚类中的用户集合，本节利用 GMM 模型对用户兴趣进行聚类，选择大于阈值 φ 的用户作为近邻用户。

定义 7 改进的用户社交关系（improved user social relationship）。按照以上交互因子的影响和社交关系的增强模型，综合考虑用户-项目评分和社交关系影响，得到改进的用户社交关系为

$$S_{uv} = \begin{cases} \dfrac{2sim_{uv}S_{uv}^*}{sim_{uv}+S_{uv}^*} & t_{uv} \neq 0,\ sim_{uv} \neq 0 \\ S_{uv}^* & t_{uv} \neq 0,\ sim_{uv}=0 \end{cases}$$

(4-100)

式中，S_{uv}^* 为以上 3 个增强模型之一，$S_{uv}^* = \max(S_{uv}^{(rpe)}, S_{uv}^{(cpe)}, S_{uv}^{(cie)})$。以上社交关系表示用户的朋友关系或信任关系。对于信任关系，相关性是单向的，对于朋友关系，相关性是双向的。朋友之间的关系可通过用户或项目之间的交互获得[24,54~56]。

定义 8 项目属性交互关系（item attribute interaction relationship）。对

于冷启动项目或只有很少用户评分的项目,难以根据历史评分信息提取用户的兴趣偏好,从而影响推荐质量。针对该问题,我们使用项目属性描述增强的项目相似性,同时,将对项目评价的时间间隔引入相似性计算中。用户 u_u 对项目 i_i 和 i_j 的评分时间间隔越长,i_i 和 i_j 的相似性会越小,因此,基于项目相似性的时间衰减因子 $ft(i,j)$ 计算公式为[81,82]

$$ft(i,j) = \frac{1}{1 + e^{\beta|t_{ui} - t_{uj}|}} \quad (4-101)$$

式中,t_{ui} 和 t_{uj} 分别表示用户 u_u 对项目 i_i 和 i_j 的评分时间。结合文献[28,54,112]与项目属性交互信息,获得改进的项目属性交互关系为

$$G_{ij} = \begin{cases} \dfrac{\sum_{u \in U_{ij}}(r_{ui}-\bar{r}_i)(r_{uj}-\bar{r}_j)\sum_{u \in U_{ij}}ft(i,j)}{\sqrt{\sum_{u \in U_{ij}}(r_{ui}-\bar{r}_i)^2}\sqrt{\sum_{u \in U_{ij}}(r_{uj}-\bar{r}_j)^2}Card(U_{ij})} \cdot \\ \quad \dfrac{|s_a|+\delta|s_i|}{|s_a|+\delta|s_i|+|s_d|} & |U_{ij}|>2 \\[2ex] 2\dfrac{|s_a|+\delta|s_i|}{|s_a|+\delta|s_i|+|s_d|} \cdot \dfrac{\sum_{p=1}^{n}g_{ip}g_{jp}}{\sqrt{\sum_{p=1}^{n}g_{ip}^2}\sqrt{\sum_{p=1}^{n}g_{jp}^2}} \Big/ \\[2ex] \left(\dfrac{|s_a|+\delta|s_i|}{|s_a|+\delta|s_i|+|s_d|} + \dfrac{\sum_{p=1}^{n}g_{ip}g_{jp}}{\sqrt{\sum_{p=1}^{n}g_{ip}^2}\sqrt{\sum_{p=1}^{n}g_{jp}^2}}\right) & 其他 \end{cases}$$

$$(4-102)$$

式中,G_{ij} 表示项目 i_i 和 i_j 的相似性,$\bar{r}_i$ 和 $\bar{r}_j$ 表示集合 U_{ij} 中对项目 i_i 和 i_j 的平均评分。U_{ij} 表示用户对项目 i_i 和 i_j 的评分的用户集合。s_a、s_i 和 s_d 分别表示具有 same、similar 和 dissimilar 特征的项目属性集合。g_{ip} 和 g_{jp} 分别表示项目 i_i 和 i_j 对标签 l_p 的权重。

3)EnSocialMF 算法模型

本节提出一种基于社交关系上下文的矩阵分解推荐方法,将用户信任关

系、兴趣圈偏好和项目社交关系集成到矩阵分解模型,以解决推荐系统中的数据稀疏性和冷启动问题,其概率图模型如图 4-23 所示。其中,兴趣圈偏好的思想建立在用户隐特征向量与其朋友的隐特征向量相似的基础上[1,12],通过分别构造用户和项目的社交关系,利用社交关系将用户特征向量映射到一个低秩的空间,从而获取用户之间的偏好兴趣相似性。基于假设:用户的偏好会受其朋友的社交关系影响,相似的项目其特征必定相似,利用信任关系、项目社交关系可获取隐特征向量矩阵 U 和 V。

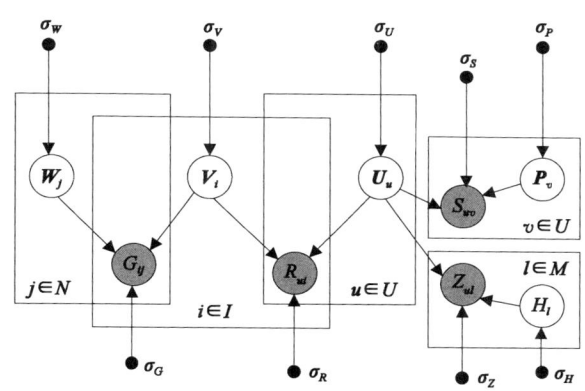

图 4-23 基于社交关系上下文推荐算法的概率图模型

使用矩阵分解算法去分解社交网络矩阵 S,得到用户的潜在的特征向量矩阵 U 和另一个辅助的矩阵 P。在可观测的社交网络关系中,可得到用户的条件分布:

$$p(S \mid P, U, \sigma_S^2) = \prod_{u=1}^{N} \prod_{v=1}^{N} \left[N(S_{uv} \mid g(U_u^T P_v), \sigma_S^2) \right]^{I_{uv}^S} \quad (4-103)$$

按照贝叶斯推理,可得到以下公式:

$$p(U, V, P \mid R, S, \sigma_R^2, \sigma_S^2, \sigma_U^2, \sigma_V^2, \sigma_P^2) \propto p(R \mid U, V, \sigma_R^2) p(S \mid U, P, \sigma_S^2) p(U \mid \sigma_U^2) p(V \mid \sigma_V^2) p(P \mid \sigma_P^2)$$

$$= \prod_{u=1}^{N} \prod_{i=1}^{M} \left[N(r_{ui} \mid g(U_u^T V_i), \sigma_R^2) \right]^{I_{ui}^R} \times \prod_{u=1}^{N} \prod_{v=1}^{N} \left[N(S_{uv} \mid g(U_u^T P_v), \sigma_S^2) \right]^{I_{uv}^S}$$

$$= \prod_{u=1}^{N} N(U_u \mid 0, \sigma_U^2 I) \times \prod_{i=1}^{M} N(V_i \mid 0, \sigma_V^2 I) \times \prod_{v=1}^{N} N(P_v \mid 0, \sigma_P^2 I) \quad (4-104)$$

基于社交关系的个性化推荐方法

受到文献[5,10,13,25]的启发,将用户兴趣相似性,用户-项目评分信息和项目属性引入矩阵分解模型:

$$p(\boldsymbol{Z} \mid \boldsymbol{C}, \boldsymbol{U}, \sigma_Z^2) = \prod_{u=1}^{N} \prod_{l=1}^{N} [N(Z_{ul} \mid g(\boldsymbol{U}_u^T \boldsymbol{H}_l), \sigma_Z^2)]^{I_{ul}^Z}$$

$$p(\boldsymbol{G} \mid \boldsymbol{V}, \boldsymbol{W}, \sigma_R^2) = \prod_{i=1}^{M} \prod_{j=1}^{M} [N(G_{ij} \mid g(\boldsymbol{V}_i^T \boldsymbol{W}_j), \sigma_G^2)]^{I_{ij}^G} \quad (4-105)$$

式中,Z_{ul} 表示用户 u_u 和 u_l 的兴趣相似值,G_{ij} 表示项目的交互关系,$\boldsymbol{W}$ 表示根据 $\boldsymbol{G}$ 分解得到的项目辅助向量矩阵。$\boldsymbol{H}$ 表示根据 $\boldsymbol{Z}$ 矩阵分解得到的用户辅助向量矩阵。按照贝叶斯推理,利用用户-项目评分矩阵和社交信任矩阵可获得隐特征向量的后验概率:

$$p(\boldsymbol{U}, \boldsymbol{V}, \boldsymbol{P}, \boldsymbol{W}, \boldsymbol{H} \mid \boldsymbol{R}, \boldsymbol{S}, \boldsymbol{Z}, \boldsymbol{G}, \sigma_R^2, \sigma_Z^2, \sigma_S^2, \sigma_U^2, \sigma_V^2, \sigma_P^2, \sigma_W^2, \sigma_G^2) \propto$$
$$p(\boldsymbol{R} \mid \boldsymbol{U}, \boldsymbol{V}, \sigma_R^2) p(\boldsymbol{S} \mid \boldsymbol{U}, \boldsymbol{P}, \sigma_S^2) p(\boldsymbol{Z} \mid \boldsymbol{U}, \boldsymbol{H}, \sigma_Z^2) p(\boldsymbol{G} \mid \boldsymbol{V}, \boldsymbol{W}, \sigma_G^2) p(\boldsymbol{U} \mid \sigma_U^2)$$
$$p(\boldsymbol{V} \mid \sigma_V^2) p(\boldsymbol{P} \mid \sigma_P^2) p(\boldsymbol{H} \mid \sigma_H^2) p(\boldsymbol{W} \mid \sigma_W^2)$$
$$= \prod_{u=1}^{N} \prod_{i=1}^{M} [N(r_{ui} \mid g(\boldsymbol{U}_u^T \boldsymbol{V}_i), \sigma_R^2)]^{I_{ui}^R} \times \prod_{u=1}^{N} \prod_{v=1}^{N} [N(S_{uv} \mid g(\boldsymbol{U}_u^T \boldsymbol{P}_v), \sigma_S^2)]^{I_{uv}^S} \times$$
$$\prod_{u=1}^{N} \prod_{l=1}^{N} [N(Z_{ul} \mid g(\boldsymbol{U}_u^T \boldsymbol{H}_l), \sigma_Z^2)]^{I_{ul}^Z} \times \prod_{i=1}^{M} \prod_{j=1}^{M} [N(G_{ij} \mid g(\boldsymbol{V}_i^T \boldsymbol{W}_j), \sigma_G^2)]^{I_{ij}^G} \times$$
$$\prod_{v=1}^{N} N(\boldsymbol{P}_v \mid 0, \sigma_P^2 \boldsymbol{I}) \times \prod_{l=1}^{N} N(\boldsymbol{H}_l \mid 0, \sigma_H^2 \boldsymbol{I}) \times \prod_{j=1}^{M} N(\boldsymbol{W}_j \mid 0, \sigma_W^2 \boldsymbol{I}) \times$$
$$\prod_{u=1}^{N} N(\boldsymbol{U}_u \mid 0, \sigma_U^2 \boldsymbol{I}) \times \prod_{i=1}^{M} N(\boldsymbol{V}_i \mid 0, \sigma_V^2 \boldsymbol{I}) \quad (4-106)$$

于是,对以上公式取对数,可得到以下目标函数:

$$\ln p(\boldsymbol{U}, \boldsymbol{V}, \boldsymbol{P}, \boldsymbol{W}, \boldsymbol{H} \mid \boldsymbol{R}, \boldsymbol{S}, \boldsymbol{Z}, \boldsymbol{G}, \sigma_R^2, \sigma_Z^2, \sigma_S^2, \sigma_U^2, \sigma_V^2, \sigma_P^2, \sigma_W^2, \sigma_G^2)$$
$$= -\frac{1}{2\sigma_R^2} \sum_{u=1}^{N} \sum_{i=1}^{M} I_{ui}^R [r_{ui} - g(\boldsymbol{U}_u^T \boldsymbol{V}_i)]^2 - \frac{1}{2\sigma_S^2} \sum_{u=1}^{N} \sum_{v=1}^{N} I_{uv}^S [S_{uv} - g(\boldsymbol{U}_u^T \boldsymbol{P}_v)]^2 -$$
$$\frac{1}{2\sigma_Z^2} \sum_{u=1}^{N} \sum_{l=1}^{N} I_{ul}^Z [Z_{ul} - g(\boldsymbol{U}_u^T \boldsymbol{H}_l)]^2 - \frac{1}{2\sigma_G^2} \sum_{i=1}^{M} \sum_{j=1}^{M} I_{ij}^G [G_{ij} - g(\boldsymbol{V}_i^T \boldsymbol{W}_j)]^2 -$$
$$\frac{1}{2\sigma_U^2} \sum_{u=1}^{N} \boldsymbol{U}_u^T \boldsymbol{U}_u - \frac{1}{2\sigma_V^2} \sum_{i=1}^{M} \boldsymbol{V}_i^T \boldsymbol{V}_i - \frac{1}{2\sigma_P^2} \sum_{v=1}^{N} \boldsymbol{P}_v^T \boldsymbol{P}_v - \frac{1}{2\sigma_H^2} \sum_{l=1}^{N} \boldsymbol{H}_l^T \boldsymbol{H}_l -$$
$$\frac{1}{2\sigma_W^2} \sum_{j=1}^{M} \boldsymbol{W}_j^T \boldsymbol{W}_j - \frac{1}{2} \left(\sum_{u=1}^{N} \sum_{i=1}^{M} I_{ui}^R \right) \ln \sigma_R^2 - \frac{1}{2} \left(\sum_{u=1}^{N} \sum_{v=1}^{N} I_{uv}^S \right) \ln \sigma_S^2 -$$

$$\frac{1}{2}(\sum_{u=1}^{N}\sum_{l=1}^{N}I_{ul}^{Z})\ln\sigma_{Z}^{2}-\frac{1}{2}(\sum_{i=1}^{M}\sum_{j=1}^{M}I_{ij}^{G})\ln\sigma_{G}^{2}-$$
$$\frac{1}{2}(Nd\ln\sigma_{G}^{2}+Md\ln\sigma_{V}^{2}+Nd\ln\sigma_{P}^{2}+Md\ln\sigma_{W}^{2})+C \qquad (4-107)$$

式中,d 是隐特征向量的维度。

4) 引入约束条件

为了避免过拟合,通过加入以下社交正则化约束条件使学习到的用户特征更加准确。

$$\frac{\beta}{2}\sum_{u=1}^{N}\sum_{v\in F^{+}(u)}S_{uv}\|\boldsymbol{U}_{u}-\boldsymbol{U}_{v}\|_{\mathrm{F}}^{2}+\frac{\gamma}{2}\sum_{u=1}^{N}\sum_{v\in F^{+}(u)}Z_{uv}\|\boldsymbol{U}_{u}-\boldsymbol{U}_{v}\|_{\mathrm{F}}^{2} \qquad (4-108)$$

式中,$\beta>0$ 且 $\gamma>0$。式(4-108)通过使用社交关系和用户兴趣偏好关系来约束用户特征向量。如果两个用户之间的社交关系越接近,则他们的特征向量差距应该越小;否则他们的特征向量的差距应该越大。

5) 参数学习

保持参数固定,最大化两个隐特征向量 $\boldsymbol{U}$ 和 $\boldsymbol{V}$ 可被看作是一个非约束的优化问题,最大化式(4-107)被转化为最小化下式:

$$\begin{aligned}&L(\boldsymbol{R},\boldsymbol{U},\boldsymbol{V},\boldsymbol{P},\boldsymbol{W},\boldsymbol{H},\boldsymbol{S},\boldsymbol{Z},\boldsymbol{G})\\&=\frac{1}{2}\sum_{u=1}^{N}\sum_{i=1}^{M}I_{ui}^{R}[r_{ui}-g(\boldsymbol{U}_{u}^{\mathrm{T}}\boldsymbol{V}_{i})]^{2}+\frac{\lambda_{S}}{2}\sum_{u=1}^{N}\sum_{v=1}^{N}I_{uv}^{S}[S_{uv}-g(\boldsymbol{U}_{u}^{\mathrm{T}}\boldsymbol{P}_{v})]^{2}+\\&\frac{\lambda_{Z}}{2}\sum_{u=1}^{N}\sum_{l=1}^{N}I_{ul}^{Z}[Z_{ul}-g(\boldsymbol{U}_{u}^{\mathrm{T}}\boldsymbol{H}_{l})]^{2}+\frac{\lambda_{G}}{2}\sum_{i=1}^{M}\sum_{j=1}^{M}I_{ij}^{G}[G_{ij}-g(\boldsymbol{V}_{i}^{\mathrm{T}}\boldsymbol{W}_{j})]^{2}+\\&\frac{\beta}{2}\sum_{u=1}^{N}\sum_{v\in F^{+}(u)}S_{uv}\|\boldsymbol{U}_{u}-\boldsymbol{U}_{v}\|_{\mathrm{F}}^{2}+\frac{\gamma}{2}\sum_{u=1}^{N}\sum_{v\in F^{+}(u)}Z_{uv}\|\boldsymbol{U}_{u}-\boldsymbol{U}_{v}\|_{\mathrm{F}}^{2}+\\&\frac{\lambda_{U}}{2}\|\boldsymbol{U}\|_{\mathrm{F}}^{2}+\frac{\lambda_{V}}{2}\|\boldsymbol{V}\|_{\mathrm{F}}^{2}+\frac{\lambda_{P}}{2}\|\boldsymbol{P}\|_{\mathrm{F}}^{2}+\frac{\lambda_{H}}{2}\|\boldsymbol{H}\|_{\mathrm{F}}^{2}+\frac{\lambda_{W}}{2}\|\boldsymbol{W}\|_{\mathrm{F}}^{2}\end{aligned}$$
$$(4-109)$$

式中,$\lambda_{U}=\dfrac{\sigma_{R}^{2}}{\sigma_{U}^{2}}$,$\lambda_{V}=\dfrac{\sigma_{R}^{2}}{\sigma_{V}^{2}}$,$\lambda_{P}=\dfrac{\sigma_{R}^{2}}{\sigma_{P}^{2}}$,$\lambda_{Z}=\dfrac{\sigma_{R}^{2}}{\sigma_{Z}^{2}}$,$\lambda_{G}=\dfrac{\sigma_{R}^{2}}{\sigma_{G}^{2}}$,$\|\cdot\|_{\mathrm{F}}^{2}$ 表示

基于社交关系的个性化推荐方法

Frobenius 范式。

对于式(4-109)的目标函数,通过对所有观测到的变量 U_u,V_i,P_v,H_l 和 W_j 执行随机梯度下降:

$$\frac{\partial L}{\partial \boldsymbol{U}_u} = \sum_{i=1}^{M} I_{ui}^R g'(\boldsymbol{U}_u^T \boldsymbol{V}_i)[g(\boldsymbol{U}_u^T \boldsymbol{V}_i) - r_{ui}]\boldsymbol{V}_i + \lambda_U \boldsymbol{U}_u +$$

$$\lambda_S \sum_{v=1}^{N} I_{uv}^S g'(\boldsymbol{U}_u^T \boldsymbol{P}_v)[g(\boldsymbol{U}_u^T \boldsymbol{P}_v) - S_{uv}]\boldsymbol{P}_v +$$

$$\lambda_Z g'(\boldsymbol{U}_u^T \boldsymbol{H}_l)[g(\boldsymbol{U}_u^T \boldsymbol{H}_l) - Z_{ul}]\boldsymbol{H}_l +$$

$$\beta \sum_{v \in F^+(u)} S_{uv}(\boldsymbol{U}_u - \boldsymbol{U}_v) + \gamma \sum_{v \in F^+(u)} Z_{uv}(\boldsymbol{U}_u - \boldsymbol{U}_v) \quad (4-110)$$

$$\frac{\partial L}{\partial \boldsymbol{P}_v} = \lambda_S \sum_{u=1}^{N} I_{uv}^S g'(\boldsymbol{U}_u^T \boldsymbol{P}_v)[g(\boldsymbol{U}_u^T \boldsymbol{P}_v) - S_{uv}]\boldsymbol{U}_u + \lambda_V \boldsymbol{P}_v \quad (4-111)$$

$$\frac{\partial L}{\partial \boldsymbol{V}_i} = \sum_{i=1}^{N} I_{ui}^R g'(\boldsymbol{U}_u^T \boldsymbol{V}_i)[g(\boldsymbol{U}_u^T \boldsymbol{V}_i) - r_{ui}]\boldsymbol{U}_u + \lambda_U \boldsymbol{U}_i +$$

$$\lambda_G \sum_{j=1}^{M} I_{ij}^S g'(\boldsymbol{V}_i^T \boldsymbol{W}_j)[g(\boldsymbol{V}_i^T \boldsymbol{W}_j) - G_{ij}]\boldsymbol{W}_j \quad (4-112)$$

$$\frac{\partial L}{\partial \boldsymbol{H}_l} = \lambda_Z \sum_{u=1}^{N} I_{ul}^Z g'(\boldsymbol{U}_u^T \boldsymbol{H}_l)[g(\boldsymbol{U}_u^T \boldsymbol{H}_l) - Z_{ul}]\boldsymbol{U}_u + \lambda_H \boldsymbol{H}_l \quad (4-113)$$

$$\frac{\partial L}{\partial \boldsymbol{W}_j} = \lambda_G \sum_{i=1}^{M} I_{ij}^G g'(\boldsymbol{V}_i^T \boldsymbol{W}_j)[g(\boldsymbol{V}_i^T \boldsymbol{W}_j) - G_{ij}]\boldsymbol{V}_i + \lambda_W \boldsymbol{W}_j \quad (4-114)$$

基于社交关系上下文的社会化推荐方法描述如下:

算法 4.3 基于社交关系上下文的推荐算法(EnSocialMF)

Input:初始化 $\boldsymbol{U}_u^{(0)}$,$\boldsymbol{V}_i^{(0)}$,ε,$t=0$,迭代次数 $maxIter$.
Output:$\boldsymbol{U}_u^{(*)}$,$\boldsymbol{V}_i^{(*)}$.
1 初始化 $\boldsymbol{U}$,$\boldsymbol{V}$,$\boldsymbol{P}$,$\boldsymbol{H}$ 和 $\boldsymbol{W}$;
2 利用式(4-100)得到 $\boldsymbol{S}$;
3 利用皮尔逊相关系数得到 $\boldsymbol{Z}$;
4 利用式(4-102)得到 $\boldsymbol{G}$;
5 while $t < maxIter$
6    $L_{old} \leftarrow L$;
7   计算 $\dfrac{\partial L(t)}{\partial \boldsymbol{U}_u}$,$\dfrac{\partial L(t)}{\partial \boldsymbol{V}_i}$,$\dfrac{\partial L(t)}{\partial \boldsymbol{P}_v}$,$\dfrac{\partial L(t)}{\partial \boldsymbol{H}_l}$ 和 $\dfrac{\partial L(t)}{\partial \boldsymbol{W}_j}$;

8   计算 $\boldsymbol{U}_u^{(t+1)} = \boldsymbol{U}_u^{(t)} - \eta \dfrac{\partial L(t)}{\partial \boldsymbol{U}_u}$ 和 $\boldsymbol{V}_i^{(t+1)} = \boldsymbol{V}_i^{(t)} - \eta \dfrac{\partial L(t)}{\partial \boldsymbol{V}_i}$；

9   按照式(4-109)更新 L；

10   **if** $|L - L_{old}| < threshold$ **then**

11   break；

12   **end if**

13   $t \leftarrow t + 1$；

14 **end while**

15 输出 $\boldsymbol{U}_u^{(*)}, \boldsymbol{V}_i^{(*)}$；

16 预测评分。

4.5 基于社交关系预测反馈机制的推荐算法

  融合用户信任、朋友和社会标签等影响因子的社会化推荐方法在一定程度上缓解了数据稀疏和冷启动问题，但用户之间的社交关系极为稀疏且复杂多样，难以准确建模，从而影响推荐系统的性能。为了准确建模社交关系，提高推荐性能，一些基于用户-项目评分、用户信任关系等显式和社会标签等隐式的社交关系预测和反馈机制的推荐方法被提出，一方面缓解了数据稀疏和冷启动带来的推荐不准确，另一方面避免单一的人工构建社交关系不准确影响推荐性能。基于社交关系预测和反馈机制通过利用以上社交关系将用户特征和项目特征分别映射到共享的特征空间，通过用户和项目潜在的特征向量获取用户相似性和项目相似性，并对其不断训练，以获取准确的相似性关系，从而提高推荐性能。

4.5.1 研究动机

  在社交矩阵分解推荐算法模型中，大部分推荐算法主要是根据显式和隐式的社交关系、用户评分等信息估计出用户之间的信任值，然后建立社交矩阵分解模型，以预测用户评分进行推荐。虽然这些方法考虑了社交网络中用户与项目间存在的多种社交关系，根据已有的社交关系度量隐含的社交关系以缓解数据稀疏问题，获得用户和项目潜在特征向量，从而提高推荐的性能。然而，面对复杂的网络结构和社交关系，直接度量社交关系易导致估计的用户偏好与真实的用户偏好模型存在偏差，若偏差较大会严重影响到推荐的质量。

图4-24(a)和(b)分别描述了利用信任关系对项目的评分预测过程及社交网络中存在的用户信任关系结构。例如,在图4-24(a)中,已知用户u_2对项目i_2的评分为5,由于u_1对u_2的信任值为0.6,根据信任传播理论,可得到用户u_1对项目i_2的评分为3。在图4-24(b)中,用户u_1通过u_2的连接与用户u_3存在间接的信任关系,又通过u_2、u_6与u_3产生信任关系,同时u_1和u_3又都与u_4具有直接的信任关系。图4-24表明我们可根据用户信任传播理论和用户信任关系预测未知项目的评分。与此同时,社交网络中用户之间存在着复杂的社交关系,且各种社交关系相互影响,因此,直接度量这种复杂社交关系难以精确建模用户之间真实的社交关系,从而影响推荐性能。近年来,国内外一些学者将用户的社交关系、社会标签、用户个人兴趣等影响因子融入推荐模型,以提高推荐质量[6,10,12,14,15,19,25,31]。以上方法通过将用户评分信息和社交关系映射到共享的用户特征空间和项目特征空间以提高预测的准确性,虽然在一定程度上缓解了评分数据稀疏带来的推荐不准确问题,但在通过近邻关系度量用户特征时,缺乏对用户社交关系的进一步训练以获取准确的相似性关系,从而使通过近邻用户获得的偏好模型可能与真实的用户偏好模型存在偏差,致使提高推荐的准确率的幅度有限。近年来,一些关于用户信任关系的预测研究方法相继被提出[7,10,13,14,17,18,30,34],但目前很少有研究将用户社交关系预测成果应用于推荐模型中。

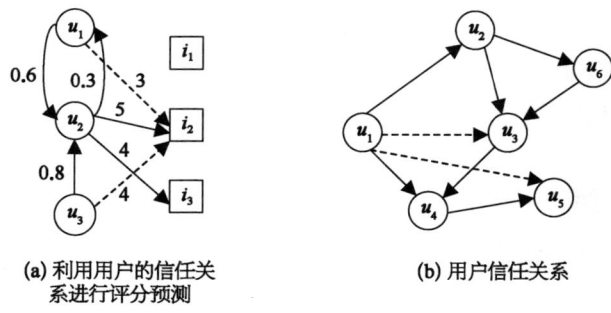

(a) 利用用户的信任关系进行评分预测　　(b) 用户信任关系

图4-24　社交网络中用户之间复杂的交互关系

文献[5]利用矩阵分解技术,通过综合加权集成用户和相似朋友对未知项目的近似评分完成推荐。文献[14]认为用户特征由其信任者和被信任者构成,利用矩阵分解技术对信任关系进行分析,获取用户的信任者和被信任者特征,从而对未知信任关系进行预测,从而实现评分预测并进行推荐。文献[5,

25]将用户评分和社会标签结合,提出一种改进的基于近邻相似性的矩阵分解方法,提高了推荐的准确性,但该方法未考虑到显式的信任关系影响和直接度量社交关系的不准确性问题。文献[57]通过显式的用户评分和信任关系获取用户隐含相似性,以获取较为准确的用户特征,从而提高推荐准确性。该方法在一定程度上提高了预测准确性,但未考虑到极度稀疏的用户信任关系对用户社交关系的消极影响和用户-项目的隐式评价(如社会标签)及项目社交关系的近似关系估计对推荐质量的积极影响。

4.5.2 社交关系度量和预测方法

1) 社交关系度量方法

无论是基于内存的社会化推荐方法,还是基于社交矩阵分解的推荐方法,一般是直接利用显式的信任关系或通过社交关系度量方法得到信任关系,再将其运用到推荐模型中。对于矩阵分解算法来说,大多数方法是将显式的信任关系值或隐式的信任关系值融入矩阵分解过程,隐式的信任关系值是通过公式(4-55)获得。文献[6]提出的 SoRec 社交推荐模型使用的用户 u 和用户 v 社交关系通过下式获得:

$$S_{uv} = S_{uv}\sqrt{\frac{d_v^-}{d_u^+ + d_v^-}} \tag{4-115}$$

式中,d_u^+ 是用户 u 的出度,即用户 u 所信任用户的数量,d_v^- 是用户 v 的入度,即信任用户 v 的用户数量。

文献[67]提出的 MoleTrust 模型为了计算非直接关联关系的用户信任程度,通过直接信任关系的关系得到:

$$S_{uv} = \frac{\sum_{w \in F_v^-} S_{uw} S_{uw}}{\sum_{w \in F_v^-} S_{uw}} \tag{4-116}$$

文献[73]提出的 TidalTrust 模型定义的用户 u 和 v 之间的信任关系值为

$$S_{uv} = \frac{\sum_{w \in F_u^+} S_{uw} S_{wv}}{\sum_{w \in F_u^+} S_{uw}} \tag{4-117}$$

基于社交关系的个性化推荐方法

文献[14]从信任者和被信任者两个角度建模的信任感知推荐模型涉及信任关系度量,其中,信任者角度度量的用户 i 和用户 j 的信任值为

$$C_{ij}^{W}=\frac{\sum_{k=1}^{N}S_{ik}S_{jk}}{\sqrt{\sum_{k=1}^{N}\sum S_{ik}^{2}}\sqrt{\sum_{k=1}^{N}\sum S_{jk}^{2}}} \qquad (4-118)$$

从被信任者角度度量的用户 i 和用户 j 的信任值为

$$C_{ij}^{E}=\frac{\sum_{k=1}^{N}S_{ki}S_{kj}}{\sqrt{\sum_{k=1}^{N}\sum S_{ki}^{2}}\sqrt{\sum_{k=1}^{N}\sum S_{kj}^{2}}} \qquad (4-119)$$

文献[74]基于用户可能会信任不同领域的不同朋友圈的思想,提出了一种基于朋友圈社交关系的推荐方法。该方法从评分数据和社交网络数据中推断出特定类别的社会信任圈子,定义了不同专业领域圈子内的朋友关系信任值。

$$S_{uv}^{(c)}=\begin{cases}\dfrac{N_{v}^{(c)}}{\sum_{c:\,v\in C_{u}^{(c)}}N_{v}^{(c)}} & v\in C_{u}^{(c)}\\ 0 & \text{其他}\end{cases} \qquad (4-120)$$

$$S_{uv}^{(c)*}=\frac{S_{uv}^{(c)}}{\sum_{v\in C_{u}^{(c)}}S_{uv}^{(c)}} \qquad (4-121)$$

文献[22]提出的 STE 模型定义了隐含的朋友关系的权重,用户 i 和朋友 k 之间的社交权重为

$$S_{ik}=\frac{sim(i,k)}{\sum_{f\in T(i)}sim(i,f)} \qquad (4-122)$$

2)社交关系预测方法

文献[24,75,76]认为同质性关系作为一种重要的社交关系,对信任关系的预测具有重要影响,在 Epinions 和 Ciao 两个数据集上对用户的信任者和被信任者的分布情况进行了分析,提出了一种具有同质性正则化的社交关系预

测模型 hTrust,假设社交关系 G 可分解为用户特征 U 和相关的特征 V,定义了两个用户 U 和 V 的同质性关联系数 $\zeta(i,j)$,建立目标函数:

$$Loss(\boldsymbol{U},\boldsymbol{V}) = \|G - \boldsymbol{UVU}^{\mathrm{T}}\|_{\mathrm{F}}^2 + \alpha\|\boldsymbol{U}\|_{\mathrm{F}}^2 + \beta\|\boldsymbol{V}\|_{\mathrm{F}}^2 + \lambda Tr(\boldsymbol{U}^{\mathrm{T}}\boldsymbol{LU})$$

(4-123)

式中,$Tr(\boldsymbol{U}^{\mathrm{T}}\boldsymbol{LU})$ 等价于 $\dfrac{1}{2}\sum\limits_{i=1}^{N}\sum\limits_{j=1}^{N}\zeta(i,j)\|\boldsymbol{U}(i,:) - \boldsymbol{U}(j,:)\|_{\mathrm{F}}^2$,它表示用户的特征越相近,用户越容易建立信任关系,$\zeta(i,j)$ 表示同质性关系系数。

文献[24,39]将社会地位和同质性关系的影响因素作为正则化项引入矩阵分解过程,以预测用户特征和项目特征,其中社会地位正则化项为

$$\sum_{i=1}^{N}\sum_{j=i+1}^{N}\max(0,(r_i - r_j)(TrustPossible_{ij} - TrustPossible_{ji}))$$

(4-124)

同质性正则化项为

$$\min\sum_{i=1}^{N}\sum_{j\neq i}^{N}\zeta(i,j)\|Preference_i - Preference_j\|_{\mathrm{F}}^2 \quad (4-125)$$

同质性系数为

$$\zeta(i,j) = \alpha\frac{\sum\limits_{k=1}^{M} r_{ik} \times r_{jk}}{\sqrt{\sum\limits_{k=1}^{M} r_{ik} \times \sum\limits_{k=1}^{M} r_{jk}}} + (1-\alpha)\frac{|N_i \cap N_j|}{|N_i \cup N_j|} \quad (4-126)$$

4.5.3 基于社交关系预测反馈的推荐方法

文献[10]认为一个用户 u 信任另一个用户 v,并不意味着 v 信任用户 u,于是作者在信任网络中,将一个用户看作是信任者和被信任者两个特征的内积,从用户信任者和被信任者两个角度出发,分别建立了用户信任者的概率图模型和用户被信任者的概率图模型,Truster-PMF 的概率图模型如图 4-25 所示,Trustee-PMF 与此类似。将 Truster-PMF 和 Trustee-PMF 结合构成 TrustPMF 模型,TrustPMF 概率图模型如图 4-26 所示。

TrustPMF 模型的目标函数为

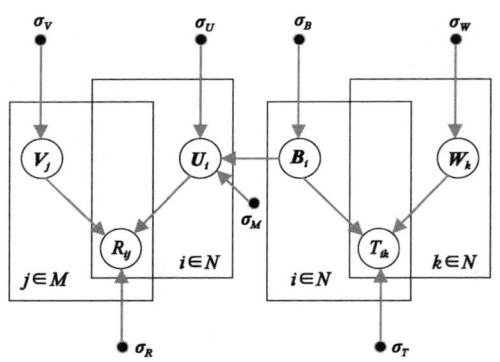

图 4-25 Truster-PMF 的概率图

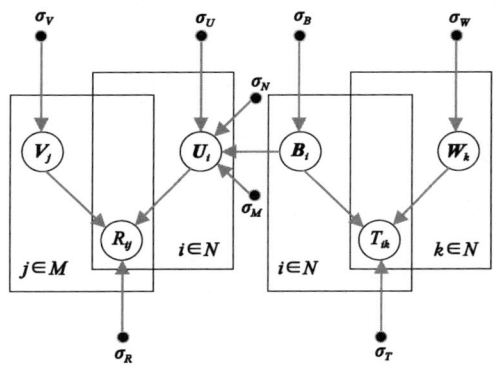

图 4-26 TrustPMF 的概率图

$$
\begin{aligned}
&L(\boldsymbol{R}, \boldsymbol{U}, \boldsymbol{V}, \boldsymbol{B}, \boldsymbol{W}) \\
&= \frac{1}{2} \sum_{i=1}^{N} \sum_{j=1}^{M} [r_{ij} - g(\boldsymbol{U}_i^{\mathrm{T}} \boldsymbol{V}_j)]^2 + \frac{\beta_1}{2} \sum_{i=1}^{N} \| \boldsymbol{U}_i - \boldsymbol{B}_i \|_{\mathrm{F}}^2 + \\
&\quad \frac{1}{2} \sum_{(i,k) \in T} [T_{ik} - g(\boldsymbol{B}_i^{\mathrm{T}} \boldsymbol{W}_k)]^2 + \frac{\beta_2}{2} \sum_{i=1}^{N} \| \boldsymbol{U}_i - \boldsymbol{W}_i \|_{\mathrm{F}}^2 + \\
&\quad \frac{1}{2} \Big(\sum_{i=1}^{N} \| \boldsymbol{U}_i \|_{\mathrm{F}}^2 + \sum_{j=1}^{M} \| \boldsymbol{V}_j \|_{\mathrm{F}}^2 + \sum_{j=1}^{M} \| \boldsymbol{B}_i \|_{\mathrm{F}}^2 + \sum_{j=1}^{M} \| \boldsymbol{W}_k \|_{\mathrm{F}}^2 \Big)
\end{aligned}
$$

(4-127)

文献[57]考虑到用户对不同好友的信任程度的差异,提出一种基于信任关系隐含相似度的度量方法,并将评分相似性和信任相似性对用户间的影响融入矩阵分解模型,获取更高的推荐质量。文献[57]将用户的信任关系分解为信任者和被信任者特征,同时对用户相似性进行估计:

$$L(S,U,P,W) = \frac{\lambda_S}{2}\sum_{u=1}^{N}\sum_{v\in N_u}[S_{uv} - g(S_{uv}^R + S_{uv}^P + S_{uv}^W)]^2$$
$$= \frac{\lambda_S}{2}\sum_{u=1}^{N}\sum_{v\in N_u}[S_{uv} - g(U_u^T U_v + P_u^T P_v + W_u^T W_v)]^2$$
$$(4-128)$$

综合考虑 SocialMF，TrustPMF 等模型，得到目标函数为

$$L(R,U,V,B,W)$$
$$=\frac{1}{2}\sum_{i=1}^{N}\sum_{j=1}^{M}I_{ui}^R[r_{ij}-g(U_i^T V_j)]^2 + \frac{\lambda_U}{2}\sum_{u=1}^{N}U_u^T U_u +$$
$$\frac{\lambda_T}{2}\sum_{u=1}^{N}\left[(U_u-\sum_{v\in N_u}S_{uv}U_v)^T(U_u-\sum_{v\in N_u}S_{uv}U_v)\right] + \frac{\lambda_V}{2}\sum_{i=1}^{M}V_i^T V_i +$$
$$\frac{\lambda_S}{2}\sum_{u=1}^{N}\sum_{v\in N_u}[S_{uv}-g(U_u^T U_v + P_u^T P_v + W_u^T W_v)]^2 +$$
$$\frac{\lambda_F}{2}\sum_{u=1}^{N}\sum_{v\in N}[T_{uv}-g(P_u^T W_v)]^2 +$$
$$\frac{\lambda_P}{2}\sum_{u=1}^{N}P_u^T P_u + \frac{\lambda_W}{2}\sum_{u=1}^{N}W_u^T W_u \qquad (4-129)$$

SocialIT 模型的概率图如图 4-27 所示。

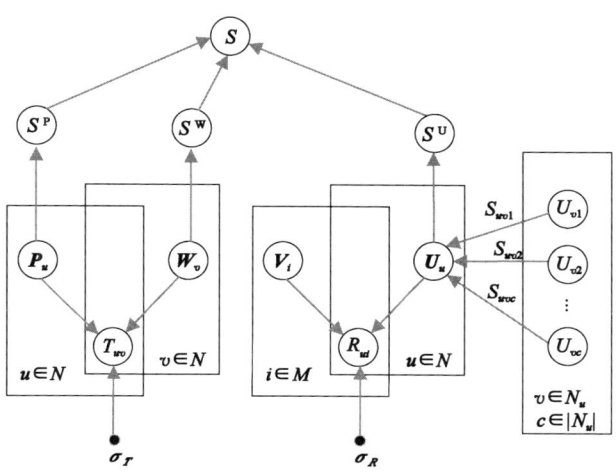

图 4-27 SocialIT 模型的概率图

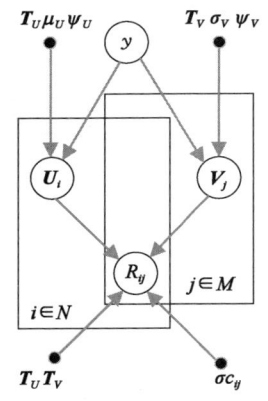

图 4-28 CMF 模型的概率图

文献[28]认为用户特征向量 U 和项目特征向量 V 有很强的相关性,以往的矩阵分解模型忽略了用户和项目潜在因素之间的相互相关性,于是提出了一种相关矩阵因式分解(correlated matrix factorization,CMF),应用典型相关分析将 U 和 V 映射到一个新的语义空间,基于变分 EM 方法推导出了高效的推理和学习算法。CMF 模型的概率图模型如图 4-28 所示。

通过利用变分推理和 EM 算法获取用户特征和项目特征:

$$U_i = \left(\Psi_u^{-1} + \sum_{j=1}^{N} \frac{c_{ij}}{\sigma^2} T_u T_v^T V_j V_j^T T_v T_u^T\right)^{-1} \left[\Psi_u^{-1}(\mu_u + T_u \bar{y}) + \sum_{j=1}^{N} \frac{c_{ij} r_{ij}}{\sigma^2} T_u T_v^T V_j\right]$$

(4-130)

$$V_j = \left(\Psi_v^{-1} + \sum_{i=1}^{M} \frac{c_{ij}}{\sigma^2} T_v T_u^T U_i U_i^T T_u T_v^T\right)^{-1} \left[\Psi_v^{-1}(\mu_v + T_v \bar{y}) + \sum_{i=1}^{M} \frac{c_{ij} r_{ij}}{\sigma^2} T_v T_u^T U_i\right]$$

(4-131)

文献[67]对隐式反馈的矩阵分解方法的有效性和效率作出了改进。首先,由于庞大的数据量,大多数现有工作会使用统一的权重,以减少计算复杂性。这种统一的假设在现实世界中是无效的。其次,大多数方法也是在离线环境中设计的,无法满足在线数据的动态特性。基于以上问题,FMF 模型提出基于项目流行度对缺失数据进行加权,这比统一权重假设更有效、更灵活。同时,设计了一种基于元素交替最小二乘(eALS)技术的新学习算法,用于有效地优化具有可变加权缺失数据的 MF 模型。

针对社交网络的复杂性和难以精准建模社交关系的问题,结合各种社交推荐模型的优势[6,10,12,14,15,25,36,57],文献[65]通过将用户隐式信任关系和项目社交关系的预测模型融入推荐模型,对以上社会化推荐模型进行改进,提出了一种融合信任关系和社会标签的社会化推荐方法。该方法综合考虑用户显式和隐式的交互行为与用户偏好的关系,结合 RSTE,SocialIT 和 RoRec 框架结构,从用户-项目评分、信任关系等显式关系和社会标签等隐式关系中挖掘潜在的用户特征和项目特征,将评分信息、社会标签和用户信任关系映射到低秩的用户特征空间、项目特征空间和标签特征空间，利用优化后的特征向量获得用户隐含相似性和项目隐含相似性，不断训练获得准确的用户特征和项目特征，通过利用多种影响因素优化用户和项目的隐含相似性，以准确度量用户隐含相似性和项目隐含相似性提高推荐的准确率。该方法把用户之间和项目间的关系看成是一个"黑盒子"，无须考虑用户间多种直接和间接的社交关系和相互影响，这样不仅缓解了数据稀疏、冷启动和数据不均衡带来的影响，还简化了用户复杂的社交关系建模过程。

综合考虑用户信任关系、评分信息和社会标签对用户偏好相似性和项目相似性的影响，引入用户和项目特征正则项，其代价函数为

$$
\begin{aligned}
&J(\boldsymbol{R},\boldsymbol{U},\boldsymbol{V},\boldsymbol{G},\boldsymbol{H},\boldsymbol{S},\boldsymbol{T})\\
&=\frac{1}{2}\sum_{u=1}^{N}\sum_{i=1}^{M}I_{ui}^{R}\big[r_{ui}-g(\alpha\boldsymbol{U}_u^{\mathrm{T}}\boldsymbol{V}_i+(1-\alpha)\sum_{k\in N_u}S_{uk}^{(U)}\boldsymbol{U}_k^{\mathrm{T}}\boldsymbol{V}_i)\big]^2+\\
&\frac{1}{2}\sum_{u=1}^{N}\sum_{t=1}^{D}I_{ut}^{G}\big[G_{ut}-g(\boldsymbol{U}_u^{\mathrm{T}}\boldsymbol{L}_t)\big]^2+\frac{1}{2}\sum_{i=1}^{M}\sum_{t=1}^{D}I_{it}^{H}\big[H_{it}-g(\boldsymbol{V}_i^{\mathrm{T}}\boldsymbol{L}_t)\big]^2+\\
&\frac{\lambda_P}{2}\sum_{u=1}^{M}\sum_{v\in N_u}\big[S_{uv}^{(U)}-g(\hat{S}_{uv}^{(U)})\big]^2+\frac{\lambda_T}{2}\sum_{u=1}^{N}\sum_{v=1}^{N}\big[T_{uv}-g(\boldsymbol{B}_u^{\mathrm{T}}\boldsymbol{E}_v)\big]^2+\\
&\frac{\rho}{2}\sum_{u=1}^{N}\sum_{t\in N_u}sim(u,t)\|\boldsymbol{U}_u-\boldsymbol{U}_t\|_{\mathrm{F}}^{2}+\frac{\gamma}{2}\sum_{i=1}^{M}\sum_{j\in N_i}sim(i,j)\|\boldsymbol{V}_i-\boldsymbol{V}_j\|_{\mathrm{F}}^{2}+\\
&\frac{\lambda_S}{2}\sum_{u=1}^{N}\sum_{v=1}^{N}P_{uv}^{(B)}\|\boldsymbol{B}_u-\boldsymbol{B}_v\|_{\mathrm{F}}^{2}+\frac{\lambda_Z}{2}\sum_{u=1}^{N}\sum_{v=1}^{N}Q_{uv}^{(E)}\|\boldsymbol{E}_u-\boldsymbol{E}_v\|_{\mathrm{F}}^{2}+\\
&\frac{\beta}{2}\sum_{u=1}^{M}sim(u_{I_u^{(B)}},u_{I_u^{(E)}})\|\boldsymbol{B}_u-\boldsymbol{E}_u\|_{\mathrm{F}}^{2}+\frac{\lambda_Q}{2}\sum_{i=1}^{M}\sum_{j\in N_i}\big[S_{ij}^{(I)}-g(\hat{S}_{ij}^{(I)})\big]^2+\\
&\frac{\lambda_W}{2}\sum_{j=1}^{M}\big[\boldsymbol{V}_j-\sum_{i\in N_j}S_{ji}^{(I)}\boldsymbol{V}_i\big]^{\mathrm{T}}\big(\boldsymbol{V}_j-\sum_{i\in N_j}S_{ji}^{(I)}\boldsymbol{V}_i\big)+\frac{\lambda_U}{2}\|\boldsymbol{U}\|_{\mathrm{F}}^{2}+\\
&\frac{\lambda_V}{2}\|\boldsymbol{V}\|_{\mathrm{F}}^{2}+\frac{\lambda_L}{2}\|\boldsymbol{L}\|_{\mathrm{F}}^{2}+\frac{\lambda_B}{2}\|\boldsymbol{B}\|_{\mathrm{F}}^{2}+\frac{\lambda_E}{2}\|\boldsymbol{E}\|_{\mathrm{F}}^{2} \qquad (4-132)
\end{aligned}
$$

式中，$sim(u,t)$ 表示用户 u_u 和 u_t 的相似性，$sim(i,j)$ 表示项目 i_i 和 i_j 间的相似性。n_{b_u} 和 n_{e_v} 分别表示被 u_u 信任的用户数量和信任 u_v 的用户数量。利用用户特征 $\boldsymbol{U}$、信任关系特征 $\boldsymbol{B}$ 和 $\boldsymbol{E}$、标签权重关系 $\boldsymbol{G}$ 组成的相似性关系 $\boldsymbol{S}$ 约束用户特征空间，利用项目特征 $\boldsymbol{V}$ 和社会标签权重关系 $\boldsymbol{H}$ 组成的相似性关系 $\boldsymbol{S}$ 约束项目特征空间，从而提高预测用户兴趣偏好的质量。

以上基于社交关系的反馈机制的模型融合了多个社交关系模型和多种社交关系的影响因素,模型的建立较为复杂,参数不容易调节,但反馈机制可作为一种思路,对于复杂社交关系的预测是一种启发,对于今后基于深度学习的社交关系推荐是一种启发。

2018年,Liu等人[58]认为不同场景中的用户偏好是来自底层的用户偏好空间的不同线性组合的综合结果,因此,结合用户评分和社交关系,提出了一种具有基本偏好空间的社会化推荐(social recommendation with an essential preferences space,SREPS)模型。

在SREPS模型中,每个用户在基本偏好空间中都有一个潜在向量,他的语义潜在向量是通过乘以空间投影矩阵从基本偏好空间进行的投影。通过使用矩阵分解对历史评分信息进行建模,而社交关系网络和用户项目的交互关系则通过网络嵌入进行建模,从而可学习基本偏好空间和空间投影矩阵中的用户潜在向量。最后,使用基本偏好空间中的用户潜在向量、评级空间投影矩阵M_R和评分空间中的项目潜在向量来预测最终评分[51]。

依据SREPS模型,用户的基本偏好空间关系如图4-29所示。

SREPS模型的损失函数为

$$J = (1-\alpha-\beta)O_1 + \alpha O_2 + \beta O_3 + Reg$$

$$J_1 = \frac{1}{2}\sum_{(u,i)\in\Omega}(r_{ui} - U_u^T M_R^T V_i)^2$$

$$J_2 = \frac{1}{2}\sum_{(s,t)\in S} w_{st} \log \frac{e^{U_t^T M_C^T M_E U_s}}{\sum_{v\in V_P^S} e^{U_v^T M_C^T M_E U_s}}$$

$$J_3 = \sum_{(u,i)\in\Omega} \frac{1}{2} \log \frac{e^{B_i^T M_I U_u}}{\sum_{v\in V_Q^R} e^{B_v^T M_I U_u}} \quad (4-133)$$

式中,Reg是正则化项,J_1,J_2,J_3分别是用户评分矩阵、用户社交网络和推荐网络等的损失函数,M_R为映射到评分语义隐因子空间的基本偏好空间矩阵,M_I为项目空间映射矩阵。

分别优化J_1,J_2,J_3,学习到各参数,预测评分公式为

$$r_{ui} = U_u^T M_R^T V_i \quad (4-134)$$

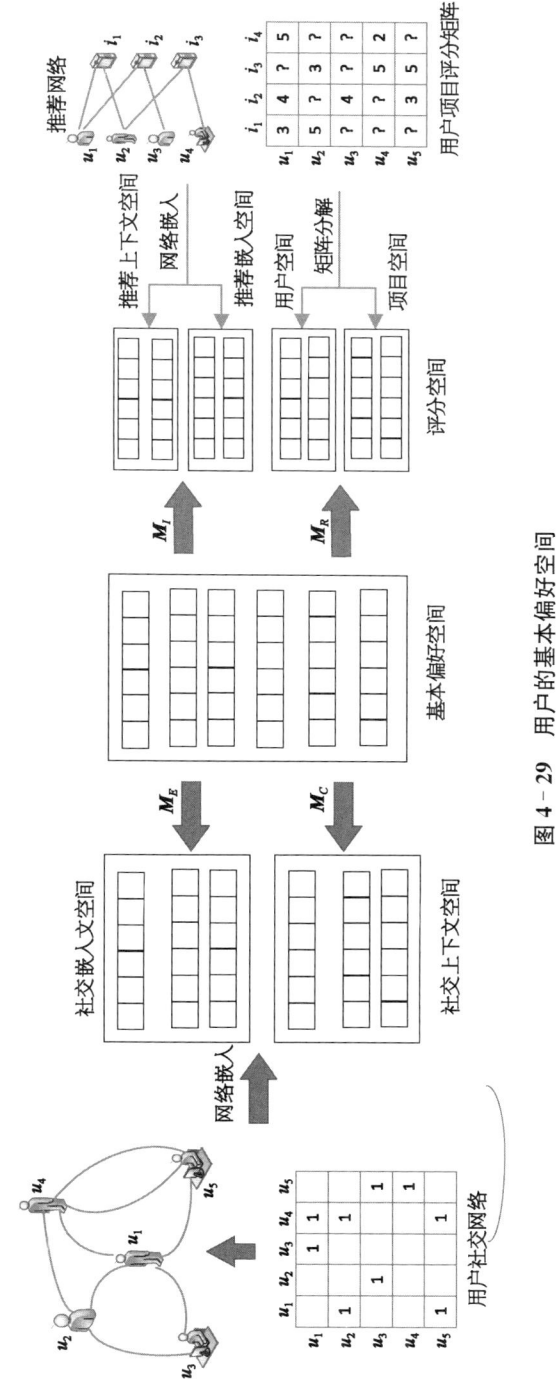

图 4-29 用户的基本偏好空间

针对社交关系推荐模型中信任关系的重要性,Wang 等人[59]受同质性理论的启发,提出了一种基于用户相似性度量的深度用户信任预测模型 DeepTrust,它结合了用户评论和用户感兴趣的项目特征,首先从用户的评论行为和用户关心的项目属性中挖掘出用户的潜在特征,然后开发了一个成对的深层神经网络来进一步学习和表示这些用户特征,最后计算用户的相似性关系。DeepTrust 提出了一种信任预测框架,如图 4-30 所示。

在 DeepTrust 模型中,分别利用 Doc2vec 和矩阵分解技术将用户评论文本和用户评分表示成计算机可识别的特征向量,然后利用深层神经网络学习用户潜在特征,最后根据用户对特征之间的相似性来度量信任关系。

除了充分利用用户社交关系、用户评论文本等影响因素,将其融入矩阵分解过程,结合反馈机制获取准确的用户和项目潜在特征外,SREPS 模型和 DeepTrust 模型分别从不同的偏好空间角度和矩阵分解、神经网络相结合的方法去建立模型,这些模型为社会化推荐方法的发展提供了新的视角。

4.6　本章小结

基于社交关系的矩阵分解技术在推荐系统领域一直受到学术界和工业界的青睐,自基于矩阵分解技术出现之后,就不断被改进,并融入社交关系的影响,被广泛应用于各领域。本章首先简要介绍了基于社交关系矩阵分解推荐的各种算法思想,接着介绍基于社交关系推荐算法的形式化定义和基本框架,然后介绍了基于概率矩阵分解推荐算法的形式化定义、框架结构、发展轨迹、代表性算法模型及演变算法模型,几种增强的社交矩阵分解推荐算法,包括融合社会地位和同质性的推荐算法、融合用户多兴趣挖掘的混合推荐算法和基于社交关系上下文的推荐算法。最后阐述了基于社交关系预测反馈机制的推荐算法研究方法,包括在矩阵分解的社会化推荐方法中涉及的社交关系度量和预测方法,目前已有的基于社交关系预测反馈机制的推荐方法思想和大致思路,融合信任关系和社会标签等显式和隐式社交关系的社会化推荐方法的算法思想、模型构建方法和参数学习等。传统的基于矩阵分解的社交推荐方法存在参数较多、只能挖掘其浅层的特征等不足,但其社交关系预测方法及反馈机制的思想对于深度学习社交关系推荐方法仍具有启发意义。

第4章 基于社交关系的矩阵分解推荐算法

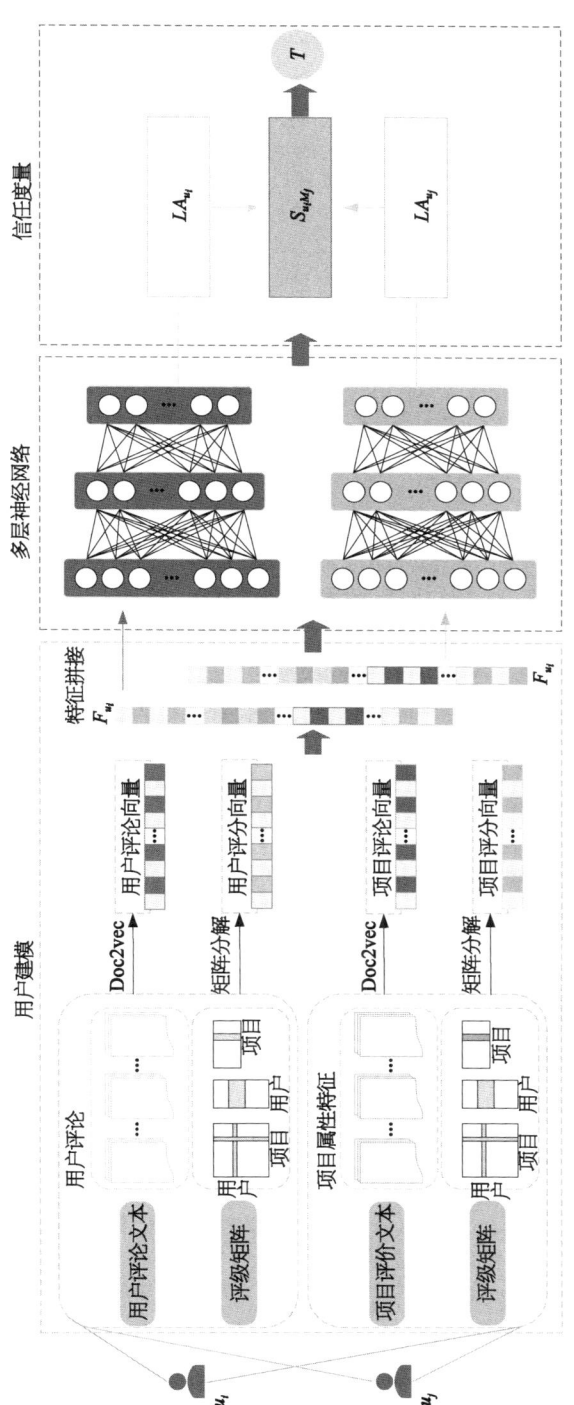

图 4-30 信任预测框架

参考文献

[1] Qian X, Feng H, Zhao G, et al. Personalized recommendation combining use interest and social circle. IEEE Transactions on Knowledge & Data Engineering, 2014, 26(7): 1763-1777.

[2] Zhang Z, Liu H. Social recommendation model combining trust propagation and sequential behaviors. Applied Intelligence, 2015, 43(3): 695-706.

[3] Ma H. An experimental study on implicit social recommendation. Proceedings of International ACM SIGIR Conference on Research & Development in Information Retrieval (SIGIR'13), ACM, Dublin, Ireland, 2013: 1-12.

[4] Jamali M, Ester M. A matrix factorization technique with trust propagation for recommendation in social networks. Proceedings of the 4th ACM Conference on Recommender Systems (RecSys'10), ACM, 2010, 45: 26-30.

[5] Zheng X, Luo Y, Sun L, et al. A novel social network hybrid recommender system based on hypergraph topologic structure. World Wide Web-internet & Web Information Systems, 2017(3): 1-29.

[6] Ma H, Yang H, Lyu M R, et al. SoRec: social recommendation using probabilistic matrix factorization. Proceedings of ACM Conference on Information & Knowledge Management (CIKM'08), 2008: 931-940.

[7] 郭强, 刘建国. 在线社会网络的用户行为建模与分析. 北京: 科学出版社, 2017.

[8] Guo G, Zhang J, Yorke-Smith N. TrustSVD: Collaborative filtering with both the explicit and implicit influence of user trust and of item ratings. Proceedings of the 29th Association for the Advancement of Artificial Intelligence, AAAI Press, 2015: 1-7.

[9] Ricci F, Rokach L, Shapira B, et al. Recommender systems handbook: context-aware recommender systems. New York: Springer, 2010: 217-253.

[10] Yang B, Yu L, Liu J, et al. Social collaborative filtering by trust. IEEE Transactions on Pattern Analysis and Machine Intelligence, 2017, 39(8): 1633-1647.

[11] Lü L Y, Medo M, Chi H Y, et al. Recommender systems. Physics Reports, 2012, 519(1): 1-49.

[12] Ma H, King I, Lyu R M, et al. Learning to recommend with social trust ensemble. Proceedings of 32nd International ACM SIGIR Conference on Research and Development in Information Retrieval, 2009: 1-8.

[13] 郭磊, 马军, 陈竹敏, 等. 一种结合推荐对象间关联关系的社会化推荐算法. 计算机学报, 2014, 37(1): 219-228.

[14] Yao W, He J, Huang G, et al. Modeling dual role preferences for trust-aware recommendation. Proceedings of International ACM SIGIR Conference on Research & Development in Information Retrieval. ACM, 2014: 975-978.

[15] Tang J, Gao H, Hu X, et al. Exploiting homophily effect for trust prediction. Proceedings of ACM International Conference on Web Search and Data Mining (WSDM). ACM, 2013: 53-62.

[16] 李慧. 社会网络环境下的个性化推荐算法研究. 北京: 中国矿业大学, 2016.

[17] 张志军. 社交网络中个性化推荐模型及算法研究. 济南: 山东师范大学, 2015.

[18] Resnick P, Varian H R, Editors G. Recommender Systems. Communications of the ACM, 1997, 40(3): 56-58.

[19] 孟祥武, 刘树栋, 张玉洁, 等. 社会化推荐系统研究. 软件学报, 2015, 26(6): 1356-1372.

[20] Huang C L, Yeh P, Lin C, et al. Utilizing user tag-based interests in recommender systems for social resource sharing websites. Knowledge-Based Systems, 2014, 56: 86-96.

[21] Ma H, Zhou D, Liu C, et al. Recommender systems with social regularization. Proceedings of ACM International Conference on Web Search and Data Mining (WSDM), ACM, Hong Kong, China, 2011: 287-296.

[22] Ma H, King I, Lyu M R. Learning to recommend with explicit and implicit social relations. ACM Transactions on Intelligent Systems and Technology, 2011, 2(3): 1-19.

[23] Wang F, Li T, Wang X, et al. Community discovery using nonnegative matrix factorization. Data Mining & Knowledge Discovery, 2011, 22(3): 493-521.

[24] 王英, 王鑫, 左万利. 基于社会学理论的信任关系预测模型. 软件学报, 2014, 25(12): 2893-2904.

[25] Cao Y, Li W, Zheng D. An improved neighborhood-aware unified probabilistic matrix factorization recommendation. Wireless Personal Communications, 2018(4): 1-20.

[26] 王立才, 孟祥武, 张玉洁. 移动网络服务中基于认知心理学的用户偏好提取方法. 电子学报, 2011, 39(11): 2547-2553.

[27] 刘华锋, 景丽萍, 于剑. 融合社交信息的矩阵分解推荐方法研究综述. 软件学报, 2017: 1-24.

[28] He Y, Wang C, Jiang C J. Correlated matrix factorization for recommendation with implicit feedback. IEEE Transactions on Knowledge & Data Engineering, 2018: 1-15.

[29] Wang X, Lu W, Ester M, et al. Social recommendation with strong and weak ties. Proceedings of the 25th ACM International Conference on Information and Knowledge Management (CIKM'16), ACM, Indianapolis, USA, 2016: 24-28.

[30] 高全力, 高岭, 杨建峰, 等. 上下文感知推荐系统中基于用户认知行为的偏好获取方法. 计算机学报, 2015, 38(9): 1767-1776.

[31] Guo L, Ma J, Chen Z, et al. Learning to recommend with social context information from implicit feedback. Soft Computing, 2015, 19(5): 1351-1362.

[32] Luo X, Zhou M, Li S, et al. An inherently nonnegative latent factor model for high-dimensional and sparse matrices from industrial applications. IEEE Transactions on

Industrial Informatics,2018,14(5):2011-2022.

[33] Ma T, Suo X, Zhou J, et al. Augmenting matrix factorization technique with the combination of tags and genres. Physica A: Statistical Mechanics & Its Applications, 2016, 461: 101-116.

[34] Cohen D, Aharon M, Koren Y, et al. Expediting exploration by attribute-to-feature mapping for cold-start recommendations. Proceedings of the 11th ACM Conference on Recommender Systems (RecSys'17), 2017: 184-192.

[35] Chen R, Chang Y, Hua Q, et al. An enhanced social matrix factorization model for recommendation based on social networks using social interaction factors. Multimedia Tools and Applications, 2020.

[36] Li H, Yun H, Jun S. Using social network information to enhance collaborative filtering performance. International Journal of Information and Communication Technology, 2016.

[37] 任磊. 推荐系统关键技术研究. 上海: 华东师范大学, 2012.

[38] Li J, Chen C, Chen H, et al. Towards context-aware social recommendation via individual trust. Knowledge-Based Systems, 2017, 127(C): 58-66.

[39] 余永红, 高阳, 王皓, 等. 融合用户社会地位和矩阵分解的推荐算法. 计算机研究与发展, 2018, 55(1): 113-124.

[40] Li Y, Meina S, Haihong E. Recommender system using implicit social information. IEICE Transactions on Information and System, 2015, 98(2): 346-354.

[41] Guo L, Ma J, Chen Z, et al. Learning to recommend with social context information from implicit feedback. Soft Computing, 2015, 19(5): 1351-1362.

[42] 郭磊, 马军, 陈竹敏. 一种信任关系强度敏感的社会化推荐算法. 计算机研究与发展, 2013, 50(9): 1805-1813.

[43] Ma H, Lyu M R, King I. Learning to recommend with trust and distrust relationships. Proceedings of the 3rd ACM Conference on Recommender Systems (RecSys'09), ACM, 2009.

[44] Wang X, Wang Y, Sun H. Exploring the combination of dempster-shafer theory and neural network for predicting trust and distrust. Computational Intelligence and Neuroscience, 2016.

[45] Yang X, Guo Y, Liu Y, et al. A survey of collaborative filtering based social recommender systems. Computer Communications, 2014, 41: 1-10.

[46] Moradi P, Ahmadian S. A reliability-based recommendation method to improve trust-aware recommender systems. Expert Systems with Applications, 2015, 42(21): 7386-7398.

[47] Chaney A J B, Blei D M, Eliassi-Rad T. A probabilistic model for using social networks in personalized item recommendation. Proceedings of the 9th ACM Conference on Recommender Systems (RecSys'15), 2015: 43-50.

[48] Zahra S, Ghazanfar M A, Khalid A, et al. Novel centroid selection approaches for K-Means clustering based recommender systems. Information Sciences, 2015, 320: 156-

189.

[49] Wang H, Chen J. Research on spectral clustering method based on graph partition. Computer Engineering and Design, 2011, 32(1): 289-292.

[50] Zhou L, Ping X, Xu S. Clustering integration algorithm based on spectral clustering. Acta Automatica Sinica, 2012, 38(8): 1335-1342.

[51] Chen R, Hua Q, Wang B, et al. A novel social recommendation method fusing user's social status and homophily with social regularization based on matrix factorization techniques. 2019, 7(1): 18783-18798.

[52] Yang B, Yu L, Liu D, et al. Social collaborative filtering by trust. Proceedings of International Joint Conferences on Artificial Intelligence (IJCAI), AAAI Press, 2013: 2747-2753.

[53] Aggarwal C. Recommender systems. Springer. Springer Charm Heidelberg, New York, Dordrecht, London, 2016.

[54] Yang X, Guo Y, Liu Y, et al. A survey of collaborative filtering based social recommender systems. Computer Communications, 2014, 41: 1-10.

[55] Feng S, Cao J, Wang J, et al. Recommendations based on comprehensively exploiting the latent factors hidden in items' ratings and content. ACM Transactions on Knowledge Discovery from Data (TKDD), 2017, 11(3): 35-46.

[56] Yang B, Yu L, Liu D, et al. Social collaborative filtering by trust. Proceedings of International Joint Conferences on Artificial Intelligence (IJCAI), AAAI Press, 2013: 2747-2753.

[57] 潘一腾, 何发智, 于海平. 一种基于信任关系隐含相似度的社会推荐算法. 计算机学报, 2018, 41(1): 66-81.

[58] Liu C, Zhou C, Wu J, et al. Social recommendation with an essential preference space. AAAI, 2018.

[59] Wang Q, Zhao W, Yang J, et al. Deep trust: A deep user model of homophily effect for trust prediction. IEEE, 2019.

[60] Chen R, Wang Z, Pang K, et al. EMARec: a sequential recommendation with exponential moving average. Neural Computing and Applications, 2024.

[61] Li J, Chen C, Chen H, et al. Towards context-aware social recommendation via individual trust. Knowledge-Based Systems, 2017: 58-66.

[62] Panagiotakis C, Papadakis H, Papagrigoriou A, et al. Improving recommender systems via a dual training error based correction approach. Expert Systems with Applications, 2021, 183(5): 115386.

[63] Gong C, Tao D, Chang X, et al. Ensemble Teaching for Hybrid Label Propagation. IEEE Transactions on Cybernetics, 2019, 49(2): 388-402.

[64] Gupta S, Kant V. Credibility score based multi-criteria recommender system. Knowledge-Based Systems, 2020, 196(1): 1-12.

[65] Chen R, Hua Q, Chang Y, et al. A comprehensive social matrix factorization for recommendations with explicit and implicit prediction and feedback mechanisms by

fusing trust relationships and social tags. Soft Computing, 2022.

[66] He X, Zhang H, Kan M Y, et al. Fast matrix factorization for online recommendation with implicit feedback. Proceedings of the 39th International ACM SIGIR Conference on Research & Development in Information Retrieval (SIGIR'16). ACM, 2016: 549 - 558.

[67] Mass P, Avesani P. Controvesial users demand local trust metrics: an experimental study on epinions. com community. Proceedings of the 25th American Association for Artifical Intelligence Conference, 2005.

[68] Massa P, Avesani P. Trust-aware collaborative filtering for recommender systems. On the Move to Meaningful Internet Systems 2004: CoopIS, DOA, and ODBASE. Springer Berlin Heidelberg, 2004: 492 - 508.

[69] Massa P, Avesani P. Trust-aware recommender systems. Proceedings of the First ACM Conference on Recommender Systems (RecSys'07), 2007: 17 - 24.

[70] Azaria A, Hong J. Recommender systems with personality. Proceedings of the 10th ACM Conference on Recommender Systems (RecSys'16), Boston, MA, USA, 2016: 207 - 210.

[71] Azaria A, Hong J. Recommender systems with personality. Proceedings of the 10th ACM Conference on Recommender Systems (RecSys'16), Boston, MA, USA, 2016: 207 - 210.

[72] Feng S, Cao J, Wang J, et al. Recommendations based on comprehensively exploiting the latent factors hidden in items' ratings and content. ACM Transactions on Knowledge Discovery from Data (TKDD), 2017, 11(3): 35 - 46.

[73] Golbeck J, Hendler J. Film trust: movie recommendations using trust in web-based social networks. Proceedings of the IEEE Consumer Communications and Networking Conference, Jan. 2006: 282 - 286.

[74] Yang X, Steck H, Liu Y. Circle-based recommendation in online social networks. Proceedings of ACM SIGKDD International Conference on Knowledge Discovery and Data Mining. ACM, 2012: 1267 - 1275.

[75] Rafailidis D, Crestani F. Learning to rank with trust and distrust in recommender systems. Proceedings of the 11th ACM Conference on Recommender Systems (RecSys'17). ACM, 2017: 5 - 13.

[76] Su X, Khoshgoftaar T M. A survey of collaborative filtering techniques. Advanced in Artificial Intelligence, 2009.

[77] He C, Parra D, Verbert K. Interactive recommender systems: A survey of the state of the art and future research challenges and opportunities. Expert Systems With Applications, 2016, 56(9): 9 - 27.

[78] Delporte J, Karatzoglou A, Matuszczyk T, et al. Socially enabled preference learning from implicit feedback data. Proceedings of European Conference on Maching Learning on Knowledge Discovery and Databases, Part II. Springer-Verlag New York, Inc. 2013: 145 - 160.

[79] Sun Z, Han L, Huang W, et al. Recommender systems based on social networks. The Journal Systems and Software, 2015, 99: 109-119.

[80] Li H, Ma X, Shi J. Incorporating trust relation with PMF to enhance social network recommendation performance. International Journal of Pattern Recognition and Artificial Intelligence, 2018, 30(6): 113-124.

[81] 廖列法, 朱亚兰, 勒孚刚. 隐式反馈场景中结合信任与相似度的排序推荐. 计算机应用研究, 2017, 35(12): 1-6.

[82] Ahmadian S, Joorabloo N, Jalili M, et al. A social recommender system based on reliable implicit relationship. Knowledge-Based Systems, 2019, 192: 1-17.

[83] Shneiderman B. Human-centered artificial intelligence: reliable, safe & trustworthy. International Journal of Human-Computer Interaction, 2020, 36: 495-504.

[84] 许海玲, 吴潇, 李晓东, 等. 互联网推荐系统比较研究. 软件学报, 2009, 20(2): 350-362.

第 5 章
基于深度学习的社会化推荐方法

深度学习强大的表征能力和函数拟合能力,使其在图像处理、计算机视觉、自然语言处理等领域取得了显著的成功,并为解决在推荐系统领域中产生的数据稀疏和特征提取等问题提供了新的解决思路。基于深度学习的推荐系统的出现象征着推荐技术的一次革命性的进步,一大批深度学习推荐模型,如 NeuralCF, Word2vec, TrustSVD, Wide&Deep 等一些被大家广泛应用在推荐系统中的模型都产生于这一时期。近年来,深度学习推荐系统在这一时期占据着统治地位。

5.1 深度学习与推荐系统

在 2006 年 Geoffrey Hinton[3] 和他的学生 Ruslan Salakhutdinov 在世界级顶级学术期刊《科学》发表的一篇文章中详细给出了"梯度消失"问题的解决方案——使用无监督的学习方法来对神经网络进行逐层训练,再使用有监督的反向传播算法进行调优。并正式提出了深度学习的概念。

深度学习是机器学习的一个分支。机器学习主要研究的是从数据集中获得到一定的规律,并且利用获得的规律对相应的问题进行预测的问题。在深度学习的模型中,从样本的原始输入,中间经过多个线性和非线性的组件,最终得到输出。在这个过程中,每个组件中对于数据信息的加工操作都会影响到后续组件,每个组件对于最终产生的结果的贡献问题被称为贡献度的分配问题。该问题也是深度学习要解决的关键问题。

在当今互联网时代的背景之下,推荐系统的产生解决了由于数据量呈指数级增长所导致的用户在寻找对自己有用的信息时花费时间巨大的问题,同时也能够帮助用户尽可能快地找到需要的资源。

当用户在没有明确的需求的情况下访问了某一服务，且因为服务所提供的物品数量庞大，远远超出了用户能够轻松处理或理解的范围时，会导致信息过载问题的发生。系统内部运用了可以依据物品的流行度、与用户过往行为的关联性等多种因素，对这些物品进行智能排序的算法，并将结果排在前列的物品展示给用户，进一步改善用户的体验。这样的系统就是推荐系统。

总的来说，深度学习技术凭借其优秀的从用户与物品的辅助数据中提取特征的能力，为推荐系统的发展带来了更多的可能。因此，将深度学习融入推荐系统的研究已经成为学术界的热点话题之一。

5.1.1 神经网络

神经网络，也叫作人工神经网络（ANNs）[4]，该技术起源于 20 世纪五六十年代，当时叫作感知机，由输入层、输出层和隐藏层三部分组成。在神经网络中，输入的特征向量通过隐藏层的变化达到输出层，并在输出层得到分类结果。现代神经网络是一种用来对输入和输出之间复杂的关系进行建模的工具或是用来探索数据的模式。神经网络典型的网状结构如图 5-1 所示。

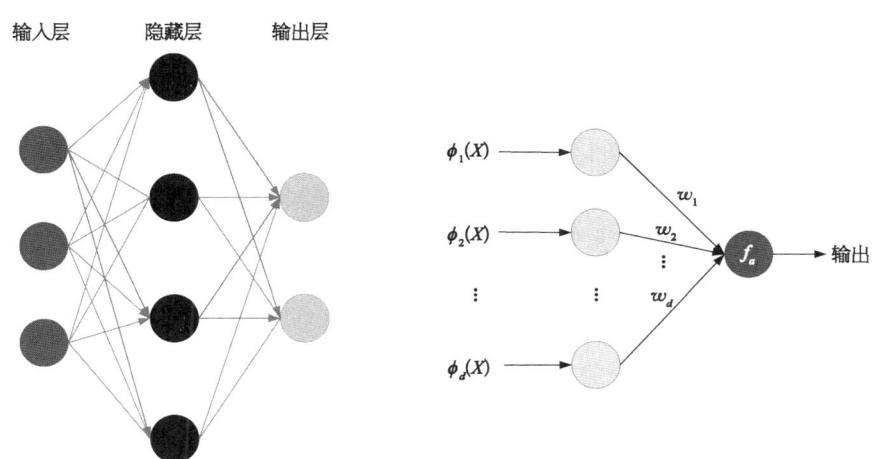

图 5-1 神经网络的网状结构　　图 5-2 感知机工作原理

为了更方便地理解神经网络，在具体介绍神经网络之前，先介绍一下感知机。

感知机是一种模拟大脑进行信息处理的技术，在得到输入的数据之后，通过权重与各数据之间的计算，比较激活函数的结果，最后得到用来解决分类问题的输出。感知机的工作原理如图 5-2 所示。

图 5-2 中 $\phi_1(X)$，$\phi_2(X)$，…，$\phi_d(X)$ 是从 X 中提取的特征，w_1，w_2，…，w_d 分别表示 $\phi_1(X)$，$\phi_2(X)$，…，$\phi_d(X)$ 的权重，f_a 表示的单元为激活单元，其中 f_a 是激活函数。

那么感知机和神经网络到底有什么关系呢？

简单来说，感知机是构成一个复杂神经网络的基础，每一个神经网络都是由多个不同的感知机组成的。神经网络的结构图如图 5-3 所示。

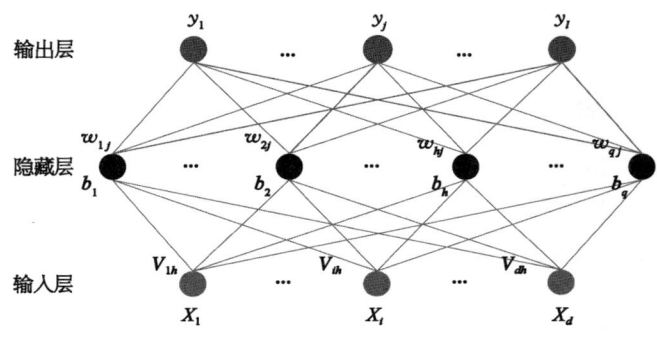

图 5-3 神经网络的结构图

5.1.2 反向传播

传播过程主要分为正向传播和反向传播两种形式。其中正向传播是指对神经网络中数据或信号从输入层开始，通过隐藏层，最终到达输出层的过程。在这一过程中，网络会根据当前的权重和偏置，依次计算每一层神经元的激活值，并将这些中间变量存储起来。在反向传播过程中，算法会沿着从输出层到输入层的方向，利用链式法则计算损失函数对每一层参数的梯度。这些梯度指示了如何调整参数以减小损失函数的值。同时，反向传播也会计算并存储与每一层相关的中间变量的梯度，以便在后续的权重更新过程中使用。

图 5-4 为李沐先生所著《动手学深度学习》中的一个带有 L_2 范数正则化的含单隐藏层的多层感知机的正向传播计算图，其中左下角的 X 为输入，右上角的 J 为输出，方框代表变量，圆圈代表运算符。

在反向传播算法[5]中的计算方式为，沿着与正方向相反的方向，上游传来的导数乘上局部导数，得到传给下游的导数。反向传播算法利用链式法则，通过从输出层逐层计算误差梯度，高效求解神经网络参数的偏导数，以实现神经

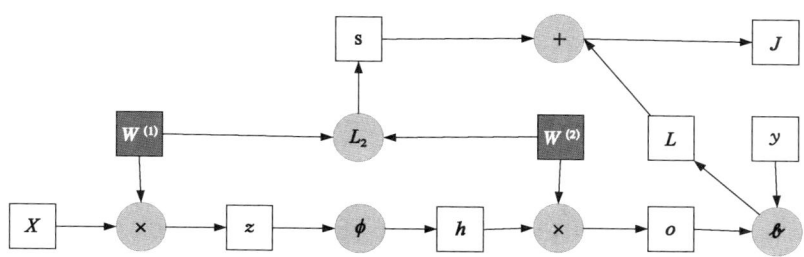

图 5-4 正向传播计算图

网络参数的优化和损失函数最小化。

链式法则：对于输入或输出 X,Y,Z 为任意形状张量的函数 $Y=f(X)$ 和 $Z=g(Y)$，根据链式法则有

$$\frac{\partial Z}{\partial X}=\frac{\partial Z}{\partial Y}\frac{\partial Y}{\partial X} \quad (5-1)$$

即，Z 对 X 的偏导数等于 Z 对 Y 的偏导数乘 Y 对 X 的偏导数。

反向传播相位运算从输出层到输入层贯穿整个模型[6]。接下来简单地介绍一下反向传播的执行流程，一个简单的神经网络结构图如图 5-5 所示。

假设神经元的激活函数为 Sigmoid 函数，采用如下的损失函数：

$$Loss=\frac{1}{2}\sum_{1}^{k}(y_i-\hat{y}_i)^2 \quad (5-2)$$

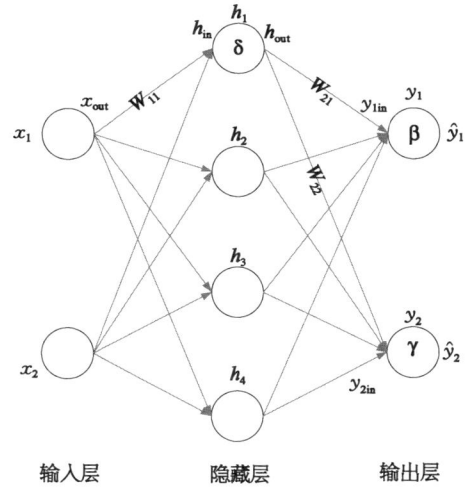

图 5-5 神经网络结构图

权重的更新公式为

$$W_{ij}=W_{ij}+\eta\cdot\nabla W_{ij} \quad (5-3)$$

由梯度下降法可知，$\nabla W_{ij}=-\dfrac{\partial Loss}{\partial W_{ij}}$。

β 和 γ 的更新公式为

$$\Theta = \Theta + \eta \cdot \nabla \Theta \quad (5-4)$$

式中，Θ 代表 β 和 γ，$\nabla \Theta = -\dfrac{\partial Loss}{\partial \Theta}$。

在反向传播过程中，目标是最小化损失函数。首先在经过前向传播的操作之后，会将神经网络输出的结果和真实的结果进行比较，计算出损失函数的值。之后从输出层出发，通过链式法则，直到计算出输入层的误差。之后根据每一个神经元的梯度，使用梯度下降算法来对每个神经元的权重和偏差进行更新，使得损失函数最小化。重复上述的步骤，直到达到收敛条件或者预设的训练次数。

5.1.3 词嵌入

深度学习在推荐系统领域被广泛应用，词嵌入（word embedding）成为文本表示的一种常用技术。为了方便计算机处理，需要将文本表示成计算机可识别的符号，最初的 one-hot 独热编码存在高维、稀疏的不足，由此出现了流行的 word2vec 算法，它甚至成为词嵌入的代名词。word2vec 包括 2 种模型：CBOW（continuous bag-of-words model）和 Skip-gram（continuous skip-gram model）[33]。CBOW 被称为连续的词袋模型，由 TomasMikolov 等人于 2013 年提出，是通过上下文预测目标词，其模型结构如图 5-6 所示。

CBOW 模型包含 3 层：输入层、映射层、输出层。其中，输入层输入的值是上下文的 one-hot 编码；映射层是对输入的值进行加权求和，通过激活函数进行非线性的转换；输出层的每个神经元对应于词汇表中的一个词，其概率表示词语出现的可能性。

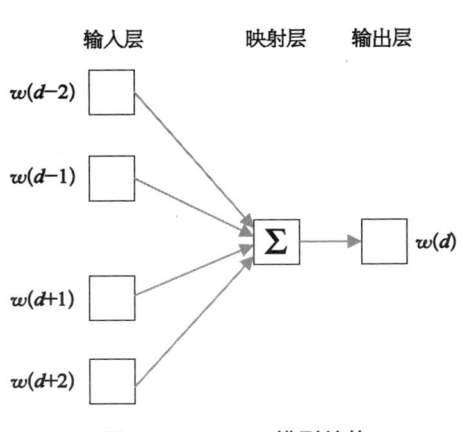

图 5-6 CBOW 模型结构

$$L = \underset{\theta}{\mathrm{argmax}} \sum_{w \in T} \sum_{-k \leqslant j \leqslant k} \left(\log \dfrac{e^{U_k V_w}}{\sum_{k \in K} e^{U_k V_w}} \right) \quad (5-5)$$

U 和 V 分别是存放中心词和相邻

词的向量。

Skip-Gram 通过当前词预测上下文,假设一个词可以用来在文本序列中生成其周围的单词,其模型结构如图 5-7 所示。

Skip-Gram 模型包含 3 层:输入层、映射层、输出层。对于一个文本"the man loves nature and soil.",假设中心词选择"loves",上下文窗口设置为 2,Skip-Gram 模型考虑生成上下文词"the""man""nature""and"

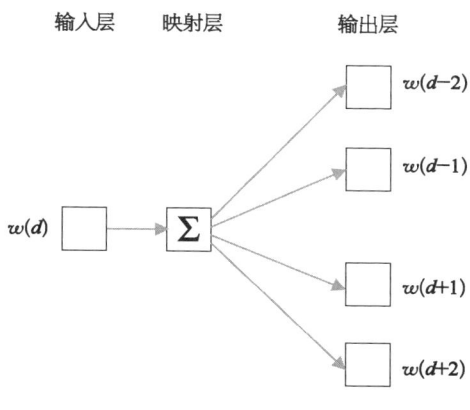

图 5-7 Skip-Gram 模型结构

的条件概率。Skip-Gram 模型的损失函数[28,59,60]为

$$L = \underset{\theta}{\mathrm{argmax}} \sum_{-k \leqslant j \leqslant k} \log p(w_{d+j} \mid w_d ; \theta) = \sum_{-k \leqslant j \leqslant k} \frac{\mathrm{e}^{w_{d+j}^{\mathrm{T}} w_d}}{\sum_{i=1}^{D} \mathrm{e}^{w_i^{\mathrm{T}} w_d}} \quad (5-6)$$

式中,w_d 是中心词,w_{d+j} 是上下文词,D 表示词语个数。

5.1.4 CNN 与 RNN

CNN(卷积神经网络)和 RNN(循环神经网络)两者都是深度神经网络,且都包含大量的神经元和层级结构。在训练的过程中,两者都使用权重共享的概念。通过在不同位置或时间步上共享相同的权重参数,从而减少参数数量和提高模型的泛化能力。两者都是从原始输入数据到最终输出的直接学习。

1) CNN

卷积神经网络的雏形最早出现于 1962 年,Hubel 和 Wiesel[7]对猫大脑中的视觉进行系统研究后,首次提出了感受野的概念,激发了人们对神经网络的进一步思考,进而促进了神经网络的快速发展[8]。

卷积神经网络主要包含 4 种核心模块,分别是卷积层、池化、激活函数和全连接层。

卷积(convolution)和池化(pooling)是神经网络的核心操作。卷积在卷积神经网络中完成的是数学中的互相关运算,相当于图像处理中的滤波器,具体计算过程如图5-8所示。

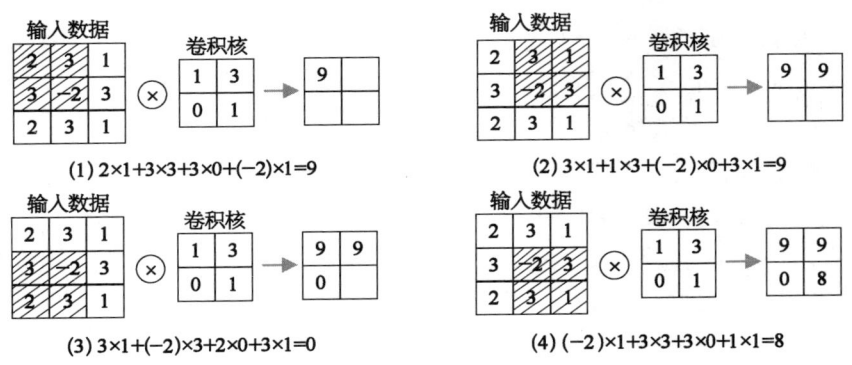

图5-8　卷积计算过程

输入数据的大小为3×3,卷积核大小为2×2,输出结果大小为2×2。卷积核也称为滤波器,对于输入数据,卷积运算是通过滑动卷积核的窗口位置,将对应的输入数据与卷积核中的数据相乘并累加求和,得到输出数据。CNN也存在偏置,偏置会被应用到卷积核中的所有数据中,加上偏置的卷积运算如图5-9所示。

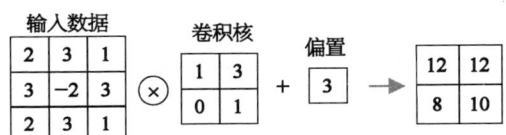

图5-9　带偏置的卷积运算

在卷积神经网络中,由于需要训练的数据量是很大的,所以必须使用池化操作,对于图像数据,使得在保留原有图像显著特征的基础上,降低特征的维度,减少网络的负担。池化的方法有很多,比如最大池化、均值池化、全局平均池化、自适应池化等。

假设采用2×2的池化核,步长为2,并且使用全0填充。池化的过程如图5-10所示。

对于均值池化而言,需要将输入的特征图分割成多个不重叠的2×2区域,计算每个区域中所有像素值的平均值,之后将这个平均值作为该区域在输

第 5 章 基于深度学习的社会化推荐方法

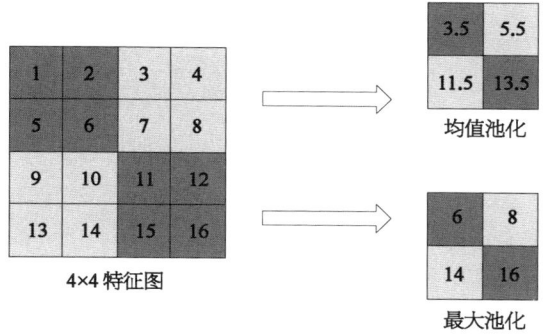

图 5-10 池化过程

出特征图中对应位置的值。

对于最大池化而言,同样需要将输入的特征图分割成多个不重叠的 2×2 区域,在每个区域中找到最大值,将这个最大值作为该区域在输出特征图中对应位置的值。

在进行池化操作的过程中,需要注意的一点是:为了解决因为池化操作所导致的图片信息丢失问题,我们通常采用增加网络的深度来解决这个问题。

在早期的卷积神经网络中主要采用 Sigmoid 函数或 tanh 函数作为激活函数,激活函数通过非线性变换和特征组合,使得神经网络能够学习和表示现实世界中的复杂问题。

常用的激活函数如下:

Sigmoid 函数表达式为

$$f(x) = \frac{1}{1 + e^{-x}} \tag{5-7}$$

ReLU 函数表达式为

$$f(x) = \frac{e^x - e^{-x}}{e^x + e^{-x}} \tag{5-8}$$

Tanh 函数表达式为

$$f(x) = \max(0, x) \tag{5-9}$$

全连接层就是把特征整合到一起(高度提纯特征),方便交给最后的分类器或者回归,全连接层的每一个节点都需要和上一层中的每一个节点进行较多的综合操作,故导致该层的权值在网络中是最多的。卷积神经网络的结构如图 5-11 所示。

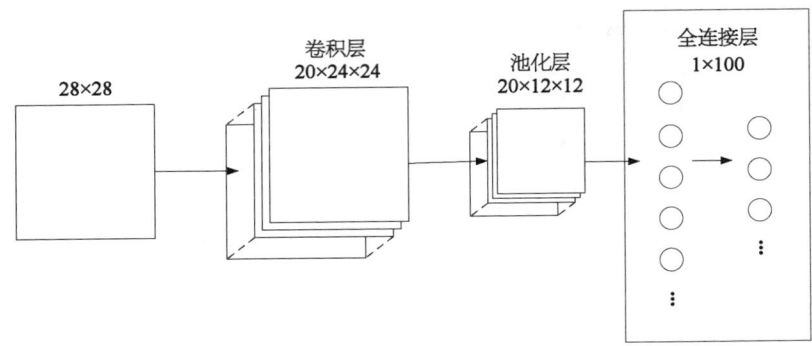

图 5-11　卷积神经网络的结构

2) RNN

目前 RNN 已经将最先进的技术应用于大量不同时间序列的任务中[9],许多 RNN 架构已经被开发用于模拟时间数据,例如长短期记忆网络(long short-term memory,LSTM)等[10]。

RNN 的隐藏层是循环的,这就意味着,隐藏层的值不仅仅取决于当前的输入值,还需要将前一时刻隐藏层的值作为参考。具体的表现形式是 RNN "记住"前面的信息并将其应用于计算当前输出。RNN 的结构如图 5-12 所示。

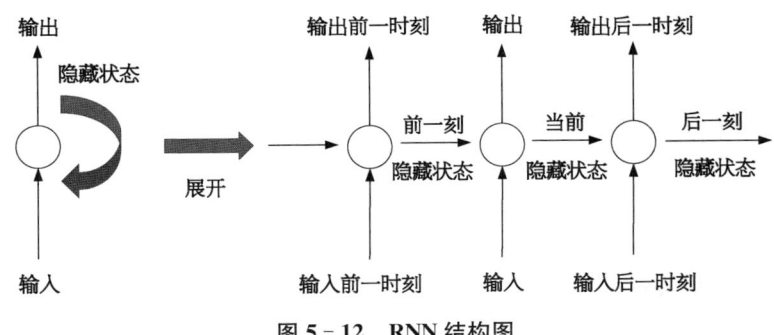

图 5-12　RNN 结构图

然而在训练 RNN 的过程中,容易出现梯度爆炸和梯度消失的问题。

梯度消失是指当信息在 RNN 的隐藏层之间进行传递时,由于连乘效应导

第5章 基于深度学习的社会化推荐方法

致的梯度值在反向传播过程中会逐渐接近于零,从而导致了网络难以学习到长距离依赖关系,即 RNN 不能有效地捕捉序列中较远元素之间的相互影响。

梯度爆炸是指在 RNN 进行梯度更新时,如果每一步的梯度都相对较大,那么在多个时间步长的累积下,这些梯度值会迅速增加,导致梯度变得异常大。这种情况可能会使网络训练变得不稳定,甚至导致训练过程无法收敛,因为过大的梯度可能会使网络参数更新到极端不合理的值。

为了解决上述问题,可以使用长短期记忆网络[11]和门循环控制单元(gated recurrent unit,GRU)[12]来应对。下面对这两种网络进行介绍。

LSTM 是在 RNN 的基础上进行了重要的改进。与 RNN 的基本结构中单一的循环层不同,LSTM 引入了 3 个关键的"门"结构来精细地控制信息的流动:这些门分别是"遗忘门"、"输入门"和"输出门"。

"遗忘门"的作用在于调节并控制从上一时间步(或前一时刻)的单元状态中传递到当前时间步单元状态的信息量,即决定哪些旧的信息应该被遗忘或保留。"输入门"则负责调控当前时间步的外部输入能够更新到单元状态中的信息量,即它控制着新信息如何被加入单元状态中。"输出门"则扮演着决定单元状态中哪些信息将被传递到当前时间步的隐藏状态的角色,从而影响了模型对于当前输入的输出表示。LSTM"门"结构如图 5-13 所示。

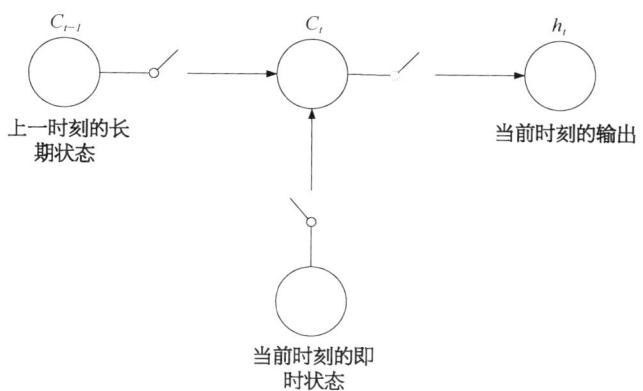

图 5-13 LSTM"门"结构

GRU 是对 LSTM 的一种简化和优化。它通过整合 LSTM 中的部分门控机制并减少所需的参数数量,实现了网络结构的简化。虽然结构变得简洁了,但是在许多任务上的工作表现并不落后于 LSTM。图 5-14 是 GRU 的示意图。

基于社交关系的个性化推荐方法

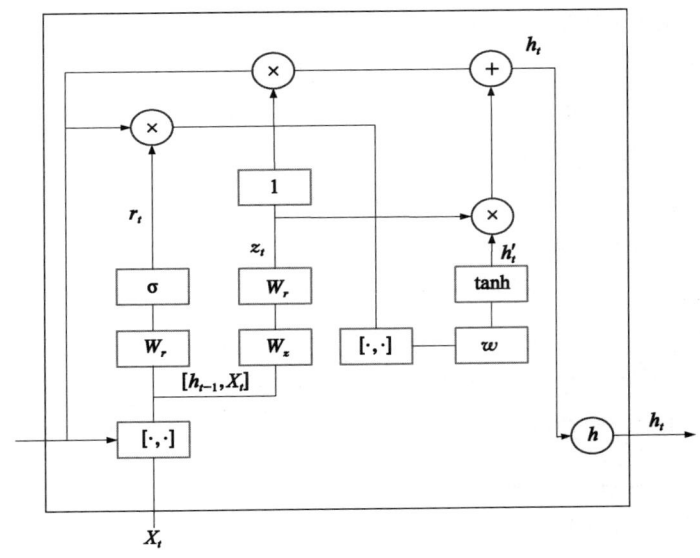

图 5-14 GRU 示意

GRU 对 LSTM 进行了结构上的简化,将 LSTM 原本的 3 个"门"结构(遗忘门、输入门、输出门)缩减为两个主要的"门":"更新门"和"重置门"。其中,"更新门"扮演着关键角色,它负责决定前一时刻(或前一个时间步)的单元状态中有多少信息应当被保留下来,并整合到当前时间步的单元状态中。而"重置门"则控制着如何有效利用前一状态(这包括了前一时刻的隐藏状态和单元状态)的信息,来影响当前时间步隐藏状态的计算过程,即决定前一状态中有多少信息应当被用于生成当前时间步的新内容。

5.1.5 注意力机制

注意力机制的概念最初是由 Mnih 等[13]提出的,并认为它通过计算输入数据的权重,来突出某个关键输入对输出的影响[14]。

在注意力机制的基础运算过程中,其输入数据被组织为 3 个关键组成部分:查询(Q)、键(K)以及值(V),这 3 个部分均以矩阵的形式存在。自注意力机制计算流程如图 5-15 所示。

在该流程中,输入的特征向量首先经过 3 个不同的权重矩阵——键矩阵 W^K、查询矩阵 W^Q、值矩阵 W^V——的线性变换,分别生成新的向量集合 K(Key)、Q(Query)、V(Value)。接着,将查询向量集合 Q 与键向量集合 K 进

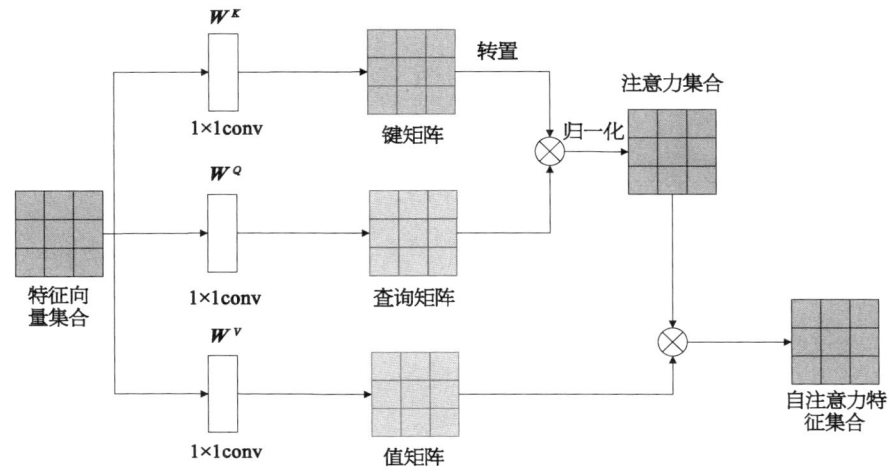

图 5-15 自注意力机制计算流程

行点乘操作,以计算它们之间的相似度,从而得到一个相似度矩阵 A。随后,通过 Softmax 层对相似度矩阵 A 进行归一化处理,将其转换为权重矩阵[15],该权重矩阵反映了每个值向量 V 对于当前查询向量 Q 的重要性。最后,将权重矩阵与值向量集合 V 进行加权求和,得到最终的输出特征。

注意力机制是一个广泛适用的概念和技术工具,它不局限于任何特定的模型架构,而是展现出极高的灵活性和普适性。这意味着,注意力机制可以作为一种增强手段,被无缝地融入并优化多种机器学习或深度学习模型中。通过引入注意力机制,这些模型在处理复杂数据任务时,能够更有效地捕捉和聚焦于关键信息,从而提升其整体性能和效果。

自注意力机制被提出以来,其应用范围迅速扩展,涵盖了图像处理、自然语言处理、数据预测、推荐系统等多个领域。这一技术的广泛采纳,对深度学习乃至整个人工智能领域的发展产生了深远且重要的推动作用。

5.1.6 序列建模

序列建模是指将一个观测序列映射到一个标记序列的过程,其在多个领域中都发挥着重要作用,如自然语言处理、语音识别、时间序列分析等领域。通过序列建模,我们可以捕捉数据中的时间依赖性和序列特征,从而对未来的数据进行预测或生成新的序列。序列建模在推荐系统中的应用同样非常广泛和重要。推荐系统的核心目标是根据用户的历史行为数据,为用户推荐他们可能感兴趣的内容或产品。而用户的行为数据通常是以时间序列的形式出现的，比如浏览记录、点击记录、购买记录、观看记录等。通过序列建模，推荐系统可以捕捉用户行为中的时间依赖性和顺序关系，从而提升推荐的准确性和个性化程度。

将序列建模应用于推荐系统，主要是从以下几点考虑：

（1）捕捉用户兴趣的动态变化：用户的兴趣会随着时间的推移而发生变化，序列建模能够捕捉到这种动态性，从而更好地反映用户的当前兴趣。

（2）利用历史行为数据：用户的历史行为数据是丰富的资源，序列建模能够有效地利用这些数据，挖掘出用户隐藏在行为背后的真正兴趣。

（3）提高推荐准确性：通过序列建模，推荐系统能够更准确地预测用户未来的行为，从而提供更加符合用户需求的推荐结果。

本节首先对近年来得到广泛认可的 Transformer 序列建模方法进行详细介绍，最后列举序列建模方法在推荐系统中的应用。

1) Transformer

Transformer 由论文 *Attention is All You Need*[16] 提出，现为谷歌云 TPU 推荐的参考模型。不同于以往使用 RNN/LSTM 的 Encoder-Decoder 模型，Transformer 采用了全新的 Attention 机制来解决 Seq2Seq 问题。Transformer 模型结构如图 5-16 所示。

图 5-16 中，左侧为编码块，右侧为解码块。多头自注意力层，是由多个 Self-Attention 组成。可以看到编码块包含一个多头注意力层，而解码块包含两个多头注意力层，其中第一个用到遮掩机制。多头注意力层后为一个残差连接和层归一化。残差连接（residual connection）用于防止网络退化，层归一化（layer normalization）用于对每一层的激活值进行归一化。

（1）输入与嵌入。输入的序列数据经过 one-hot 编码后传入嵌入层进行处理，嵌入层主要负责将高维稀疏向量表示映射到低维稠密向量表示，而后将得到的低维稠密表示传入多头自注意力层中。但是由于自注意力机制在处理输入序列时，并不区分序列中各个元素的位置。换句话说，输入序列中的每个元素（比如一个词向量）在自注意力机制中都是"并行"处理的，彼此之间没有显式的顺序关系，导致无法自发地识别输入数据的顺序。所以经过嵌入层处理的低维稠密向量会再经过位置编码之后才传入多头自注意力层。嵌入层的形式化定义为

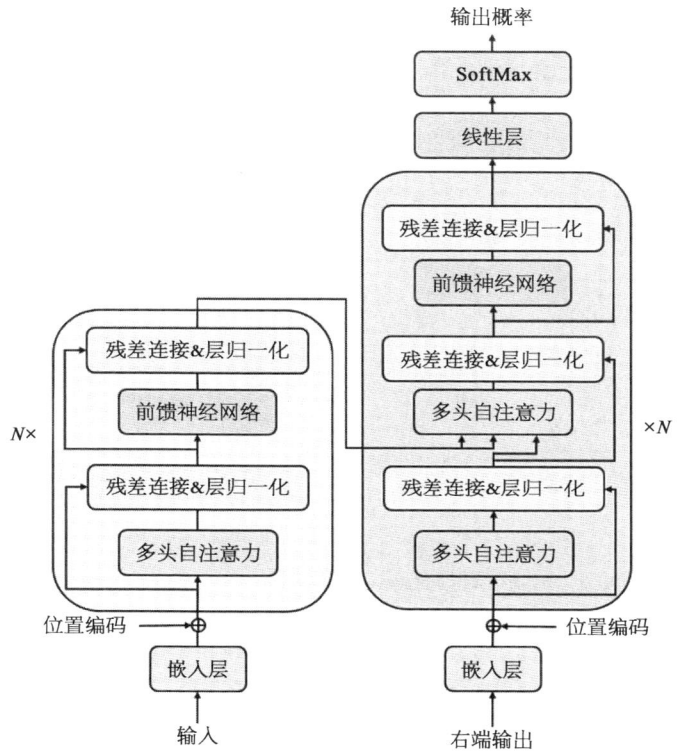

图 5-16 Transformer 模型结构

$$\widetilde{X} = P + f(X) \tag{5-10}$$

式中，$X = [x_1^k, x_2^k, \cdots, x_n^k]$，表示长度为 n 的维度为 k 的项目 one-hot 表示序列，$f(\cdot)$ 表示嵌入层的操作，其将 X 映射到长度为 n、维度为 d 的低维稠密向量表示，即 $f(X) = X' = [x_1^d, x_2^d, \cdots, x_n^d]$。$P$ 为与 $f(X)$ 同维的位置编码矩阵。对于 P 的详细定义为

$$PE_{(pos, 2i)} = \sin(pos/10\,000^{2i/d})$$

$$PE_{(pos, 2i+1)} = \cos(pos/10\,000^{2i/d}) \tag{5-11}$$

表示 pos 物品在序列中的位置，i 表示物品的低维稠密向量中第 i 维，以此得到序列中各物品在每一维上的位置信息，通常情况下，位置编码是学习到的或是固定的。

（2）多头自注意力层。因为 Self-Attention 是多头自注意力乃至

Transformer 的重点,所以我们重点关注多头自注意力层以及其中的 Self-Attention 机制。首先详细了解一下 Self-Attention 的内部逻辑,如图 5-17 所示。

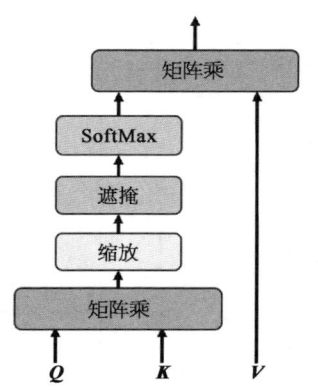

图 5-17 Self-Attention 操作流程

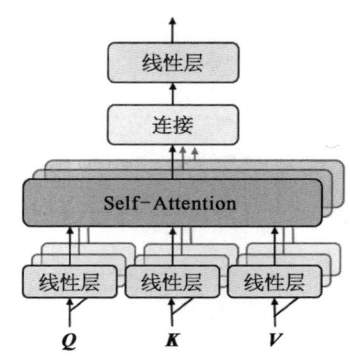

图 5-18 多头自注意力机制模型

经过嵌入层和位置编码处理后的序列表示 $\widetilde{X}$ 在自注意力机制中会分别与参数矩阵 W_Q, W_K, W_V 进行相乘分别得到 Q, K, V。而后 Q 矩阵, K^T 矩阵进行矩阵乘操作,并经过缩放、遮掩等操作后得到 QK^T 矩阵。最后将 QK^T 经过 SoftMax 处理后与 V 进行矩阵乘操作得到 Self-Attention 的输出。其形式化定义为

$$Self\text{-}Attention(\widetilde{X}) = softmax\left(\frac{QK^T}{\sqrt{d_k}}\right)V \quad (5-12)$$

式中, d 为 K 的维数, $\sqrt{d_k}$ 即为缩放操作。多头自注意力层是将多个 Self-Attention 进行叠加而演变出的一种网络结构,如图 5-18 所示。

从图 5-18 可以看到多头自注意力层包含多个 Self-Attention 层,首先将输入 $\widetilde{X}$ 分别传递到多个不同的 Self-Attention 中,计算得到多个输出矩阵 Z。而后将多个输出矩阵 Z 传入连接层进行拼接操作,最后传入一个线性层,得到多头自注意力层最终的输出 Z。

(3) 残差连接和层归一化。在得到多头自注意力层或前馈神经网络层的输出后,为解决多层网络训练的问题,使网络只关注当前差异的部分,以及加快模型收敛。Transformer 在多层自注意力层和前馈神经网络层的输出之后

都分别进行了残差连接和层归一化操作,其形式化定义为

$$LayerNorm(\widetilde{X} + MHA(\widetilde{X}))$$
$$LayerNorm(\widetilde{X} + FF(\widetilde{X})) \qquad (5-13)$$

式中,MHA 表示多头自注意力层的处理,FF 表示前馈神经网络层的处理。

(4) 前馈神经网络。前馈神经网络层比较简单,是一个两层的全连接层,第一层的激活函数为 $Relu$,第二层不使用激活函数,对应的公式为

$$FF(\widetilde{X}) = \max(0, XW_1 + b_1)W_2 + b_2 \qquad (5-14)$$

式中,W_i 为第 i 层模型待训练参数。

(5) 编码块与解码块。通过上面描述的多层自注意力层、前馈神经网络层、残差连接和层归一化就可以构造出一个编码块,编码块接收输入矩阵 X,并输出一个矩阵 O。通过多个编码块叠加就可以组成 Transformer 模型中的编码部分,如图 5-16 左侧部分所示。第一个编码块的输入为序列数据的表示向量矩阵 X,后续编码块的输入是前一个编码块的输出,最后一个编码块输出的矩阵就是编码信息矩阵 C,这一矩阵后续会用到解码中。图 5-16 的右侧部分为 Transformer 的解码块结构,与编码块相似,但是存在一些区别:

- 包含两个多头自注意力层。
- 第一个多头自注意力层采用了遮掩操作,而在编码阶段不使用遮掩操作。
- 第二个多头自注意力层的 K、V 矩阵使用编码阶段的编码信息矩阵 C 进行计算,而 Q 矩阵使用上一个解码块的输出进行计算。

(6) SoftMax。在完成解码阶段后会将解码的输出传入一个线性层进行处理,最后使用线性层的输出作为 Softmax 操作的输入源去预测下一个序列项。

2) 序列建模在推荐系统中的应用

在推荐系统领域,考虑到用户历史交互行为按时间顺序组织,众多研究人员开始利用这种序列关系建模用户的实时偏好。例如,在早期的作品中,基于马尔可夫链的顺序信号建模方法(MC),He 等人[17]使用了基于相似性的方法和高阶马尔可夫链,其假设下一项与前几项有关。研究结果表明,基于高阶 MC 的模型具有较强的拟合性稀疏数据集上的性能。近年来,众多神经网络,

如 RNN，GRU 和 Transformer 在序列推荐中被广泛应用。例如，Hidasi 等人[18]以用户行为序列作为时间序列数据，并使用 GRU 以"对会话并行小批量执行"为模型进行建模训练。Sun 等人[19]提出了一种基于 Transformer 的序列推荐模型 BERT4Rec，它同时考虑了用户行为序列的过去和未来部分，使用双向自注意力机制来模拟用户行为序列。Kang 等人[20]用自注意力机制建模用户的历史行为序列，提出了基于自注意的顺序推荐模型（SASRec）。以上的众多方法都是研究人员从序列建模的角度捕获用户兴趣的大胆尝试，并都取得了很好的推荐效果。

5.1.7 深度学习推荐模型的特点

传统推荐系统主要通过分析用户与项目间的二元关系[21]，利用评分信息构建用户对项目的偏好模型，以挖掘用户感兴趣的项目[22]。与传统的推荐算法相比，深度学习推荐模型主要有以下 3 个特点：

（1）数据处理方式。深度学习推荐模型无须过多地依赖人工设定的规则，能够自主的发现数据中的复杂关系及数据的高阶特征信息，拥有从大量数据中学习到用户行为模式和物品特征的能力，进而构建出具有针对性的个性化推荐策略。相比之下，传统的推荐算法则是侧重于利用定义好的特征和权重进行推荐。这种方法在一定程度上固然有效，但是其推荐效果却受选取的特征和权重的限制，而且很难捕捉数据中隐藏的信息。

（2）模型复杂性。由于深度学习模型采用了多层次的神经网络结构，使得其能够更好地捕捉数据中的非线性关系和高阶交互作用的同时，模型的复杂程度也有提升。传统的推荐系统通常基于较为简单的模型，如协同过滤、基于内容的推荐等，其模型的结构和计算过程相对直观和直接，模型的复杂度较低且泛化能力相对较弱。

（3）可解释性。在深度学习模型中，因为模型的决策过程不易被人类直观理解或者解释，所以模型的可解释性比较弱。在传统的推荐算法，如基于内容的推荐或者协同过滤中，往往能够更直接地解释推荐背后的逻辑或依据，所以具有较高的可解释性。

相比较于传统的机器学习模型而言，深度学习模型能够拥有更加强大的表达能力，能够更加快速准确地挖掘出海量数据中存在的潜藏模式，具有较好的学习能力。与此同时，深度学习模型的结构具有很高的灵活性，能够根据不同的业务场景和数据特色，灵活调整模型的结构，使得模型和应用场景达到完美的契合。

从技术实现的方面来讲，深度学习推荐的模型借鉴了大量深度学习在图像、语音以及自然语言处理等方面的成果，并将其进行融合，实现在模型结构上的快速演化。

基于深度学习的推荐系统的明显优势，主要表现在 4 个方面：

（1）深层神经网络减少了在学习和搭建各种数据的特征表示的过程中对手工操作的依赖，同时还能有效地整合和处理大规模的数据集。这使得在面对信息缺乏和冷启动问题时，能够展现出更强的适应性和鲁棒性。

（2）深度神经网络通过使用非线性激活函数（如 relu，sigmoid，tanh 等）来构建模型，这些激活函数能够捕捉并模拟数据中存在的复杂非线性关系。这使得深度神经网络能够更加有效地构建和解析用户与物品之间的交互关系，从而进一步实现对复杂场景的高度捕捉与理解。

（3）基于深度学习的推荐系统的建模方式是序列建模，序列建模的方式能够动态地捕捉时间维度的演变以及用户行为特征的变化以进行深度数据分析。这对于长期行为模式和短期兴趣波动的用户建模而言，均显得尤为重要。

（4）深度学习技术具有很高的灵活性，特别是随着许多流行的深度学习框架的出现（如 Tensorflow，Keras，Caffe，MXnet，DeepLearning4j，PyTorch，Theano 等），这些框架普遍采用模块化设计原则进行构建，使得开发者能够轻松组合和重用代码模块，从而加速开发进程。

5.2 NeuralCF 模型

基于深度学习的协同过滤模型——NeuralCF 模型是新加坡国立大学的研究人员沿着矩阵分解的技术脉络，结合深度学习的知识，于 2017 年提出的[23]。NeuralCF 模型是对传统协同过滤方法[24]（特别是矩阵分解 MF）的一次重大改进。摒弃了 MF 中直接通过点积运算来交互用户向量与物品向量的方式，采用多层神经网络来代替这一步骤。该转变的核心优势在于，多层神经网络能够使得用户向量与物品向量进行更深入的交叉融合，从而挖掘并提取出更多富有价值的特征组合信息。此外，通过在多层神经网络中引入不同类型的非线性激活函数，这使得极大地增强了模型的表达能力和适应性，使其能够更加准确地捕捉用户与物品之间的复杂交互模型。

在 Deep Crossing[25] 模型中，Embedding 层扮演着关键角色，它的主要功能是将稀疏向量转换成稠密向量，这一转换过程有助于模型更有效地处理和利用数据。然而，从深度学习的视角重新审视矩阵分解模型时，可以发现用户的隐向量和物品的隐向量的学习过程实质上也是一种 Emdedding 方法的应用。最终，在"输出层"（也被称为 Scoring 层）用户隐向量与物品隐向量通过内积操作相结合得到一种用来预测用户对物品评分或偏好的"相似度"。利用深度学习网络图的方式来描述矩阵分解模型的架构，如图 5-19 所示。

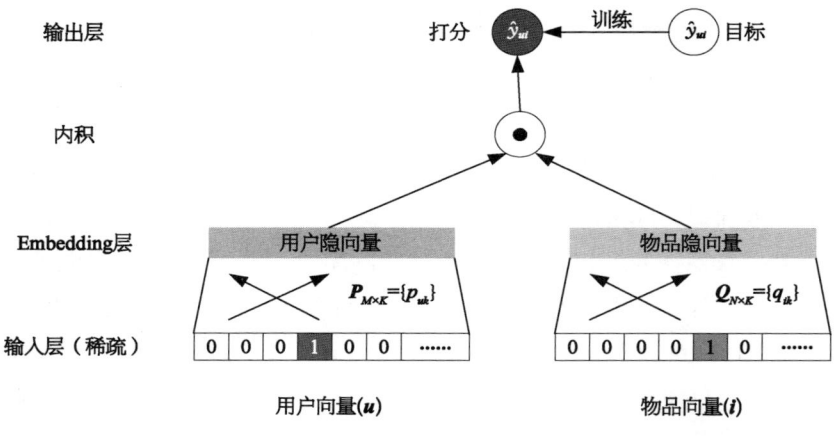

图 5-19 矩阵分解模型的网络化表示

矩阵分解模型的核心是通过计算用户隐向量和物品隐向量的内积来预测评分的。事实上，在实际应用中，如果仅依赖这种不充分、不可靠的内积操作进行评分的预测，那么在模型的训练和评估时常常会出现欠拟合的问题。尤其是在输出层，难以精确拟合需要优化的目标函数。鉴于矩阵分解模型的这些不足及其局限性可能带来的负面影响，新加坡国立大学的研究团队创新性地提出了 NeuralCF 模型，旨在克服上述矩阵分解模型中出现的弊端。

5.2.1 NeuralCF 模型的结构

NeuralCF 模型通过采用"多层神经网络 + 输出层"的架构，替换了传统矩阵分解模型中的单一内积操作,如图 5-20 所示[2, 23]。

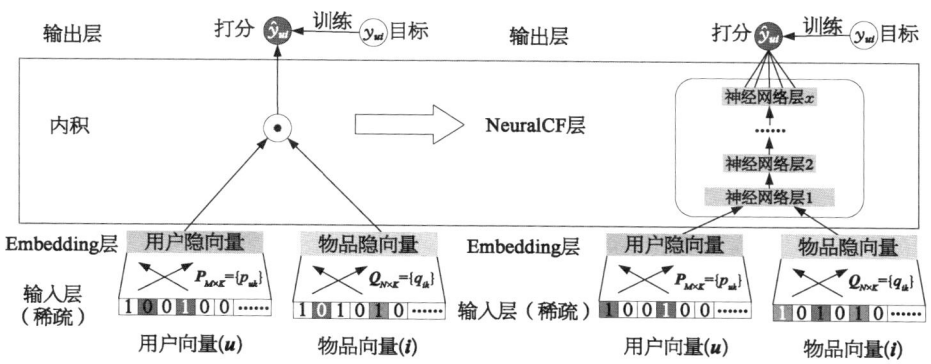

图 5-20　从矩阵分解模型到 NeuralCF 模型

多层神经网络的引入使得用户向量与物品向量之间的交互更加全面,实现了更为充分的交叉融合。首先,这种交叉融合不仅丰富了数据的表现维度,还促进了更多有价值和有意义的特征组合信息的产生,从而提升了模型对用户偏好和物品特性之间复杂关系的捕捉能力。其次,为模型引入了更多的非线性特征。这些非线性特征极大地增强了模型的表达能力,使其能够拟合更加复杂和多样的数据分布,进而提高了预测评分的准确性和可靠性。NeuralCF 模型结构[23]如图 5-21 所示。

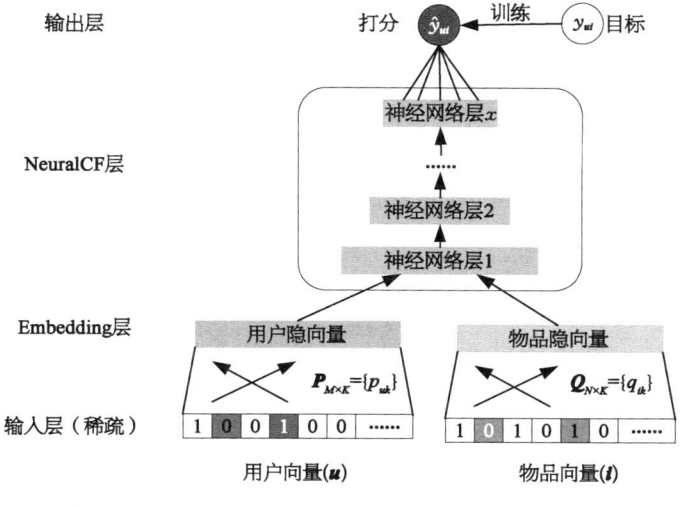

图 5-21　NeuralCF 模型

在图 5-21 中，输入层上面是 Embedding 层，它是一个全连接层，其核心功能是将输入层接收到的稀疏矩阵映射为一个稠密向量。这些经过嵌入处理的向量，可以看作是用户和物品的潜在向量（隐向量），它们捕捉了用户表偏好和物品特性的深层信息。随后，这些隐向量被送入一个设计好的多层神经网络结构中，称之为 NeuralCF 层。

在 NeuralCF 层中，可以通过神经网络的各层降低数据的维数并且潜在因素之间的相似性不再局限于作为线性投影来测量[26]。NeuralCF 层的每一层都可以根据具体需求进行对应的定制，旨在挖掘用户与物品交互过程中隐藏的复杂结构和模式。通过多层网络的非线性变换，模型能够学习到更加抽象和高级的特征表示，从而增强对用户行为的预测能力。最后一个隐层 X 的维度大小决定了模型能够捕捉到的特征复杂度和信息量，进而影响模型的预测精度和泛化能力。最终在输出层，模型会生成一个预测分数 $\hat{y}_{ui}$，表示用户 u 对物品 i 可能产生的兴趣或相关性的大小。模型的目标是最小化预测分数 $\hat{y}_{ui}$ 与真实分数 y_{ui} 之间的驻点损失（point-wise loss）。

因此 NeuralCF 的预测模型可以表示为

$$\hat{y}_{ui} = f(\boldsymbol{P}^\mathrm{T} V_u^U, \boldsymbol{Q}^\mathrm{T} V_j^I \mid \boldsymbol{P}, \boldsymbol{Q}, \Theta_f) \tag{5-15}$$

式中，$\boldsymbol{P}$ 和 $\boldsymbol{Q}$ 分别表示用户和项目的潜在因素矩阵；θ_f 表示交互函数 f 的模型参数。由于函数 f 被定义为多层神经网络，上式可以表示为

$$f(\boldsymbol{P}^\mathrm{T} V_u^U, \boldsymbol{Q}^\mathrm{T} V_j^I) = \phi_{\mathrm{out}}(\phi_X(\cdots\phi_2(\phi_1(\boldsymbol{P}^\mathrm{T} V_u^U, \boldsymbol{Q}^\mathrm{T} V_j^I))\cdots)) \tag{5-16}$$

式中，ϕ_{out} 和 ϕ_X 分别表示输出层和第 X 个 NeuralCF 层映射函数，总共有 X 个 NeuralCF 层。

在原始的矩阵分解方法中，用户与物品的交互通常是通过计算它们各自向量的"内积"来实现的，即用户向量与物品向量的对应元素相乘后求和，以此作为两者之间的相似度或偏好程度的度量。但采用这种方式所产生的信息的表达能力不强，为此，可以采用"元素积（element-wise product）"的方式来增强交互的复杂性和表达能力。"元素积"指的是两个长度相同的向量在对应维度上进行逐元素相乘，从而生成一个新的向量。这种方法允许用户向量和物品向量的每一个维度都进行直接的、独立的交互，促进了向量在各个维度上的充分交叉和融合。随后，通过逻辑回归或其他类型的输出层，可以将这种经过"元素积"增强的交互结果进一步拟合或映射到最终的预测

目标上。

NeuralCF 给出了整合两个网络的例子,如图 5-22 所示。可以看出,NeuralCF 混合模型整合了上面提出的原始 NeuralCF 模型和以元素积为互操作的广义矩阵分解模型。这让模型具有了更强的特征组合和非线性能力。

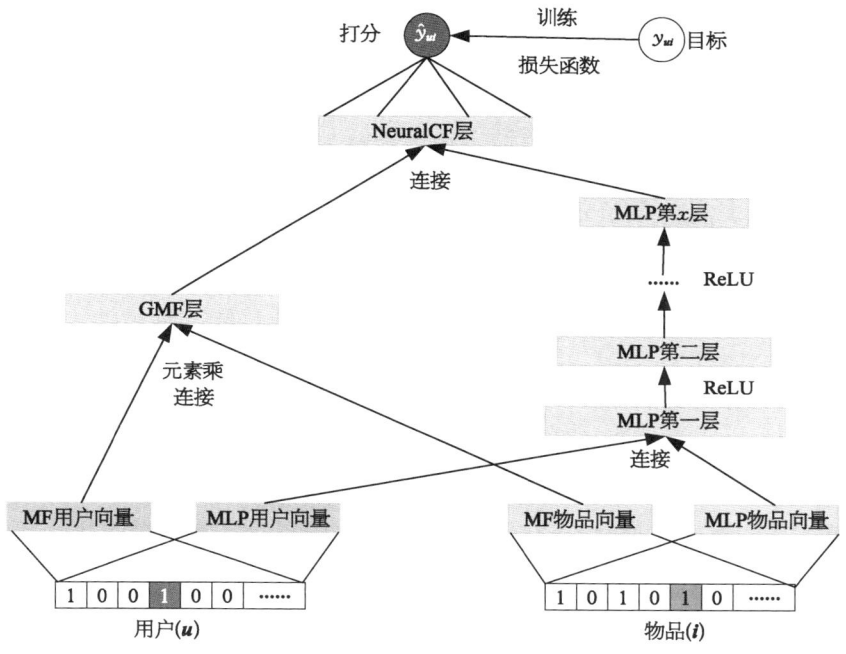

图 5-22 NeuralCF 混合模型

通常,将物品 i 与用户 u 之间的相关性用 y_{ui} 的值进行表示,若值为 1 代表物品 i 与用户 u 相关,若为 0 则表示它们不相关。基于此,我们通过模型进行预测得出的预测分数 $\hat{y}_{ui}$ 就能够反映用户 u 对于物品 i 的潜在相关性或感兴趣程度。因此我们要确保神经网络输出的这个分数的范围被限制在[0,1]之间。为了实现这一目的,在神经网络的输出层 ϕ_{out} 使用概率函数(逻辑函数 sigmoid 或者 probit 函数)作为激活函数。所以定义似然函数为

$$p(y, y^- | \mathbf{P}, \mathbf{Q}, \Theta_f) = \prod_{(u,i) \in y} \hat{y}_{ui} \prod_{(u,i) \in y^-} (1 - \hat{y}_{uj}) \qquad (5-17)$$

对似然函数取对数,即可得到

$$L = -\sum_{(u,i)\in y} \ln \hat{y}_{ui} - \sum_{(u,i)\in y^-} \ln(1-\hat{y}_{uj})$$
$$= -\sum_{(u,i)\in y\cup y^-} y_{ui}\ln\hat{y}_{ui} + (1-y_{ui})\ln(1-\hat{y}_{ui}) \qquad (5-18)$$

这就是 NeuralCF 方法要最小化的目标函数,它可以通过执行随机梯度下降(SGD)来完成优化。

为了能在 NeuralCF 框架下融合广义矩阵分解(generalized matrix factorization,GMF)和多层感知机(multi-layer perceptron,MLP),提出了 NeuralCF 网络混合模型,这种方式与 NTN(neural tensor network)[27]类似。这两个子网络都包含用户和物品的表征部分:GMF 是利用线性的方式构建特征交叉,MLP 则是引入了非线性组合的表达能力,这样的 NeuralCF 结合了线性和非线性两种组合,因此具有强大的表达能力。

5.2.2 NeuralCF 模型的优势与局限性

NeuralCF 模型构建了一个极具灵活性的框架,其精髓在于利用用户向量和物品向量作为输入,通过不同的互操作层实现这些嵌入向量之间特征的交叉融合。这些互操作层的设计灵活多变,能够根据不同的推荐任务场景和需求进行定制化调整。此外,这些层还可以灵活地以拼接或堆叠的方式组合起来,进一步增强了模型结构的复杂性和表达能力,从而更好地捕捉用户与物品之间复杂而微妙的关联关系。

综上所述,NeuralCF 模型具有以下优势:

(1)增强特征提取能力。NeuralCF 模型抛弃了传统协同过滤模型中常用的内积操作,为了能够捕捉到传统方式难以发掘的特征组合信息,进而提升推荐系统的个性化推荐能力,使用了多层神经网络这一创新性的技术手段,增强了模型对于用户信息和物品信息的特征提取能力。

(2)使模型结构更灵活。NeuralCF 模型支持远远超出用户 ID 和物品 ID 范畴的丰富信息作为特征输入。此外,该模型为了达到最佳的推荐效果和性能,允许使用定制化的能力,针对不同的场景,对神经网络的层数和节点数进行了优化和调整。

(3)提高模型可拓展性。NeuralCF 模型可以跨技术地和其他先进的深度学习技术(如注意力机制和卷积神经网络)进行集成,从而增强模型的性能表现。为推荐系统领域的应用开辟了更广阔的空间,使得模型能够更加智能、高效地为用户提供个性化的推荐服务。

（4）改善模型服务性能。NeuralCF模型通常采用"双塔"结构，即用户侧模型和物品侧模型分别进行训练，然后通过互操作层（如内积或浅层神经网络）进行联合预测。这种结构使得模型能够轻松地适应不同的推荐场景和数据集，为用户提供更加个性化和精准的推荐服务。

与此同时，由于NeuralCF模型的本身设计上的原因，它也存在着一些局限性：

（1）特征依赖性强。NeuralCF模型为了能够进行精准的推荐，需要深度挖掘用户和物品的信息，这使得模型的推荐效果高度依赖于所选取的用户和物品特征值的质量与恰当性。只有在确保特征值既全面又准确的前提下，才能充分发挥NeuralCF模型的潜力，为用户提供更加精准和个性化的推荐服务。

（2）数据需求量大。NeuralCF模型是一种以深度学习为基础的推荐模型，这使得它在冷启动和数据稀疏等情况下，模型的推荐效果可能会受到一定的影响。因此，在实际应用中需要充分考虑这些因素，并采取相应的策略来优化模型的性能。

（3）计算复杂度高。NeuralCF模型由于引入了多层神经网络，其计算复杂度相对较高，这主要体现在模型结构的复杂性、对计算资源的高需求以及训练和预测过程中的时间成本上。因此，在实际应用中，需要根据具体场景和需求来权衡模型的复杂度和性能表现。

（4）有过拟合风险。当模型设计过于复杂或可用的训练数据相对稀缺时，NeuralCF模型可能会出现过拟合现象，导致模型虽然在训练集上表现出色，但在未见过的测试集上却可能表现不佳，失去泛化能力。

5.3 Wide & Deep 模型

Wide & Deep模型是Google于2016年6月发布的一个用于分类和回归的模型，并应用到了Google Play的应用推荐中。这个模型的设计理念是同时利用线性模型的记忆能力和深度神经网络的泛化能力，通过结合Wide部分和Deep部分来实现预测[28]。Wide & Deep模型同时具有了线性模型和深度学习模型的优点,可以快速处理大量的历史特征并具有强大的泛化能力。

5.3.1 Wide & Deep 模型的结构

Wide & Deep 模型结合了线性模型的记忆能力和深度学习模型的泛化能力,从而在推荐系统中实现更加精准的预测。其中,记忆能力是指模型可以直接根据历史数据中的频率学习并应用的能力;而泛化能力则是指模型识别并应用特征之间相关性的能力,能够挖掘稀有或未曾出现过的特征与最终标签之间的关联[29]。Wide & Deep 模型的结构主要由两个部分组成:一个宽的线性模型(Wide 部分)和一个深的神经网络模型(Deep 部分),其结构[31]如图 5-23 所示。

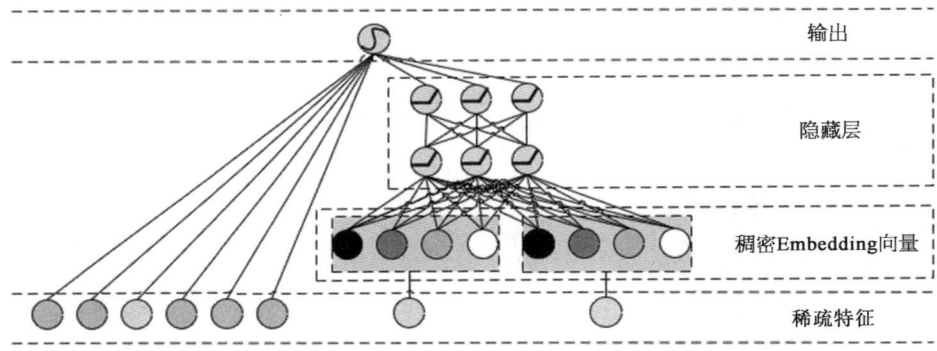

图 5-23 Wide & Deep 模型结构

Wide 部分是一个广义线性模型,一般用于直接处理输入特征和交叉特征。Wide 部分可以通过线性方法来利用大量稀疏的输入特征,并处理那些有具体意义的特征组合[30]。这些特征组合一般手动进行选择或者通过特征选择算法自动生成。同时 Wide 部分通过模拟特征间的交互来增强模型的记忆能力,从而有效地捕捉出现频率较高的特征组合。其结构如图 5-24 所示。

Deep 部分是一个前馈深度神经网络,用来捕捉特征之间的非线性关系和复杂模式。通过利用多层表示学习技术,Deep 部分能够增强其泛化能力,即模型对新未见过的数据的预测和判断能力得到显著提升。它可以通过多层的

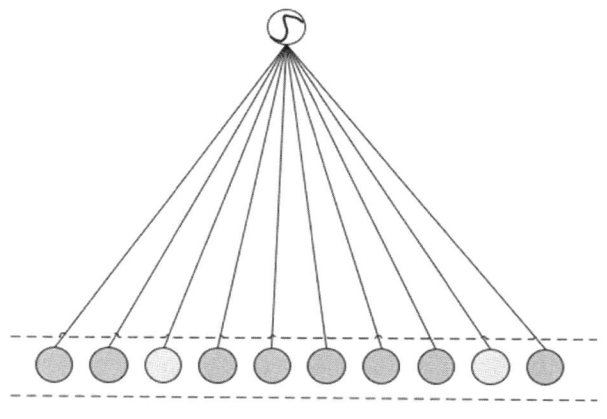

图 5-24 Wide 部分结构

非线性变换来学习输入数据的高阶特征表示，因此首先需要将接收到的大量稀疏特征转化为稠密的嵌入向量，然后通过多个的隐藏层进行处理。其结构如图 5-25 所示。

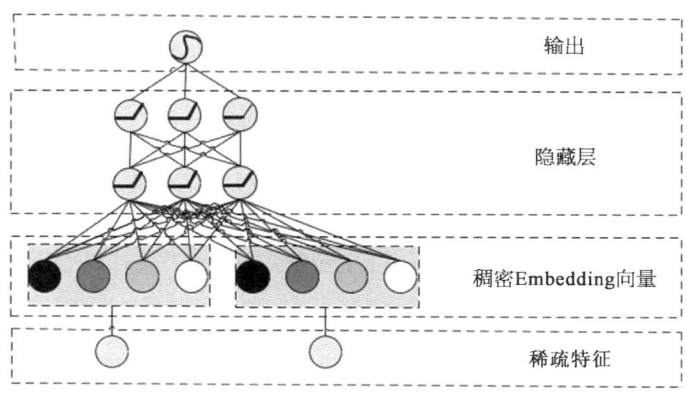

图 5-25 Deep 部分结构

在 Wide & Deep 模型中，Deep 部分和 Wide 部分处理的输入也有所不同，Wide 部分主要用来处理原始特征及其交叉特征，而 Deep 部分主要用来处理通过嵌入层转换的特征，并学习特征间复杂的非线性关系和模式。因此模型需对用户安装的 APP 与 Impression 进行叉乘处理，将结果作为 Wide 模型的输入。将编码后的稀疏特征与密集特征进行拼接来作为 deep 模型的输入如图 5-26 所示。

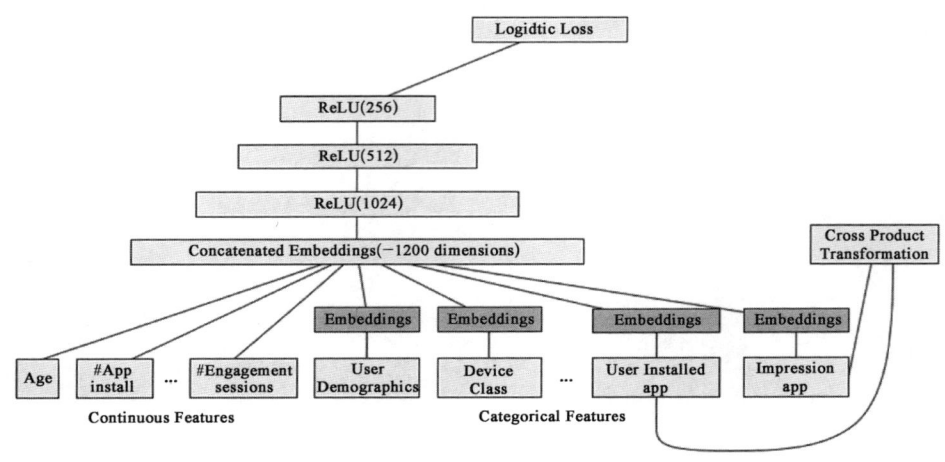

图 5‑26　Wide & Deep 模型详细结构

最终 Wide 和 Deep 部分的输出通过加权方式合并到一起，并通过逻辑损失函数进行最终输出[31]。Wide&Deep 模型的联合训练的模型预测数学形式为

$$P(Y=1\mid x)=\sigma(\bm{W}_{\text{wide}}^{\text{T}}[x,\phi(x)]+\bm{W}_{\text{deep}}^{\text{T}}a^{(l_f)}+b) \quad (5-19)$$

式中，$\sigma(\cdot)$ 是 sigmoid 函数，$\phi(x)$ 是特征转换函数，b 是偏置项，$\bm{W}_{\text{wide}}$ 是 Wide 模型的权重向量，$\bm{W}_{\text{deep}}$ 是用于激活函数 $a^{(l_f)}$ 的权重。

5.3.2　Wide & Deep 模型的进化

Wide & Deep 模型结合了线性模型的记忆能力和深度学习模型的泛化能力，使越来越多的研究人员对其进行研究和改进。其中影响力较大的是 2017 年由斯坦福大学联合 Google 的研究人员发表的论文 *Deep & Cross Network for Ad Click Predictions* 中提出的 Deep & Cross 模型。

Deep & Cross 模型将深度学习和交叉特征技术结合到一起，它通过深度神经网络学习高阶特征表示，同时利用交叉特征获取输入数据的低阶相关性。Deep & Cross 模型的结构从下往上依次为：Embedding 和 Stacking 层、Cross 网络层与 Deep 网络层并列、输出合并层，如图 5‑27 所示。

Cross 网络层是 DCN 的核心，它可以自动学习特征之间的交互，尤其是线性和非线性交叉。Cross 网络层由多个"cross 层"构成。每一层都用于学习并添加

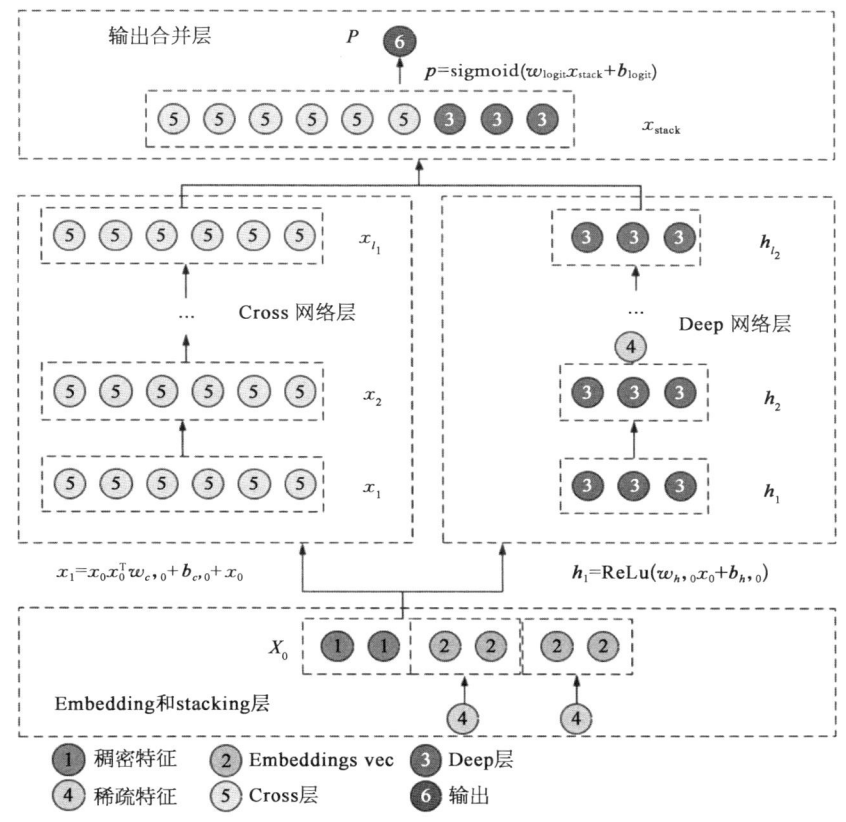

图 5-27 Deep & Cross 模型结构

输入特征的特定交叉,从而提高模型的表达能力。每个交叉层的输出是通过将前一层的输出与原始输入特征进行数学运算得到。每一层的计算公式为

$$x_{l+1} = x_0 x_l^T w_l + b_l + x_l \tag{5-20}$$

式中,x_0 是原始输入特征,x_l 是第 l 层的输出,w_l 和 b_l 是该层的权重和偏置。Cross 网络在交叉层的操作如图 5-28 所示。

通过将原始输入 x_0,经过变换后的特征 x' 和与权重 w 进行点乘后,再加上偏置 b 和原始输入 x 来计算得出 Cross 网络的输出 y。这个过程自动实现了特征之间的交叉,并增强了模型捕捉特征间复杂关系的能力。最后将两个 Deep 部分和 Cross 部分的输出进行串联通过全连接层进行进一步的处理,如下式所示。

$$p = \sigma([x_{l_1}^T, h_{l_2}^T] w_{\text{logits}}) \tag{5-21}$$

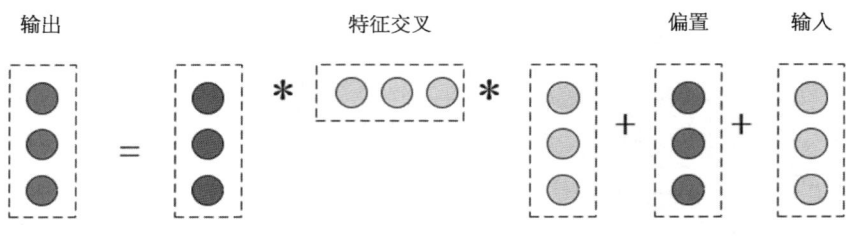

图 5-28 Cross 网络在交叉层的操作

式中，σ 是 sigmoid 激活函数，用于将线性输出转换为概率值。x_{l1} 是 Cross 部分的输出。h_{l2} 是 Deep 部分的输出。w_{logits} 是一个权重矩阵，用于将串联后的向量转换为最终的 logits。p 是模型输出的预测概率。

Deep & Cross 模型相较于 Wide & Deep 模型的主要优势在于其能够自动化地处理特征交叉，减少对复杂和耗时手工特征工程的依赖。该模型采用创新的 Cross 网络代替 Wide 部分实现自动学习特征之间的交互而无须人工定义特征交叉，从而大幅提高了模型的效率。

5.3.3 Wide & Deep 模型的影响力

Wide & Deep 模型自 2016 年由 Google 推出以来，在机器学习领域特别是推荐系统中产生了深远的影响。这种模型通过结合线性模型的记忆能力和深度神经网络的泛化能力，显著提高了推荐的准确性和个性化水平。其应用在 Google Play 的应用推荐中，成功改善了用户体验，增加了平台收入，还被广泛应用于在线广告、搜索排序、金融科技等多个行业。

Wide & Deep 模型证明了同时使用线性部分和深度神经网络部分的有效性，这种结构启发了许多后续模型的开发，例如 DeepFM、Neural Factorization Machines（NFM）、xDeepFM 等。这些模型继承了 Wide & Deep 的核心思想，并在此基础上加入了新的元素，如因子分解机(FM)，以增强模型自动学习特征交叉的能力等。同时 Google 将其实现开源，进一步促进了机器学习社区的技术交流和发展，使这种模型成为许多研究和教育项目的核心学习内容。总的来说，Wide & Deep 模型不仅自身在推荐系统中取得了显著成就，还促进了整个推荐系统领域的技术进步和创新，对后来的推荐模型设计和实现产生了深远的影响。

5.4 Word2Vec 模型

Word2Vec[33]作为一种极其热门的自然语言处理中的词嵌入(word embedding)技术,旨在将词汇表中的词汇或短语映射为具有固定维度且密集的数值向量。这一过程不仅实现了词汇的数字化表示,还使得这些向量能够反映单词之间的深层语义关联,从而在向量空间中,意义相近或相关的单词会被自然地安排得更为接近。

Word2Vec 由 Google 的研究者 Mikolov[33]等人在 2013 年提出,并迅速在自然语言处理(NLP)领域得到广泛应用。它使用神经网络模型从一个大的数据集矩阵开始识别相关的单词,一旦经过训练,它就可以从周围的单词中选择具有相似含义的单词[34]。自此之后,Embedding 技术从自然语言处理领域推广到广告、搜索、图像、推荐等深度学习应用领域,成了深度学习知识框架中不可或缺的技术点。

Word2Vec 主要有两种模型实现方式,如图 5-29 所示[33]。

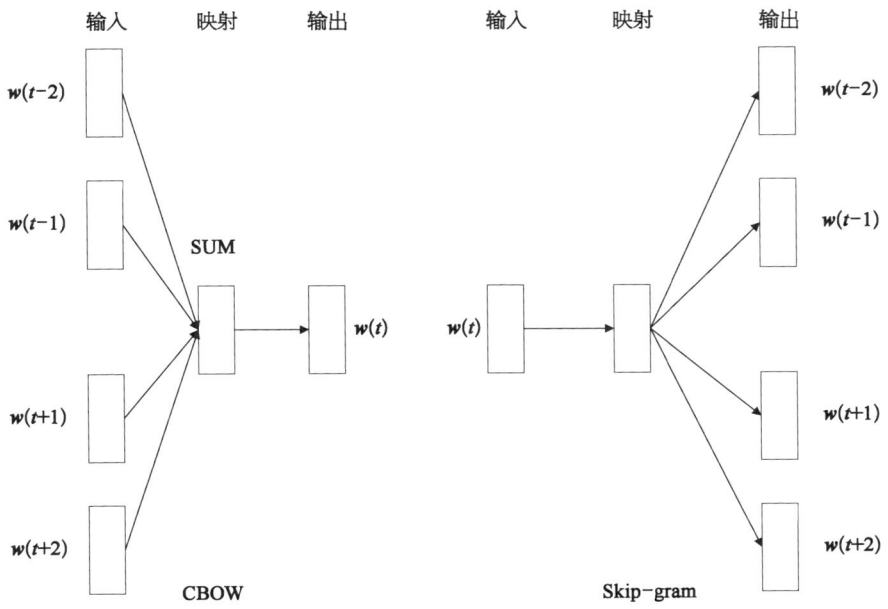

图 5-29 Woed2Vec 的两种模型结构 CBOW 和 Skip-gram

从图 5-29 中，可以用一句话来分别概括两个模型的功能：Skip-Gram 模型使用一个中心词来预测该词上下文的词；CBOW 模型是用一个目标词的上下文信息来预测或者判断这个词的本身。

依据 2013 年 Mikolov 的原始论文，CBOW 模型类似于正反馈神经网络语言模型(NNLM)，其中非线性层被删除。CBOW 模型的结构如图 5-30 所示。

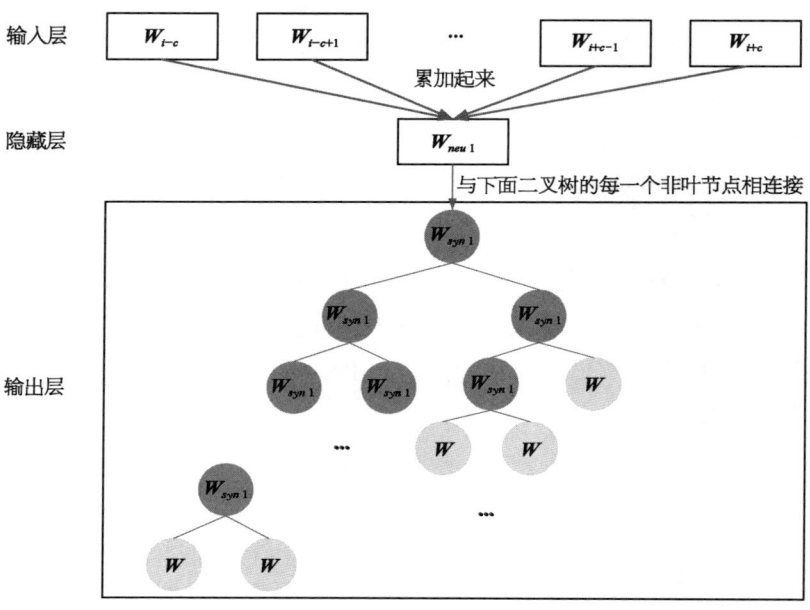

图 5-30　CBOW 的三层结构

从图 5-30 可以看出，该模型主要包括 3 层结构，分别是输入层、隐藏层和输出层。

输入层：输入已知上下文的词向量。

隐藏层：将输入层的词向量做累加求和(或累加求取平均)。

输出层：该层是一颗哈夫曼树，树的叶节点与语料库中的单词一一对应，而树的每个非叶节点是一个二分类器(一般是 softmax 感知机等)，树的每个非叶节点都直接与隐含层相连。

该模型将上下文的词向量输入 CBOW 模型，由隐含层累加得到中间向量，将中间向量输入哈夫曼树的根节点，根节点会将其分到左子树或右子树。每个非叶节点都会对中间向量进行分类，直到达到某个叶节点，该叶节点对应的单词就是对下个单词的预测。

Skip-gram 模型的结构与 CBOW 模型正好相反，skip-gram 模型输入某个单词，输出对它上下文词向量的预测。Skip-gram 模型的结构如图 5－31 所示。

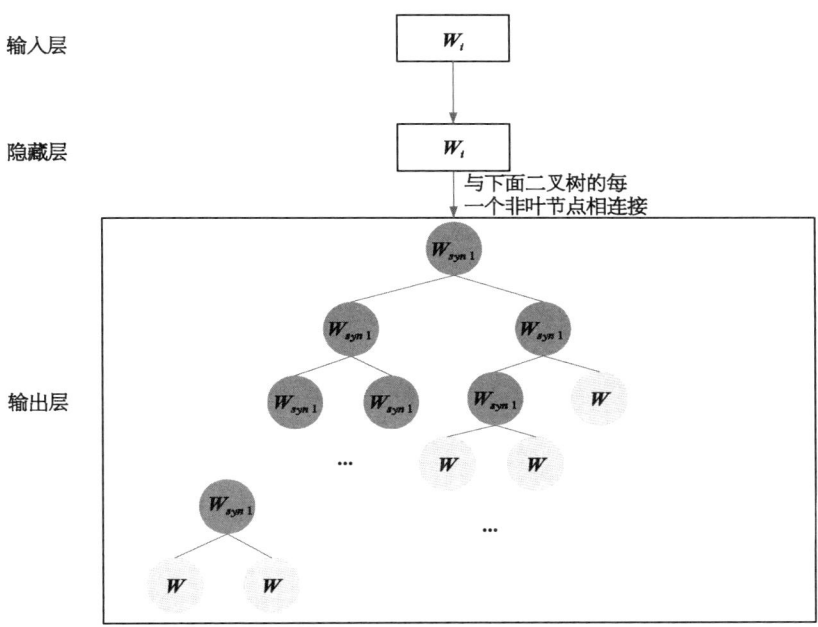

图 5－31 Skip-gram 模型的网络结构示意

Skip-gram 模型同样也可以表示为 3 层结构：

输入层：只含当前样本的中心词的向量 W_i。

隐藏层：这是个恒等投影，把 W_i 投影到 W_i（实际上这个投影层其实是多余的，这里保留这个投影层的目的是为了方便和 CBOW 模型的网络结果作对比）。

输出层：和 CBOW 模型一样，输出层也是一棵哈夫曼树。

Skip-gram 的核心同样是一棵哈夫曼树，每一个单词从树根开始到达叶节点，可以预测出它上下文中的一个单词。对每个单词进行 $N-1$ 次迭代，得到对它上下文中所有单词的预测，根据训练数据调整词向量得到足够精确的结果。

5.4.1 Word2vec 模型训练过程

Word2Vec 可以捕获语言中的功能关系,并将同义词放在潜在空间中彼此靠近的位置,而在不同上下文中可能出现的单词则放置在很远的地方[35]。

2014 年,Xin Rong[36]在他关于 Word2Vec 的文章中指出:Word2Vec 的网络结构里涉及神经网络中经典的输入层、隐藏层、输出层,通过从输入层到隐藏层或隐藏层到输出层的权重矩阵去向量化表示词的输入,学习迭代的是两个权重矩阵可以分别用 $W_{V\times N}$,$W'_{N\times V}$ 来表示(其中 V 表示词汇表长度,N 表示隐藏神经元个数,同时也是词向量维度)。Word2Vec 中的网络结构[2]如图 5-32 所示。

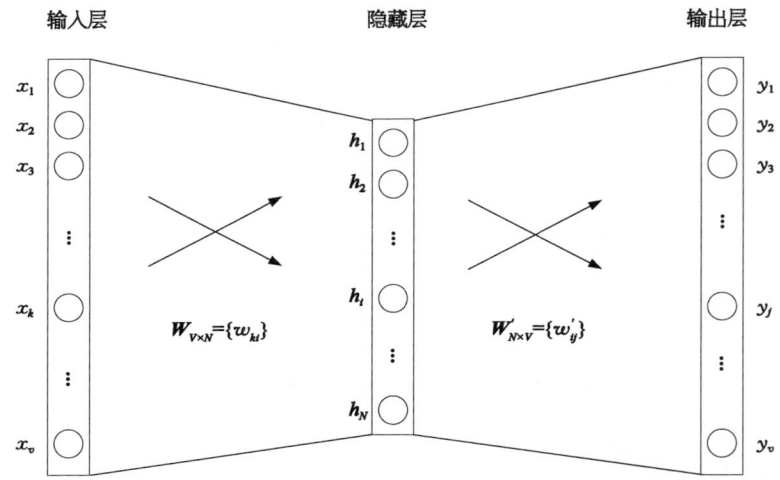

图 5-32 Word2Vec 中的网络结构

$W \in R^{V\times N}$ 表示输入层到隐藏层的权重矩阵,也就是词向量矩阵,其中矩阵的每一行代表一个词向量。由于隐藏层采用了线性激活函数,这意味着该层不对输入数据进行任何非线性变换或复杂处理,其输出基本上是输入数据的线性组合。

$W' \in R^{N\times V}$ 表示隐藏层到输出层的权重矩阵,这个权重矩阵的每一列可以被视为与输出层中每个词汇相关联的一种"额外"词向量。由于 V(词汇表的大小)往往非常大(可能包含数万个甚至数百万个词汇),因此这个权重矩阵 W' 的大小也会非常庞大,导致从隐藏层到输出层的计算量显著增加。这种大规模的计算不仅会影响训练速度,还可能对硬件资源提出很高的要求。所以当我们在训练的时候,一般采用 Hierarchical softmax 或负采样的加速算法。

训练完毕之后,输入层的每个单词与矩阵 W 相乘得到的向量就是我们想要的词向量(word embedding),这个矩阵(所有单词的 word embedding)也叫作 look up table,这个查找表(look-up table)存储了词汇表中每个单词对应的词向量。在训练过程中,模型通过学习不断调整这个矩阵中的值,以使得词向量能够捕捉到单词之间的语义关系。训练完成后,这个矩阵就被固定下来,用于表示词汇表中所有单词的词向量。因此,有了这个查找表,就可以在不需要重新训练模型的情况下,直接通过查找表来获取任何单词的词向量。

下面具体介绍一下 Word2Vec 模型的训练过程(以 CBOW 为例):

(1)首先要对语料库进行预处理,包括分词和去重,从而构建一个词汇表 word_to_ix,这个表将每一个唯一的单词映射到一个唯一的索引上。接下来为了训练 CBOW 模型,我们假设上下文长度 CONTEXT_SIZE=2,针对语料库中的每一个单词,我们选取其左右两侧各两个单词(或根据实际位置进行边界处理)作为上下文 x,而该单词本身则作为预测目标 y。

(2)输入数据以词汇表的 one-hot 编码形式呈现,每个编码向量代表词汇表中的一个唯一单词,其中仅该单词对应的索引位置为 1,其余均为 0。输入层将输入的 n 个向量作为一次性输入处理,输出的也是 n 个向量,是 n 条记录的平均值,实际上,隐含层输入的向量就是每个词的最终表现形式,即训练好网络之后,把一个词作为 Embedding 层的输入,就可以得到该词的向量表示。网状结构如图 5-33 所示。

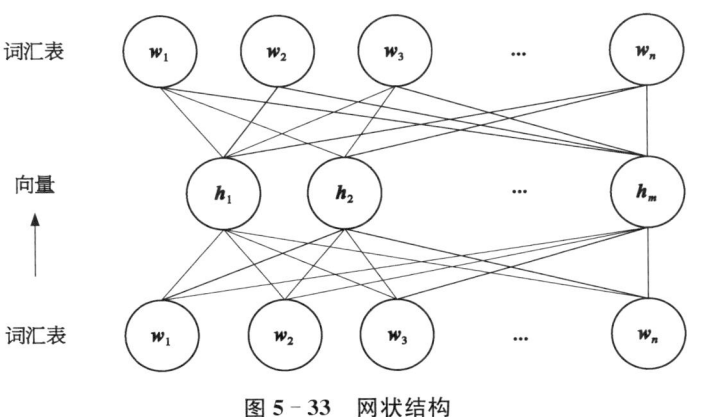

图 5-33 网状结构

5.4.2　Word2vec 对 Embedding 技术的意义

Word2Vec 作为一种广受欢迎的自然语言处理(NLP)技术,对 Embedding 技术产生了深远影响。它不仅促进了 Embedding 技术在 NLP 领域的广泛应用,还通过其独特的算法设计,显著提升了文本处理任务的性能与效率,为后续的 NLP 研究与应用奠定了坚实的基础,其意义如下:

(1) 语义捕捉能力。Word2Vec 模型在其训练过程中构造了一个可以将语义上相近或相关的词映射到彼此接近的位置的空间,使模型在处理 NLP 任务时,可以根据词汇间的向量距离来判断它们之间的语义联系,进而更深入地理解文本内容。

(2) 降维与稀疏性解决。在自然语言处理领域,词汇的独热编码(one-hot encoding)是一种被广泛应用的表示方法,但它却面临着维度庞大且高度稀疏的显著挑战。Word2Vec 模型能够通过生成低维且稠密的词向量来克服这些难题,不仅降低了计算成本,还使得模型在训练过程中能够更容易地捕捉和学习词汇之间复杂而微妙的语义关系,进而提升了自然语言处理任务的效率和准确性。

(3) 迁移学习与通用性。Word2Vec 所训练的词向量能够灵活地应用于各种不同的自然语言处理(NLP)任务中,实现了跨任务的迁移使用。在进行某个具体任务时,不需要从零开始训练词向量,节约资源的同时,也提高了效率。

(4) 推动深度学习在 NLP 中的应用。Word2Vec 的卓越表现极大地推动了深度学习技术在自然语言处理(NLP)领域的普及与深化。通过将词汇转换成连续的向量形式,为深度学习模型(特别是神经网络)处理和理解文本数据铺设了一条更为顺畅的道路。Word2Vec 为后来一系列复杂的 NLP 任务,诸如文本分类、情感分析以及机器翻译等,奠定了坚实的技术基础。

(5) 促进语言模型的发展。Word2Vec 的显著成就不仅奠定了坚实的基础,还激发了后续一系列更为高级的语言模型(如 BERT,GPT 等)的涌现。这些新兴模型在继承 Word2Vec 优点的同时,也显著提升了自然语言处理(NLP)各项任务的效果与性能。

5.5 DeepFM 模型

DeepFM 模型[38]是一个融合了传统因子分解机(FM)和深度神经网络(DNN)的推荐系统模型。DeepFM 模型在 2017 年由华为诺亚方舟实验室的研究人员提出,该模型借鉴了 Wide&Deep 模型的结构,将 Wide 部分替换为 FM 模型[37]。它直接在一个模型中整合了 FM 和 DNN,允许这两部分共享相同的输入特征表示,从而提高了模型学习的效率和效果。DeepFM 不仅简化了模型的训练过程,而且通过端到端的训练方式,提升了特征学习和推荐的准确性。

5.5.1 DeepFM 结构

DeepFM 模型包含两部分:因子分解机部分与神经网络部分,分别负责低阶特征的提取和高阶特征的提取,其结构[37]如图 5-34 所示。

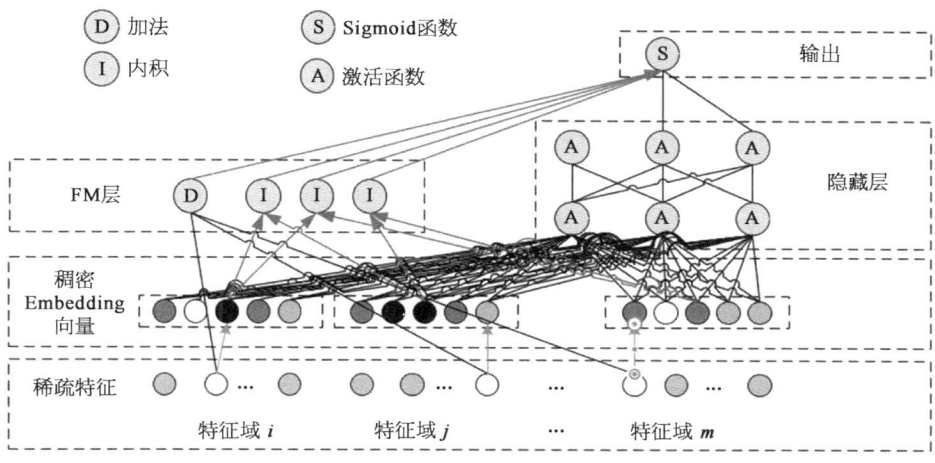

图 5-34 DeepFM 模型结构

DeepFM 模型可以同时利用因子分解机部分和深度神经网络部分来学习数据中的特征交互,下面详细介绍这两部分的结构和功能。

FM 部分(factorization machine)的主要目的是捕获特征之间的一阶和二阶交互,主要用于处理稀疏数据。其中一阶线性关系类似于线性回归模型,它

基于社交关系的个性化推荐方法

用于处理输入特征的一阶关系,每个特征都有一个对应的权重,FM 可以对这些权重和特征通过线性组合来计算它们对目标变量的贡献[38]。FM 在处理二阶特征交互时,它会为每个特征学习一个特征向量或嵌入向量,并通过这些向量的点积表示特征之间的交互。任意两个特征之间的交互都由它们嵌入向量的点积来表示[39]。采用这一方法不仅提升了处理效率,还能够有效挖掘众多特征之间的潜在关系,特别适用于处理高纬度且数据稀疏的复杂数据集。FM 部分详细结构如图 5-35 所示。

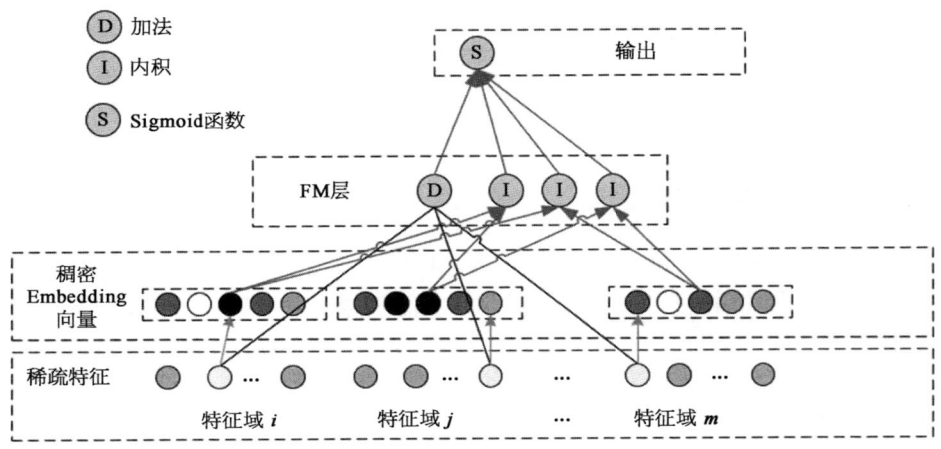

图 5-35 FM 部分结构

FM 的预测模型数学形式[39]为

$$\hat{y}(x) = w_0 + \sum_{i=1}^{n} w_i x_i + \sum_{i=1}^{n} \sum_{j=i+1}^{n} \langle \boldsymbol{v}_i, \boldsymbol{v}_j \rangle x_i x_j \quad (5-22)$$

式中,w_0 是全局偏置项,w_i 是第 i 个特征的权重,x_i 是第 i 个特征的值,$\boldsymbol{v}_i$ 和 $\boldsymbol{v}_j$ 是特征 i 和 j 的隐向量,点 $\langle \boldsymbol{v}_i, \boldsymbol{v}_j \rangle$ 表示这两个特征值的交换强度。

FM 一般用作对一阶到二阶的特征组合进行建模,而对于高阶特征则需要多层的神经网络来处理,也就是 DeepFM 模型的第二部分 DNN 部分(deep neural network)。DNN 部分主要用来捕获高阶的特征交互,这部分通常由多层全连接层组成,它可以学习数据中的复杂模式和深层特征[40]。因为 DNN 部分的输入是特征的嵌入向量,所以每个原始特征首先需要被转换成一个低维的嵌入向量,这些向量对于 FM 部分和 DNN 部分是共享的。随后将这些嵌入向量平铺成一个单一的长向量来作为 DNN 的输入。在输入层后是多个全连接的隐藏层,每层包含许多神经元,这些层的主要功能是逐层抽象和变换输入的特征向量,并通过非线性激活函数增强模型的表达能力。每一层都在从前一层学习到的特征表示中提取更复杂的特征交互。最后将 DNN 部分与 FM 部分进行合并,从而把 FM 部分学习到的低阶特征交互和 DNN 部分学习到的高阶特征交互结合到一起[41]。DNN 部分的详细结构如图 5-36 所示。

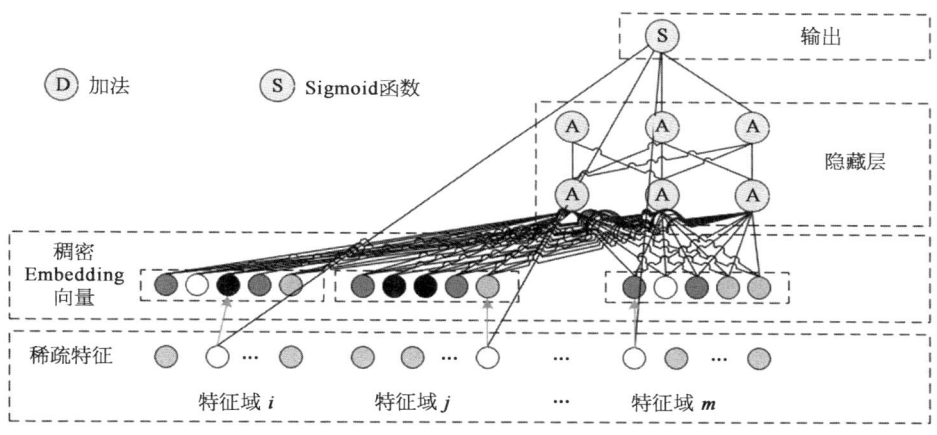

图 5-36 DNN 部分结构

在 DeepFM 模型中,FM 部分和 DNN 部分的输出在最终输出层会被结合起来,通常是通过加权求和或简单相加的方式,合并后通常使用 sigmoid 函数将输出转换为概率值。这种融合策略允许模型在作出最终决策时同时考虑低阶和高阶的特征交互,增强了模型的泛化能力和预测精度。DeepFM 中 FM 和 DNN 预测结果的输出方式为

$$\hat{y} = sigmoid(y_{FM} + y_{DNN}) \quad (5-23)$$

DeepFM 模型通过结合 FM 和 DNN,有效地整合了低阶和高阶特征交互的学习。它不仅可以自动学习特征间复杂的交互关系而无需复杂的特征工程,而且通过共享特征嵌入简化了模型结构,减少了计算复杂性[42]。DeepFM 能够处理大规模稀疏数据并具有很好的泛化能力和灵活性,应用场景十分广泛,使其成为推荐系统中极具价值的模型。

5.5.2　DeepFM 模型的训练过程

DeepFM 模型特点在于其集成了 FM 和 DNN 的优势，通过 FM 部分捕捉特征之间的低阶交互，通过 DNN 部分学习高阶特征交互，实现了特征工程的自动化。在训练过程中通过利用 embedding 层将稀疏离散特征映射到低维连续向量，从而高效处理高维稀疏数据，并采用了反向传播算法同时优化 FM 和 DNN 部分的参数，使模型能够在捕捉复杂特征交互的同时具有较高的训练效率和预测准确性。DeepFM 模型的训练过程主要包括数据预处理、模型构建、模型训练和模型评估与调优。

1）数据预处理

在开始训练 DeepFM 模型之前，首先需要对数据进行适当的预处理，它将直接影响到模型的训练效率和最终性能。第一步需要进行特征选择，这包括识别哪些特征是有意义的，哪些是冗余的或与目标变量无关的。对于 DeepFM 模型，重要的是选择那些既能反映一阶线性关系也能体现高阶交互的特征。

进行特征选择后需要进行特征编码，对于类别特征通常采用独热编码（one-hot encoding）或嵌入（embedding）技术来处理。独热编码虽然简单但可能会导致维度过高，而嵌入可以在降低维度的同时保留特征的信息。对于数值特征进行标准化或归一化处理，以确保不同特征的尺度一致。处理数据中的缺失值可以选择使用平均值、中位数、众数或预测模型等进行填充，或者简单地删除含有缺失值的数据行。最后将得到的数据集分为训练集、验证集和测试集，训练集用于模型的训练，验证集用于调整模型参数，测试集用于最终评估模型的性能。通常数据划分比例一般是 70% 训练集、15% 验证集和 15% 测试集，具体比例可以根据实际数据量和需求进行调整。

2）模型构建

构建 DeepFM 模型涉及设置 FM 部分和 DNN 部分。FM 部分主要包括一阶线性交互和二阶交互。一阶线性交互类似于传统的线性模型，二阶交互中每对特征的交互通过它们各自的嵌入向量的点积来模拟，这种结构可以有效地捕捉特征间的交互。DNN 部分包括多层全连接层，其中每层都包含一定数量的神经元，并通过激活函数引入非线性，用以学习输入特征的高阶交互。

FM 部分和 DNN 部分的输出最终会在模型的输出层通过简单的加权求和整合起来，其中 FM 部分贡献了低阶特征交互的影响，而 DNN 部分贡献了高阶特征交互的影响。

3) 模型训练和优化

在模型的训练和优化过程中，需要选择合适的损失函数。对于分类问题，通常使用交叉熵损失函数来度量模型输出与真实标签之间的差异。对于回归问题，可以选择均方误差作为损失函数。同时需要设置合理的批量大小和迭代次数，批量较小可能导致训练过程不稳定，而较大的批量可能会增加内存压力并降低训练的效率，同时需要采用 Dropout 或 L2 正则化等技术来防止过拟合。此外，需要通过手动调整或使用自动化工具根据模型在验证集上的表现调整学习率和模型参数。最后使用 AUC、精度、召回率等指标在独立的测试集上评估模型的性能，确保模型具有良好的泛化能力。

在 DeepFM 模型的训练过程中，从数据预处理到模型构建、训练、优化，每个步骤都要确保模型能够有效捕捉和学习数据中的复杂特征交互。采取良好的训练策略和优化技术，DeepFM 模型可以结合因子分解机和深度神经网络的优势，能够实现高效的特征学习，显著提高推荐系统的准确性和效率。

5.6 xDeepFM 模型

xDeepFM 模型[44]并不是对 DeepFM 的改进。xDeepFM 是对 DCN[43] (deep & cross network)的改进。Lian J[44]等人提出的 xDeepFM 模型认为 DCN 网络中 cross 部分只是对 x_0(输入向量)某种特殊的放缩(交叉)，且 cross 部分的交叉是 bit-wise(各特征向量拼接为一个向量，抹去不同向量的概念，后续模块计算时，对于同一特征向量内的元素会有交互计算的现象出现)的，而不是像 FM[45]那样是 vector-wise(特征交叉参与运算的最小单位为向量，且同一隐向量内的元素并不会有交叉乘积)的。

xDeepFM 模型主要由 3 个模块组成，分别是深度神经网络(DNN,具有逐层架构，并且使用基于张量的操作进行训练[46])模块、线性模型(linear)模块和压缩交互网络(compressed interaction network,CIN)模块。

5.6.1 CIN 模型

为了实现自动学习并显式地捕捉各阶特征之间的相互作用,同时确保这种交互在向量层面进行,提出了一种创新的神经网络架构,命名为压缩交互网络。在 CIN 的架构中,隐向量被视作一个基本的处理单元。据此设计,输入层接收的原始特征数据以及神经网络中各个隐藏层级所产生的输出,都被结构化为独立的矩阵形式,分别标记为 $\boldsymbol{X}_0$ 和 $\boldsymbol{X}_k$。在该模型中,每一层的神经元并非孤立存在的,而是基于前一隐藏层的输出以及原始特征向量 $\boldsymbol{X}_0$ 共同计算得出的,它的计算公式[44]为

$$\boldsymbol{X}_{h,*}^{k} = \sum_{i=1}^{H_{k-1}} \sum_{j=1}^{m} W_{ij}^{k,h} (\boldsymbol{X}_{i,*}^{k-1} \cdot \boldsymbol{X}_{j,*}^{0}) \tag{5-24}$$

式中定义的点乘部分计算为

$$\langle a_1, a_2, a_3 \rangle \cdot \langle b_1, b_2, b_3 \rangle = \langle a_1 b_1, a_2 b_2, a_3 b_3 \rangle \tag{5-25}$$

式中,隐层的计算可以分成两个步骤:

(1) 根据前一层隐层的状态 $\boldsymbol{X}_k$ 和原特征矩阵 $\boldsymbol{X}_0$,两个向量作点乘(与数学中向量点乘是标量不同)计算出一个中间结果 $\boldsymbol{Z}^{k+1}$,它是一个三维张量,如图 5-37 所示。

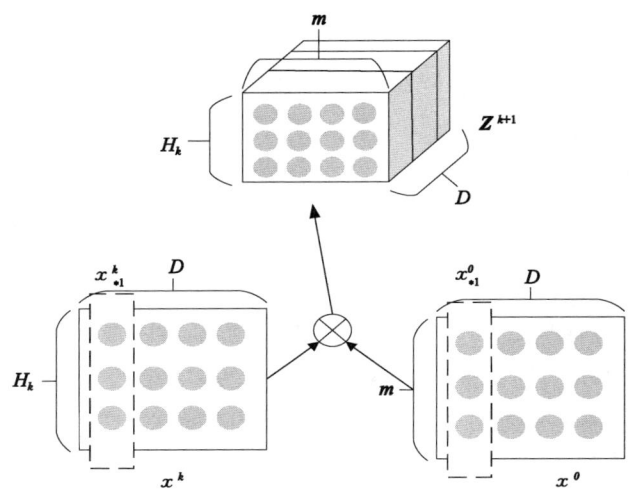

图 5-37 CIN 的组织和架构

（2）在这个中间结果上，我们使用 H_{k+1} 个尺寸为 $m \times H_k$ 的卷积核下生成下一隐层的状态，具体的过程如图 5 - 38 所示。

在 CIN 的架构中，一个显著的特点是，其单个神经元的接受域（或称为感受野）的扩展方式是沿着一个垂直于特征维度 D 的完整平面展开的，覆盖了该方向上的所有信息。这意味着，与特征维度 D 垂直的每一个位置上的信息都被该神经

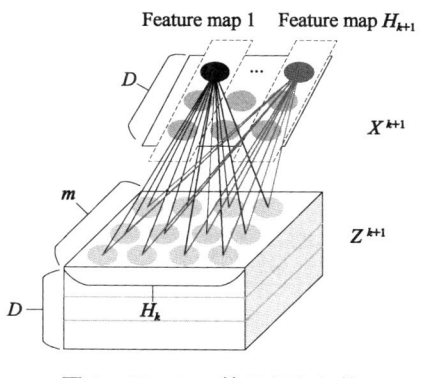

图 5 - 38 CIN 的组织和架构

元所考虑，形成了一种全局性的连接模式。相比之下，在 CNN 中，神经元的接受域则局限于其物理位置周围的一个局部小范围区域，这有助于捕捉局部的空间特征。由于 CIN 中这种全局性的接受域特性，当执行卷积操作时，它并不像在 CNN 中那样生成二维的特征图（feature map），因为每个神经元都已经涵盖了垂直于特征维度 D 的整个平面。相反，CIN 的卷积操作结果是一个向量，这个向量包含了经过全局卷积处理后的特征信息，而非传统 CNN 中二维矩阵形式的局部特征表示。

Feature map 是由一系列遵循特定的权重组合规则生成的 D 维向量组成。具体来说，该 D 维向量的第一个元素是通过一组特定的权重 1 * 输入数据的第一层所有元素得到的，类似的，第二个元素则是通过另一组不同的权重 2 * 输入数据的第二层所有元素得到的。以此类推，得到整个 D 维向量。

在给定的多组不同权重（如权重 1、权重 2、权重 3 等）的作用下，我们可以重复执行特定的计算流程。每次计算时，都会采用不同的权重组合来处理输入数据，进而生成一个新的 D 维向量。这一过程多次重复后，我们将获得一系列这样的 D 维向量，它们各自对应着输入数据在不同权重配置下的特征映射。将这些 D 维向量按照特定的顺序排列，就构成了一个矩阵，这个矩阵就是 Feature map。

在进行特征聚合时，考虑到向量中的每个元素都携带了重要的信息，因此 CIN 不采用传统的 max pooling，而是选择 sum pooling。每个交叉特征向量经过 sum pooling 处理后，被压缩成一个单一的值，这样所有的交叉特征向量就转换成了一个更紧凑的向量。这个向量随后被送入一个全连接层，该层进

一步处理并整合这些特征,最终输出一个数值,作为 CIN 模块的输出。这里需要注意,CIN 的输出并不是最终的预测结果。它会与一次项(一个值)以及 DNN(一个值)直接求和相加,得到的数据再通过 sigmoid 函数进行转换,最终生成模型的预测输出。CIN 的宏观框架如图 5-39 所示。

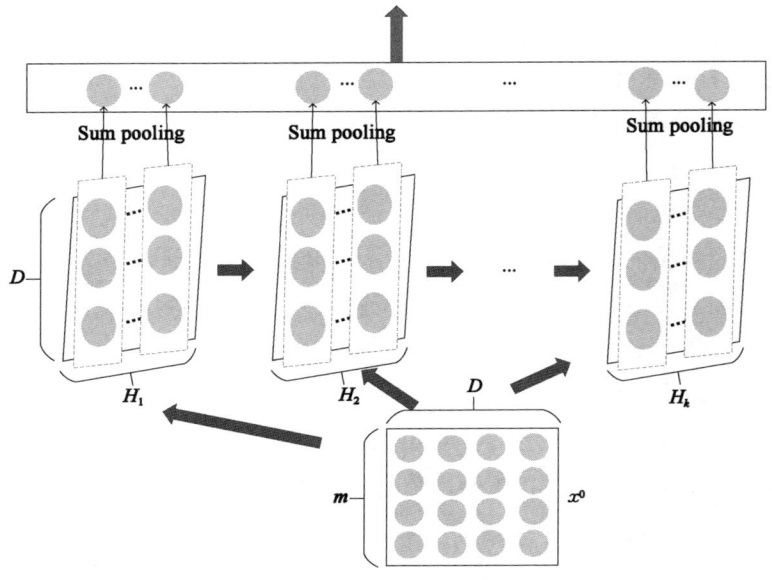

图 5-39 CIN 的宏观框架

由此可知,该模型最终能够学习和表达的特征交互的复杂度或阶数,直接受限于网络架构中的层数。所以,该模型设计了一个关键的机制:每一层隐藏层都通过一个池化操作与输出层建立直接的连接。用来确保输出单元可以见到不同阶数的特征交互模式,这就使得每一层隐藏层所学习到的特征交互信息都能够被有效地传递到输出层,而不仅仅是最后一层。同时也使得模型能够在考虑来自网络中的各个层级的特征交互信息和多阶数的特征交互信息来作出决策。

5.6.2 xDeepFM 模型结构

将 CIN 与线性回归单元、全连接神经网络单元组合在一起,得到最终的模型并命名为极深因子分解机(xDeepFM),其结构如图 5-40 所示。

通过集成 CIN 和 DNN 两大模块,xDeepFM 模型巧妙地实现了特征交互

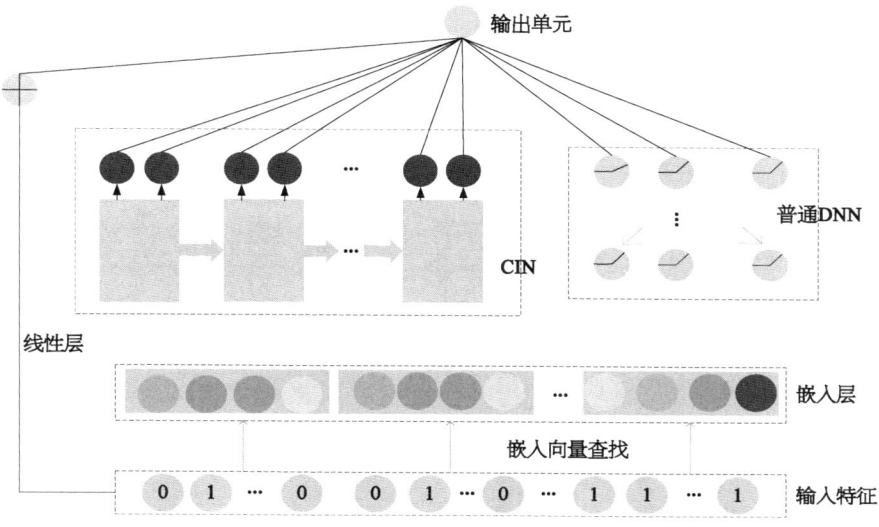

图 5-40 xDeepFM 结构图

的双重学习路径——既能够显式地通过 CIN 模块捕捉复杂的特征间高阶交互,又能够隐式地通过 DNN 模块学习非线性特征组合。这种设计不仅赋予了模型强大的特征表达能力,还平衡了模型的记忆能力与泛化能力。为了提高模型的通用性和效率,xDeepFM 创新性地使不同的模块共享同一套输入特征图数据,从而在统一的数据视图中协同工作。在具体的应用实践中,根据特定任务的需求和数据的特性,也可以灵活调整策略,允许不同的模块接收并处理各自独特的数据集,以进一步提升模型在处理复杂或特定场景任务时的效能。

考虑到 xDeepFM 包括低阶和高阶特征交互、包括隐式和显式特征交互,它的结果输出单位变为

$$\hat{y} = \sigma(w_{\text{linear}}^{\text{T}} a + w_{\text{dnn}}^{\text{T}} x_{\text{dnn}}^{k} + w_{\text{cin}}^{\text{T}} p^{+} + b) \tag{5-26}$$

式中,σ 为 sigmoid 函数,a 为原始特征,x_{dnn}^{k},p^{+} 分别为 DNN 和 CIN 的输出,w_* 和 b 为可学习的参数。对于二值分类,损失函数为对数损失:

$$\mathcal{L} = -\frac{1}{N} \sum_{i=1}^{N} y_i \ln \hat{y_i} + (1 - \hat{y_i}) \ln(1 - \hat{y_i}) \tag{5-27}$$

式中,N 为训练实例总数。优化过程是最小化以下目标函数:

$$\mathcal{J} = \mathcal{L} + \lambda_* \|\Theta\| \tag{5-28}$$

式中，λ_* 表示正则化项，Θ 表示参数集，包括线性部分、CIN 部分和 DNN 部分。

5.7 TrustSVD 模型

在协同过滤的算法中存在着的数据稀疏性和冷启动的问题会在一定程度上降低推荐系统的推荐性能。为了能够解决这些存在的问题，Guo 等人提出了 TrustSVD[47]，该模型是一种基于信任矩阵的矩阵分解技术。在构建推荐模型时，必须要全面考虑评分和信任这两个因素的显式与隐式影响。因此该模型以最先进的推荐算法 SVD++[48]为基石。

SVD++算法本身已经成功融合了用户对物品的显式评分与隐式行为的影响。为了优化推荐的准确性，Guo 等人对 SVD++算法进行了扩展，引入了明确的信任信息作为补充，进而提出了 TrustSVD 算法。这种创新性的结合方式旨在更精确地捕捉和利用用户间的信任关系，从而提升推荐系统的整体性能。

一方面，为了拓展 SVD++的用户表征能力，将关于信任的隐式影响融入用户的建模过程中；另一方面，为了确保向量能够准确地反映社会信任关系中的位置与角色，利用这些向量来约束和调整用户特定向量的学习过程。

该模型不仅能够从有限的评分数据中学习到用户的偏好，还能充分利用丰富的信任信息来填补数据稀疏的空白，从而有效缓解矩阵稀疏性和冷启动问题。为了进一步提升模型的泛化能力，该模型采用了加权 λ 正则化技术，这一技术通过对模型参数的适当约束，有效避免了模型在训练过程中可能出现的过拟合现象，确保了模型在未知数据上的良好表现。

5.7.1 TrustSVD 模型的问题定义

在构建一个推荐系统时，假设有 m 个用户和 n 个物品，我们引入用户-物品矩阵 $\boldsymbol{R}=[r_{u,i}]_{m\times n}$ 来量化用户对物品的喜好程度，其中元素 $r_{u,i}$ 表示用户 u 对物品 i 的评分。同时定义一个包含用户 u 已经评分的所有物品的集合 I_u。找到两个低秩矩阵，用户特征矩阵 $\boldsymbol{P} \in \mathbb{R}^{d\times m}$ 和物品特征矩阵 $\boldsymbol{Q} \in \mathbb{R}^{d\times n}$，在尽可能少的维度上来捕捉用户和物品的关键特征，用来近似重构原始的评分矩阵 $\boldsymbol{R}$，即 $\boldsymbol{R} \approx \boldsymbol{P}^{\mathrm{T}}\boldsymbol{Q}$。

具体来说，把用户特征向量 $\boldsymbol{p}_u$ 与物品特征向量 $\boldsymbol{q}_i$ 的内积视为用户对物品的预测评分,来预测用户 u 对未评分物品 j 的潜在兴趣。为了使预测得到的评分尽可能接近真实的评分,需要优化如下的损失函数[47,48]:

$$\mathcal{L}_r = \frac{1}{2}\sum_u \sum_{j \in I_u}(\boldsymbol{q}_j^\mathrm{T}\boldsymbol{p}_u - r_{u,j})^2 + \frac{\lambda}{2}(\sum_u \parallel \boldsymbol{p}_u \parallel_\mathrm{F}^2 + \sum_j \parallel \boldsymbol{q}_j \parallel_\mathrm{F}^2)$$

(5-29)

式中,$\parallel \cdot \parallel_\mathrm{F}$ 表示 F 范数,λ 是控制模型复杂度和避免出现过拟合问题的参数。

在该模型中的社交网络可以形式化为图 $G(V,E)$,其中,V 代表顶点集,包含了 m 个节点,每个节点代表一个用户;E 则描述了用户之间的有向信任关系。为了量化这些信任关系,该模型中引入了一个邻接矩阵 $\boldsymbol{T}=[t_{u,v}]_{m \times m}$ 来描述边 E 的结构,其中 $t_{u,v}$ 表示信任用户 v。接下来,为每个用户定义了两个 d 维的潜在特征向量:$\boldsymbol{p}_u$ 和 $\boldsymbol{w}_v$,分别表示信任者 u 和受信者 v 的 d 维潜在特征向量。将信任矩阵中的信任者和评分矩阵中的活跃用户限制在相同的用户特征空间中,以便于将他们连接在一起。

5.7.2 TrustSVD 模型详细介绍

SVD++模型的核心理论框架不仅纳入了用户与物品各自的偏差项,以捕捉全局性的评分趋势,还创造性地融入了用户对项目评分历史的直接影响,而不仅仅是依赖于用户与物品的传统特征向量。SVD++利用社会关系(隐式关系和显式关系),通过计算活跃用户与其社会关系之间的相似度,帮助活跃用户找到自己的偏好项[49]。

形式上,用户 u 对物品 j 的评分预测为

$$\hat{r}_{u,j} = b_u + b_j + \mu + \boldsymbol{q}_j^\mathrm{T}(\boldsymbol{p}_u + \mid \boldsymbol{I}_u \mid^{-\frac{1}{2}} \sum_{i \in I_u} y_i)$$

(5-30)

式中,b_u、b_j 分别表示用户和物品的偏差;μ 是平均评级;y_i 表示用户 u 过去评价的物品对未来未知物品评价的隐式影响。因此,用户 u 的特征向量可以用他评价的项目集合来表示,最终的模型为:$(\boldsymbol{P}_u + \mid \boldsymbol{I}_u \mid^{-\frac{1}{2}} \sum_{i \in I_u} y_i)$,而不是简单地表示为 $\boldsymbol{p}_u$。Koren 表示,整合评级的隐性影响可以很好地提高预测的准确性。

具体来说,可信用户对物品评级的隐性影响可以用与物品评级相同的方

式来考虑,公式为

$$\hat{r}_{u,j} = b_u + b_j + \mu + \boldsymbol{q}_j^\mathrm{T}\left(\boldsymbol{p}_u + |\boldsymbol{I}_u|^{-\frac{1}{2}}\sum_{i\in I_u} y_i + |\boldsymbol{T}_u|^{-\frac{1}{2}}\sum_{v\in T_u} \boldsymbol{w}_v\right)$$

(5-31)

式中,w_v 为受用户 u 信任的用户(委托人)的特定于用户的潜在特征向量,这些向量捕捉了受信用户在评分行为上的独特性和偏好。因此 $\boldsymbol{q}_j^\mathrm{T}$ 与 w_v 相乘,得到 $\boldsymbol{q}_j^\mathrm{T} w_v$ 可以被解释为受信用户 u 对于物品 j 的预测评级或评价倾向。换句话说,这个内积量化了受信用户如何影响用户 u 对物品 j 的评分。

为了能够将评级矩阵和信任矩阵连接在一起,对从评级矩阵分解得到的用户特征向量和从信任矩阵分解得到的用户特征向量中的信息进行约束,要求这两类用户特征向量共享相同的特征空间。为了实现这一目标,我们通过对用户特定的向量 $\boldsymbol{p}_u$ 进行正则化,来反映用户与其他用户之间的社会关系。那么新的目标函数(不包含其他正则化项)为

$$\mathcal{L} = \frac{1}{2}\sum_u \sum_{j\in I_u}(\hat{r}_{u,j} - r_{u,j})^2 + \frac{\lambda_t}{2}\sum_u \sum_{v\in T_u}(\hat{t}_{u,v} - t_{u,v})^2 \quad (5-32)$$

式中,$\hat{t}_{u,v} = \boldsymbol{w}^\mathrm{T}\boldsymbol{p}_u$ 为用户 u 和 v 之间得到预测信任,λ_t 用来控制信任正则化的程度。

为优化模型表现,该模型设计了一个损失函数[式(5-29)],其中对于广受欢迎的用户与物品,该函数会施加较小的惩罚权重,以鼓励模型更加灵活地适应这些高频数据。相反,对于冷启动的用户以及获得较少评价的商品,该函数则采用更为严格的规范策略,通过增加相应的权重来促使模型更加细致地处理这些稀缺或未知信息,从而得到更为全面和准确的最小化损失评估。

$$\mathcal{L} = \frac{1}{2}\sum_u \sum_{j\in I_u}(\hat{r}_{u,j} - r_{u,j})^2 + \frac{\lambda_t}{2}\sum_u \sum_{v\in T_u}(\hat{t}_{u,v} - t_{u,v})^2 + \frac{\lambda}{2}\sum_u |\boldsymbol{I}_u|^{-\frac{1}{2}} b_u^2 +$$
$$\frac{\lambda}{2}\sum_j |\boldsymbol{U}_j|^{-\frac{1}{2}} b_j^2 + \sum_u \left(\frac{\lambda}{2}|\boldsymbol{I}_u|^{-\frac{1}{2}} + \frac{\lambda_t}{2}|\boldsymbol{T}_u|^{-\frac{1}{2}}\right) \|\boldsymbol{p}_u\|_\mathrm{F}^2 +$$
$$\frac{\lambda}{2}\sum_j |\boldsymbol{U}_j|^{-\frac{1}{2}} \|\boldsymbol{q}_j\|_\mathrm{F}^2 + \frac{\lambda}{2}\sum_i |\boldsymbol{U}_i|^{-\frac{1}{2}} \|y_i\|_\mathrm{F}^2 + \frac{\lambda}{2}|\boldsymbol{T}_v^+|^{-\frac{1}{2}} \|\boldsymbol{w}_v\|_\mathrm{F}^2$$

(5-33)

式中,$\boldsymbol{U}_j,\boldsymbol{U}_i$ 分别是对物品 j 和 i 打分用户的集合,$\boldsymbol{T}_v^+$ 是信任用户 v 的用户集合。

5.7.3 模型的学习过程

为了获得由式(5-33)给出的目标函数的局部极小值,该模型使用梯度下降算法进行优化,具体公式为

$$\frac{\partial \mathcal{L}}{\partial b_u} = \sum_{j \in I_u} e_{u,j} + \lambda \mid I_u \mid^{-\frac{1}{2}} b_u$$

$$\frac{\partial \mathcal{L}}{\partial b_j} = \sum_{u \in U_j} e_{u,j} + \lambda \mid U_j \mid^{-\frac{1}{2}} b_j$$

$$\frac{\partial \mathcal{L}}{\partial \boldsymbol{p}_u} = \sum_{j \in I_u} e_{u,j} \boldsymbol{q}_j + \lambda_t \sum_{v \in T_u} e_{u,v} w_v + (\lambda \mid I_u \mid^{-\frac{1}{2}} b_u + \lambda_t \mid T_u \mid^{-\frac{1}{2}}) \boldsymbol{p}_u$$

$$\frac{\partial \mathcal{L}}{\partial \boldsymbol{q}_j} = \sum_{u \in U_j} e_{u,j} (\boldsymbol{p}_u + \mid I_u \mid^{-\frac{1}{2}} \sum_{i \in I_u} y_i + \mid T_u \mid^{-\frac{1}{2}} \sum_{v \in T_u} w_v) + \lambda \mid U_j \mid^{-\frac{1}{2}} \boldsymbol{q}_j$$

$$\forall i \in I_u, \frac{\partial \mathcal{L}}{\partial y_i} = \sum_{j \in I_u} e_{u,j} \mid I_u \mid^{-\frac{1}{2}} \boldsymbol{q}_j + \lambda \mid U_j \mid^{-\frac{1}{2}} y_i$$

$$\forall u \in T_u, \frac{\partial \mathcal{L}}{\partial w_v} = \sum_{j \in I_u} e_{u,j} \mid T_u \mid^{-\frac{1}{2}} \boldsymbol{q}_j + \lambda_t e_{u,v} \boldsymbol{p}_u + \lambda \mid T_v^+ \mid^{-\frac{1}{2}} w_v \quad (5-34)$$

式中,$e_{u,j} = \hat{r}_{u,j} - r_{u,j}$ 表示用户 u 对物品 j 的评价预测误差,$e_{u,v} = \hat{t}_{u,v} - t_{u,v}$ 表示用户 u 对用户 v 的信任误差。

上式旨在从信任矩阵中精准地训练并学习出针对每个用户的个性化向量表示。因此,在矩阵分解模型中引入信任因素,成为一种有效的策略来缓解冷启动问题。该模型不仅深入考虑了用户间直接表达的外显信任关系,还巧妙地捕捉了那些潜在的、未明确表达但同样重要的内隐信任联系。这种双重信任视角的采用,使得模型能够更全面地利用信任信息,进而更加有效地减轻甚至解决相关难题。

5.8 DIN 模型

DIN(deep interest network)模型是一种针对推荐系统的深度学习模型,是阿里巴巴团队为了解决电商广告推荐中用户多样化兴趣表达的问题在 2018

年提出的[50]。DIN模型在基准模型的基础上加入注意力机制,使模型能关注用户历史行为商品和当前商品的关联性。该方法相较基准机制可以更好地捕捉用户的兴趣,提高模型的泛化能力以及推荐效果,最终提高用户的点击率,这使得DIN在电商、视频推荐等领域得到了广泛应用。

5.8.1 DIN模型的结构

因为DIN是在基准模型中加入了注意力机制,这里先介绍基准模型的模型结构。以基准模型的网络结构为例(见图5-41),基准模型分为3个部分[51]:Embedding层、Pooling & Concat层、MLP和LOSS层。Embedding层的主要作用是将大规模的稀疏类别特征(如用户ID、商品ID或单词)转换为低维度的密集向量,这些向量能够捕捉和表示特征之间的复杂关系,如特征的相似性和差异性等。由于不同的用户具有不同的行为,在multi-hot的向量里面值为1的位置数目也是不同的,因此embedding层得到的特征向量维度是不同的。Pooling & Concat层的目的就是为了对物品和用户得到固定长度的向量表示,一般采用sum pooling和average pooling来处理embedding向量[51]。MLP层可以对Pooling & Concat层给出的向量通过全连接层来捕获特征之间的交叉,用于学习特征之间的各种交互[52]。在Base Model中采用负对数似然函数作为损失函数,对损失的计算公式为

$$L = -\frac{1}{N} \sum_{(x,y) \in S} \{y \ln p(x) + (1-y) \ln[1 - p(x)]\} \quad (5-35)$$

Base模型的同一用户具有相同的用户向量的输入,所以模型对同类型的物品的得分可能具有相近的得分,但在实际情况当中用户可能具备多个兴趣并且需要模型能够捕获用户的多样兴趣,对多种不同品类的物品都能给出较为合适的分数。DIN模型在Base模型的基础上引入了注意力机制,整体上来看是在DIN网络结构中的embedding层与MLP之间加入了激活单元(见图5-42)[52]。DIN模型通过注意力机制为用户的每一个历史行为计算一个权重,权重的大小反映了该行为与当前候选物品的相关性。这使得DIN模型能够重点关注那些与当前物品更相关的历史行为,从而提高推荐的准确性。

Activation Unit是DIN模型的核心模块和创新点(见图5-43)。Activation Unit的主要作用是计算用户历史行为序列中每个行为与当前候选

第5章 基于深度学习的社会化推荐方法

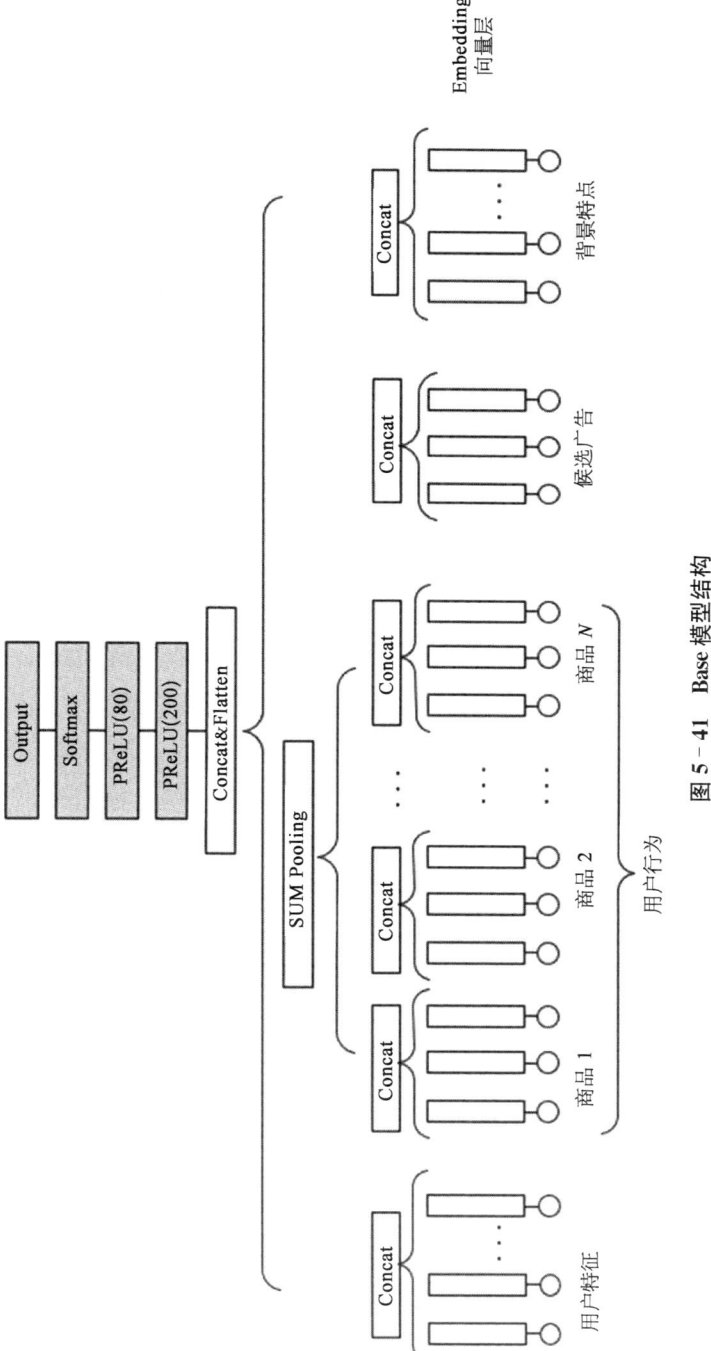

图 5-41 Base 模型结构

基于社交关系的个性化推荐方法

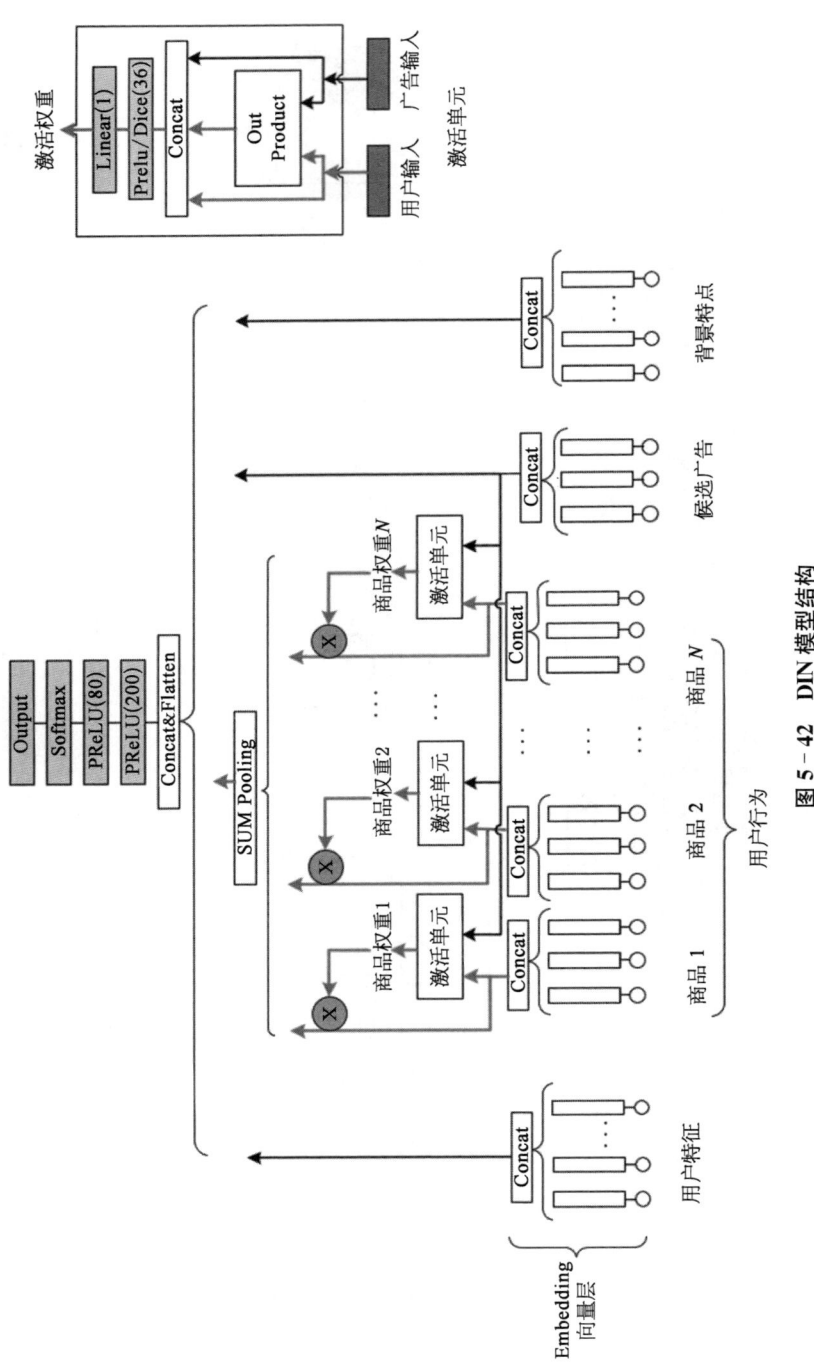

图 5-42 DIN 模型结构

物品之间的相关性,并根据这些相关性为每个行为分配一个权重[53]。Activation Unit 首先将用户的每个历史行为与当前候选物品的嵌入向量进行交互操作,并使用 MLP 来计算每个历史行为与当前候选物品的相关性得分,然后将交互结果输入注意力网络,生成注意力得分。最后根据注意力权重对用户历史行为进行加权求和,得到加权后的用户兴趣表示。注意力部分的数学表达如式 5-42 所示。

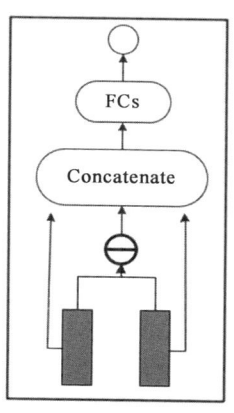

图 5-43　激活单元

$$V_u = f(V_a) = \sum_{i=1}^{N} w_i * V_i = \sum_{i=1}^{N} g(V_i, V_a) * V_i$$

(5-36)

式中,V_u 表示用户的嵌入向量,V_a 表示物品的嵌入向量,V_i 表示用户历史行为中的各个物品的嵌入向量,w_i 表示每个历史物品嵌入向量的权重。

5.8.2　DIN 模型的优化

DIN 通过注意力机制捕捉用户对不同候选物品的兴趣,但并没有显式地建模用户兴趣随时间的演化过程。DIN 模型在处理用户行为序列时,主要依赖注意力机制来选择重要的历史行为,没有考虑序列中行为之间的顺序和依赖关系,同时没有显式的机制来处理长序列中的顺序信息。这些缺陷导致了 DIN 模型难以捕捉用户的变化。但在实际应用中,用户的历史行为都是一个按时间排列的序列,这样的序列信息对推荐系统是非常有价值的,但 DIN 模型并没有利用到这层序列信息。因为用户的兴趣变化可能是非常快的,例如用户 u 上个星期需要购买一台洗衣机,那么用户上周的行为兴趣就会集中在洗衣机这类商品上,一旦他完成购买后,他的兴趣就可能迅速发生变化。而利用序列信息不仅可以评估最近历史行为对下次行为预测的影响,还可以预估用户兴趣转移的方向和概率。

为了充分利用序列信息,阿里巴巴团队对 DIN 模型进行改进,并在 2019 年正式提出了 DIEN 模型。DIEN 模型在 DIN 模型的基础上,通过引入用户兴趣演化机制和序列信息处理能力,克服了 DIN 模型在建模用户兴趣变化和处理长序列数据方面的不足。DIEN 模型结构主要分为 5 个部分(见图 5-44)[54]:

基于社交关系的个性化推荐方法

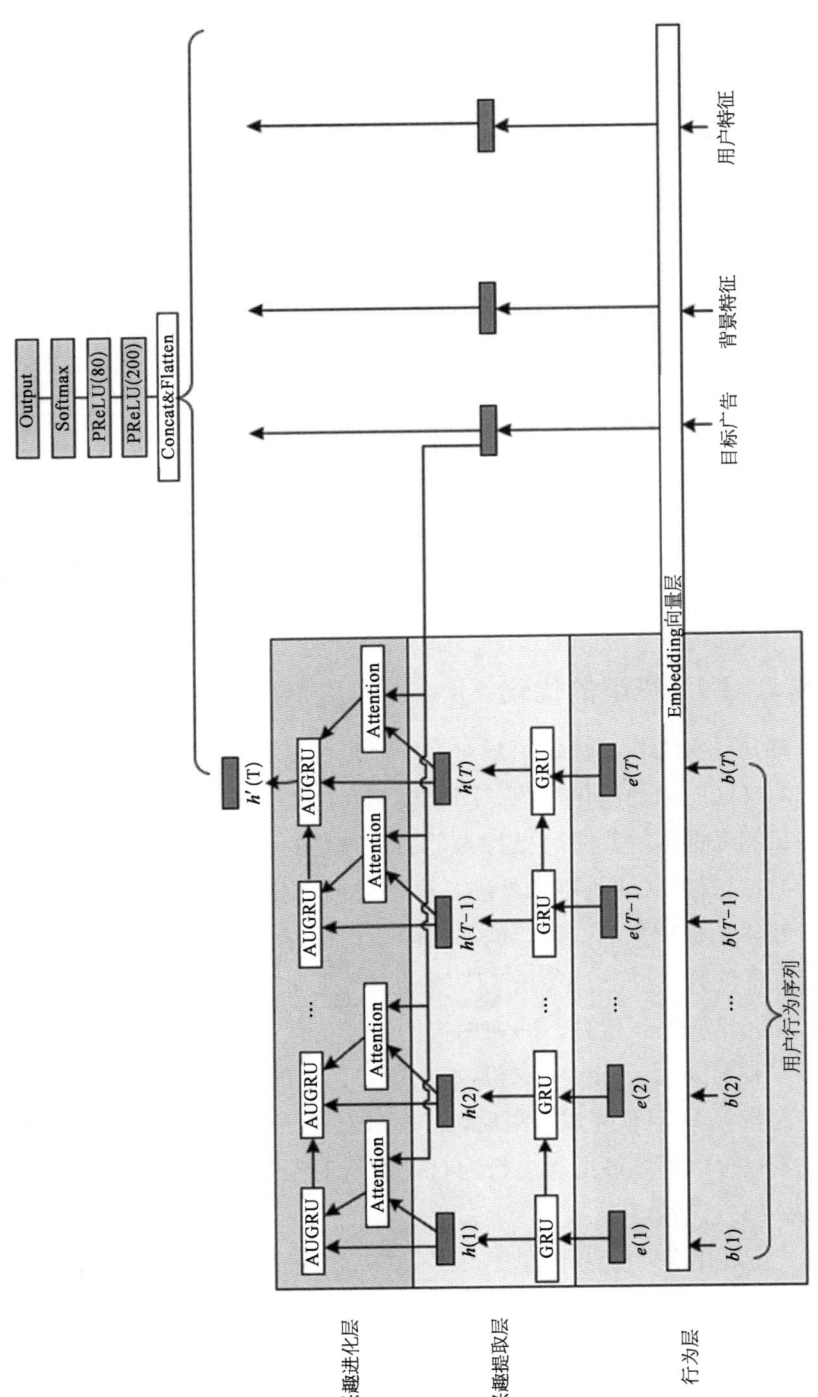

图 5-44 DIEN 模型结构

Embedding 层，兴趣提取层(interest extractor layer)，兴趣进化层(interest evolving layer)，连接层和 MLP[54]。

DIEN 与 DIN 的区别主要表现在对用户历史行为序列的 Embedding 构建，DIEN 创新性地使用了兴趣抽取层和兴趣进化层。DIEN 在兴趣抽取层使用了 GRU 序列模型来处理用户的历史行为序列，并生成一系列隐状态，每个隐状态代表用户在该时间点的兴趣表示。每个 GRU 单元的具体形式为

$$\begin{aligned}
\boldsymbol{u}_t &= \sigma(\boldsymbol{W}_u \boldsymbol{i}_t + \boldsymbol{U}_u \boldsymbol{h}_{t-1} + \boldsymbol{b}_u) \\
\boldsymbol{r}_t &= \sigma(\boldsymbol{W}_r \boldsymbol{i}_t + \boldsymbol{U}_r \boldsymbol{h}_{t-1} + \boldsymbol{b}_r) \\
\tilde{\boldsymbol{h}}_t &= \tanh(\boldsymbol{W}_h \boldsymbol{i}_t + \boldsymbol{r}_t \cdot \boldsymbol{U}_h \boldsymbol{h}_{t-1} + \boldsymbol{b}_h) \\
\boldsymbol{h}_t &= (1 - \boldsymbol{u}_t) \cdot \boldsymbol{h}_{t-1} + \boldsymbol{u}_t \cdot \tilde{\boldsymbol{h}}_t
\end{aligned} \quad (5-37)$$

式中，σ 是 Sigmoid 激活函数，$\boldsymbol{W}_u$，$\boldsymbol{W}_r$，$\boldsymbol{W}_h$，$\boldsymbol{U}_u$，$\boldsymbol{U}_r$，$\boldsymbol{U}_h$ 是参数矩阵，i_t 是输入状态向量，h_t 是第 t 个隐状态向量。

在兴趣进化层中融合了 DIN 模型中的注意力机制，通过使用 AUGRU (attention-based GRU)结构并加入注意力得分，注意力得分的计算公式为

$$a_t = \frac{\exp(\boldsymbol{h}_t \boldsymbol{W}_{e_a})}{\sum_{i=1}^{T} \exp(\boldsymbol{h}_j \boldsymbol{W}_{e_a})} \quad (5-38)$$

在计算出注意力得分之后，DIEN 创新地将这一注意力机制与 GRU 相结合，以此来构建兴趣进化的嵌入表示。这一表示随后与其他相关信息进行拼接，最终输入多层感知机(MLP)中，以完成 CTR 的精确预测。

$$\begin{aligned}
\hat{u}'_t &= a_t * u'_t \\
\boldsymbol{h}'_t &= (1 - \hat{u}'_t) \cdot \boldsymbol{h}'_{t-1} + \hat{u}'_t \cdot \hat{\boldsymbol{h}}'_t
\end{aligned} \quad (5-39)$$

式中，u'_t 是更新门，$\boldsymbol{h}'_t$，$\tilde{\boldsymbol{h}}'_t$，$\boldsymbol{h}'_{t-1}$ 均为隐状态。

综上所述，DIEN 相较于 DIN 模型能够更好地捕捉用户兴趣的动态变化，通过引入兴趣抽取层和加入注意力机制的 AUGRU 层，DIEN 不仅考虑了用户历史行为对当前推荐的相关性，还能有效建模用户兴趣随时间变化的过程。这些改进使得 DIEN 在处理复杂的用户行为数据和长序列数据时表现更为出色。

5.9 NeuMF 模型

在 Neural CF 的基础上,文献[23]通过引入多层感知机 MLP,以提升非线性学习用户和项目特征的能力,把 GMF 和 MLP 模型结合起来,得到 NeuMF (neural matrix factorization)模型。如图 5-45 所示。

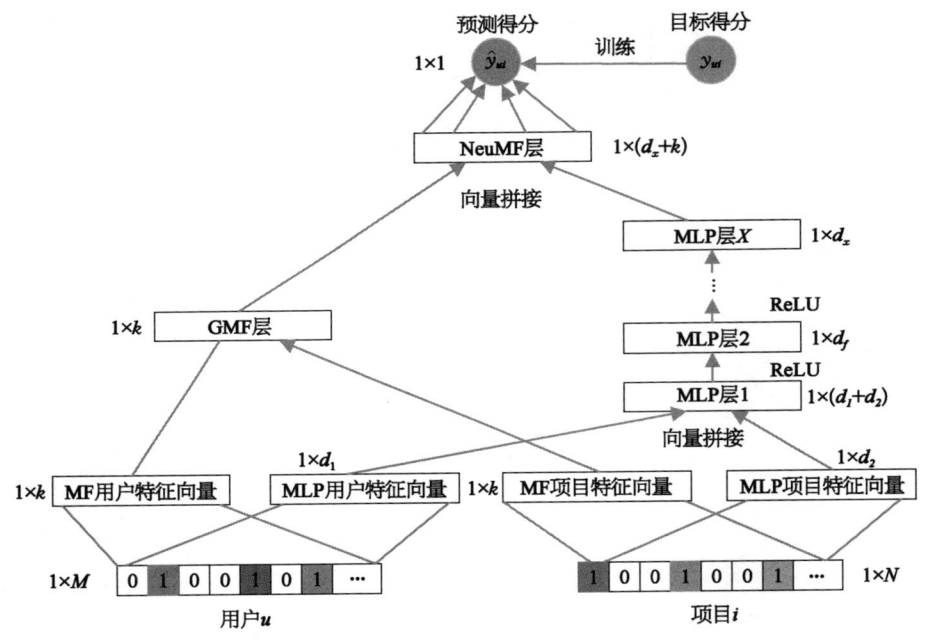

图 5-45 NeuMF 模型结构

NeuMF 模型由两部分构成:GMF 和 MLP。GMF 被称为广义的矩阵分解,是矩阵分解的神经网络版本,其输入是用户向量和物品向量的 Hadamard 积。

输入层,对用户特征和项目特征进行 one-hot 编码,得到的 Embedding 向量可看作是用户和项目的隐向量。设用户的隐向量为 p_u,项目的隐向量为 q_i,则交互结果为

$$x = p_u \odot q_i \tag{5-40}$$

然后将得到的向量投影到输出层,GMF 通过一个权重向量 h 对各个特

征得分进行加权,此外,GMF 的输出还通过激活函数引入非线性变换。

$$\hat{y}_{ui} = \sigma(\boldsymbol{h}^{\mathrm{T}}(\boldsymbol{p}_u \odot \boldsymbol{q}_i)) \quad (5-41)$$

为了增强模型的表达能力和灵活性,MLP 引入了两个独立的用户嵌入矩阵和项目嵌入矩阵。MLP 将用户向量和物品向量拼接后作为输入。通过复杂的连接和非线性变换,MLP 子网络能够对用户特征和物品特征之间复杂的交互关系进行建模。MLP 定义为

$$z_1 = \phi_1(\boldsymbol{p}_u, \boldsymbol{q}_i) = concat[\boldsymbol{p}_u, \boldsymbol{q}_i]$$

$$\phi_2(z_1) = a^2[w^{(2)} z_1 + b^{(2)}]$$

...

$$\phi_x(z_{x-1}) = a^x[w^{(x)} z_{x-1} + b^{(x)}]$$

$$\hat{y}_{ui} = \sigma(\boldsymbol{h}^{\mathrm{T}} \phi_x(z_{x-1})) \quad (5-42)$$

式中,a^x 表示第 x 层感知机的激活函数。

为了更好地将 GMF 和 MLP 进行融合,NeuMF 模型将 GMF 和 MLP 最后隐藏层的输出向量进行拼接,然后通过一个权重向量 $\boldsymbol{h}$ 对这个特征向量进行加权,最后通过一个激活函数来预测评分。预测层定义为

$$\hat{y}_{ui} = \sigma(\boldsymbol{h}^{\mathrm{T}}[x, \phi_x(z_{x-1})]) \quad (5-43)$$

5.10 EMARec 模型

从用户历史行为数据中捕获用户动态偏好特征以提高推荐的准确性,在序列推荐任务中被广泛应用。但已有的基于深度神经网络的序列推荐方法往往忽视了用户行为数据中影响推荐效果的噪声信息,推荐模型容易对噪声数据敏感。EMARec 模型[58]将时间序列分析领域的滑动平均(moving average)思想应用到序列推荐任务上,对数据进行降噪处理。实验表明,滑动平均算法能够在低时间复杂度的情况下有效地对序列数据降噪。其 MLP 结构使模型在时间复杂度方面更具竞争力,在公共数据集上的大量实验表明,EMARec 取得了较高的推荐效率。其模型结构如图 5-46 所示。

基于社交关系的个性化推荐方法

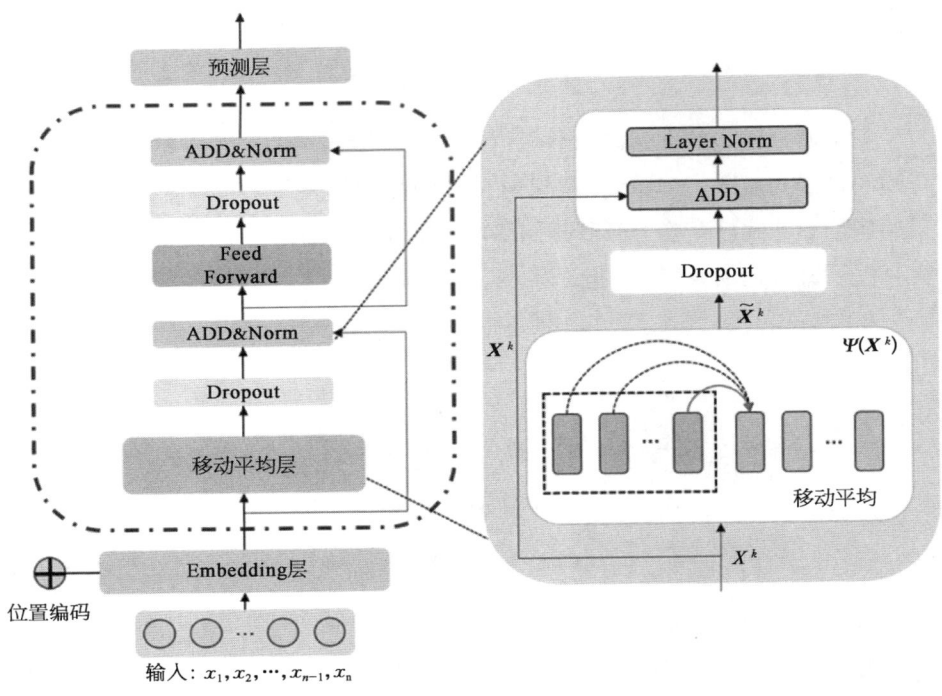

图 5-46 EMARec 模型结构

由于相关操作和处理在前面章节已经相继介绍,这里主要介绍 EMARec 模型的核心操作,即移动平均层(moving average layer)。

在移动平均层,对时域上序列特征的每个维度进行平滑操作,然后执行跳过连接和层规范化。具体来说,给定第 k 层的输入项表示矩阵 $\boldsymbol{X}^k \in \boldsymbol{R}^{n \times d}$(当 $k=0$ 时,设 $\boldsymbol{X}^0 = E_u^i$),对其进行指数滚动平均操作,其形式化定义为

$$\widetilde{\boldsymbol{X}}^k = \boldsymbol{\Psi}(\boldsymbol{X}^k) \in \boldsymbol{R}^{n \times d} \tag{5-44}$$

式中,$\boldsymbol{\Psi}(\cdot)$ 为 EMA 算法操作,$\widetilde{\boldsymbol{X}}^k$ 是经平滑去噪后的项目表示矩阵。通过应用 EMA 操作,用户历史行为信息中的噪声可以被有效地减少。从而得到更纯粹、更平滑、更专注于用户真实行为模式的项目表示。其次,dropout 操作减轻过拟合风险,提高了模型的泛化能力,之后,引入跳跃连接与层归一化处理,分别用于缓解梯度消失问题和进一步保证模型不同层之间的稳定分布,形式化定义为

$$\widetilde{\boldsymbol{X}}^k LayerNorm = \boldsymbol{X}^k [Dropout + (\widetilde{\boldsymbol{X}}^k)] \tag{5-45}$$

在前馈网络中,为更好地捕获非线性特性。作者结合多层感知机(MLP)与激活函数实现这一过程。其中包含两个线性层和一个激活函数层。移动平均层的输出 $\widetilde{\boldsymbol{X}}^k$ 首先经过线性层与 ReLU 激活函数层处理,通过:

$$\widetilde{\boldsymbol{X}}^k = ReLU(W_1 \widetilde{\boldsymbol{X}}^k + b_1) \tag{5-46}$$

然后,经过一个线性层得到 Feed-forward Layer 的输出:

$$\widetilde{\boldsymbol{X}}^k = \widetilde{\boldsymbol{X}}^k W_2 + b_2 \tag{5-47}$$

式中,W_1,b_1,W_2,b_2 是可训练参数。通过以上操作实现更强大的捕获非线性特征的能力。

作者对指数滚动平均的平滑因子 γ 从理论上作出详细分析并解释说明其对滑动窗口大小的影响。并对平滑因子选取困难问题给出解决方案。

在 EMARec 的滚动平均层中,平滑因子是最关键的参数,如何确定平滑因子的大小成为一个关键问题。为此定义,对序列值 $\{x_1, x_2, \cdots, x_{t-1}\}$,考虑窗口大小定义为收敛到特定阈值 ϵ 时,EMA 对先前观测值的权重足够小,可以被视为趋近于零的序列值。因此,对序列值 x_t 的滑动平均值有

$$\begin{aligned}
EMA_t &= \frac{(1-\gamma)\theta_t + \gamma EMA_{t-1}}{1-\gamma^t} \\
&= \frac{(1-\gamma)\theta_t}{1-\gamma^t} + \frac{\gamma(1-\gamma)\theta_{t-1} + \gamma^2 EMA_{t-2}}{(1-\gamma^t)(1-\gamma^{t-1})} \\
&= \frac{(1-\gamma)\theta_t}{1-\gamma^t} + \frac{\gamma(1-\gamma)\theta_{t-1}}{(1-\gamma^t)(1-\gamma^{t-1})} + \cdots + \\
&\quad \frac{\gamma^h(1-\gamma)\theta_{t-h}}{(1-\gamma^t)(1-\gamma^{t-1})\cdots(1-\gamma^{t-h})} + \cdots + \\
&\quad \frac{\gamma^{t-1}(1-\gamma)\theta_1}{(1-\gamma^t)(1-\gamma^{t-1})\cdots(1-\gamma)} \\
&= \sum_{k=0,\,m=t}^{k=t-1,\,m=1} \frac{\gamma^k(1-\gamma)\theta_m}{\prod_{i=t}^m (1-\gamma^i)}
\end{aligned} \tag{5-48}$$

当满足 $k=h$,且先前观测值小于阈值 ϵ 时有

$$\frac{\gamma^h(1-\gamma)\theta_{t-h}}{(1-\gamma^t)(1-\gamma^{t-1})\cdots(1-\gamma^{t-h})} < \epsilon \qquad k=h \tag{5-49}$$

此时之前观测值可视为 0,窗口大小 $T=h$(例如,$\gamma=0.1$,$\epsilon=0.00002$,$h=5$,则有 $\gamma^h < \epsilon$,此时先前观测值趋近于 0,窗口大小 $T=5$)。因此,通过设定平滑因子 γ 控制滑动窗口大小,从而对用户序列值进行去噪。这种设置对序列推荐任务具有重要的积极作用,因为用户的当前行为常常受到先前交互动作的影响,并且这种影响会随着时间的推移逐渐下降。

5.11 本章小结

本章详细介绍了几种具有代表性的模型:NeuralCF,Wide & Deep,Word2vec,DeepFM,xDeepFM,TrustSVD,DIN 和 EMARec。通过这些模型展示了如何利用深度学习技术来提高推荐系统的准确性和效率,以及如何处理大规模数据和复杂的用户行为模式。

NeuralCF 模型结合了传统的协同过滤方法和神经网络,通过学习用户和物品的隐含特征交互,大大提高了推荐的准确性。该模型创新之处在于利用多层感知机制来捕获用户和物品之间非线性的复杂关系,这一点超越了传统矩阵分解的线性限制。

Wide & Deep 模型通过"宽"的线性模型快速学习规则,而部分则通过深度神经网络捕捉复杂的特征交互,两者的结合使模型具有了强大的记忆能力和泛化能力。

Word2vec 模型是一种使用浅层神经网络生成词嵌入的技术,该模型通过分析用户的点击序列,可以将商品视为"词语"来学习商品的向量表示,用于计算商品间的相似度。

DeepFM 模型结合了因子分解机和深度神经网络,无需人工设计大量的交叉特征,自动学习特征间的高阶交互,有效解决了稀疏数据问题,特别适用于点击率预测等场景。

xDeepFM 模型通过结合线性模型和深度学习,能够捕捉低阶和高阶特征交互,提供精确预测,能够显著提升预测精度和用户体验。

TrustSVD 模型加入了信任机制,不仅考虑了用户与物品的交互,还考虑了用户间的信任关系,增强了模型对社交影响的感知能力。

DIN 模型通过注意力机制动态捕捉用户的兴趣点,对不同的广告或推荐内容给予不同的关注,更加精准地模拟了用户的行为和偏好。

EMARec 模型通过应用 EMA 算法,能够有效平滑用户行为数据中的噪声,提高数据的稳定性和可靠性,通过捕捉用户兴趣的动态变化,更好地理解和预测用户行为模式。降低时间复杂度,增强模型对噪声信息的不敏感性,从而优化推荐效果。

尽管深度学习神经网络在所有的实际学习问题中经常显示出惊人的准确性,但是在快速部署方面仍然有一定的缺陷,深度学习神经网络需要以特定的方式进行训练,在大量的数据中学习特定的模式[57],在未来仍然有很大的发展空间。

目前深度学习推荐系统已经在许多方面取得了显著的成就,未来的发展方向仍然有很大的探索空间。利用最新的深度学习进展,如自监督学习、对抗训练等,可能为推荐系统带来新的突破。深度学习推荐系统的未来发展前景广阔,继续探索新模型、新架构和新算法,是推动个性化推荐向更高水平发展的关键。

参考文献

［1］李丹,高茜. 基于深度学习推荐系统的研究与展望. 齐鲁工业大学学报,2020,34(6):29-38.
［2］王喆. 深度学习推荐系统. 北京:电子工业出版社,2020.
［3］Hinton G E, Osindero S, Teh Y W. A fast learning algorithm for deep belief nets. Neural computation,2006,18(7):1527-1554.
［4］Aggarwal M, Murty M N. Machine learning in social networks: Embedding nodes, edges, communities, and graphs. Springer Briefs in Applied Sciences and Technology, 2021.
［5］Bishop C M. Pattern recognition and machine learning. Springer, Cambridge, UK, 2006.
［6］Chaudhari R, Agarwal D, Ravishankar K, et al. Multi-output incremental back-propagation. Neural Computing & Applications,2023,35(20):14897-14910.
［7］HUBEL D H, WIESEL T N. Receptive fields, binocular interaction and functional architecture in the cat's visual cortex. Journal of Physiology,1962,160(1):106-154.
［8］周楠,欧阳鑫玉. 卷积神经网络发展. 辽宁科技大学学报,2021,44(5):349-356.
［9］Schmidhuber J. Deep learning in neural networks: an overview. Neural Netw,2015, 61:85-117.

[10] Samer Saab, Yiwei Fu, Asok Ray, et al. A dynamically stabilized recurrent neural network. Neural Process. Lett. 2022, 54(2): 1195-1209. https://doi.org/10.1007/s11063-021-10676-7.

[11] Hochreiter, Schmidhuber J. Long short-term memory. Neural Computation, 1997, 9(8): 1735-1780. DOI: 10.1162/neco.1997.9.8.1735. PMID 9377276.

[12] Cho K, van Merrienboer B, Gulcehre C, et al. Learning phrase representations using RNN encoder-decoder for statistical machine translation, 2019. https://arxiv.org/abs/1406.1078.

[13] Mnih V, Heess N, Graves A. Recurrent models of visual attention. Advances in Neural Information Processing Systems, 2014: 2204-2212.

[14] 高广尚. 深度学习推荐模型中的注意力机制研究综述. 计算机工程与应用, 2022, 58(9): 9-18. DOI: 10.3778/j.issn.1002-8331.2112-0382.

[15] 袁子豪, 张洁. 基于注意力机制的加密流量识别. 南京邮电大学学报(自然科学版), 2024, 44(2): 111-118.

[16] Vaswani A, Shazeer N, Parmar N, et al. Attention is all you need. Proceedings of Advances in neural information processing systems, 2017: 5998-6008.

[17] He R, McAuley J. Fusing similarity models with Markov chains for sparse sequential recommendation. Proceedings of IEEE international conference on data mining (ICDM), 2016: 191-200.

[18] Hidasi B, Karatzoglou A, Baltrunas L, et al. Session-based recommendations with recurrent neural networks. Preprint http://arxiv.org/abs/1511.06939, 2015.

[19] Sun F, Liu J, Wu J, et al. BERT4Rec: sequential recommendation with bidirectional encoder representations from transformer. Proceedings of the ACM international conference on information and knowledge management, 2019: 1441-1450.

[20] Kang Wang-Cheng, Julian McAuley. Self-attentive sequential recommendation. IEEE international conference on data mining (ICDM), 2018: 197-206.

[21] Koren Y, Bell R, Volinsky C. Matrix factorization techniques for recommender systems. Computer, 2009, 42(8): 30-37.

[22] 陈江美, 张文德. 基于位置社交网络的兴趣点推荐系统研究综述. 计算机科学与探索, 2022, 16(7): 1462-1478. DOI: 10.3778/j.issn.1673-9418.2112037.

[23] Xiangnan He, Lizi Liao, Hanwang Zhang, et al. Neural collaborative filtering. Proceedings of the 26th international conference on world wide web. April 3-7, Perth, Australia, 2017. https://doi.org/10.48550/arXiv.1708.05031.

[24] Goldberg D, Nichols D, Oki B M, et al. Using collaborative filtering to weave an information tapestry. Communications of the ACM, 1992, 35(12): 61-70.

[25] Shan Y, Hoens T R, Jiao J, et al. Deep crossing: web-scale modeling without manually crafted combinatorial features. In International Conference on Knowledge Discovery and Data Mining (SIGKDD), 2016.

[26] Alaa El-Deen Ahmed R, Fernández-Veiga M, Gawich M. Neural collaborative filtering with ontologies for integrated recommendation systems. Sensors (Basel, Switzerland),

2022，22(2). doi：10.3390/s22020700.

[27] Socher R，Chen D，Manning C D，et al. Reasoning with neural tensor networks for knowledge base completion. In NIPS，2013：926-934.

[28] 刘盼盼. 基于注意力机制的电影推荐系统的研究与实现. 华东师范大学，2023. DOI：10.27149/d.cnki.ghdsu.2023.005015.

[29] Chen L. Research on advertising click-through rate prediction model based on Taobao big data. Wuhan Zhicheng Times Cultural Development Co.，Ltd.. Proceedings of 2nd International Conference on Artificial Intelligence and Communication Technology (AICT 2023). School of Southwest University of Finance and Economics，2023：9.

[30] Liu J，Zhang H，Liu Z. Research on online learning resource recommendation method based on wide & deep and Elmo model. AEIC Academic Exchange Information Center (China). Proceedings of 2019 2nd International Symposium on Big Data and Applied Statistics(ISBDAS 2019)(VOL.1). College Of Computer & Information Science，Southwest University，2019：7.

[31] Cheng H，Koc L，Harmsen J，et al. Wide & deep learning for recommender systems. CoRR，2016，abs/1606.07792.

[32] Liqiong C，Xiaoyu B，Guoqing F，et al. A multitask recommendation algorithm based on DeepFM and graph convolutional network. Concurrency and Computation：Practice and Experience，2022，35(2).

[33] Mikolov T，Chen K，Corrado G，et al. Efficient estimation of word representations in vector space. arXiv preprint：1301.3781，2013.

[34] Desai A，Zumbo A，Giordano M，et al. Word2vec word embedding-based artificial intelligence model in the triage of patients with suspected diagnosis of major ischemic stroke：A feasibility study. International journal of environmental research and public health. 2022，19(22).

[35] Przybyszewski J，Malawski M，Lichołai S. GraphTar：Applying word2vec and graph neural networks to miRNA target prediction. BMC bioinformatics. 2023，24(1)：436.

[36] Xin Rong. word2vec Parameter Learning Explained. https://doi.org/10.48550/arXiv.1411.2738，2016.

[37] Yu C，Yang X，Jiang H. Deep factorization machines network with non-linear interaction for recommender system. International Association of Applied Science and Engineering (IAASE). Conference Proceeding of 2020 3rd International Conference on Algorithms，Computing and Artificial Intelligence（ACAI 2020）. School of Optoelectronic Science and Engineering. University of Electronic Science and Technology of China，2020：9.

[38] Liu Y. Survey on click-through rate prediction based on deep learning. Proceedings of the 4th International Conference on Computing and Data Science（Part 2）. Capital Normal University High School;，2022：8.

[39] Mengxin M，Guozhong W，Tao F. Improved deepFM recommendation algorithm incorporating deep feature extraction. Applied Sciences，2022，12(23)：11992.

[40] Wang S. Research of shopping recommendation system based on improved wide-depth network. Proceedings of 2nd Global Conference on Robotics, Artificial Intelligence and Engineering Technology (RAET2019). Anhui Institute of International Business, 2019: 7.

[41] Peng Y. An introduction of prediction models from the view of integration between basic models. Proceedings of the 2nd International Conference on Computing and Data Science (CONF-CDS 2021). Software College Shandong University, 2021: 8.

[42] 魏静. 基于用户行为序列和图嵌入的推荐系统设计与实现. 北京邮电大学, 2023.

[43] Wang R, Fu B, Fu G, et al. Deep & cross network for ad click predictions. Proceedings of the ADKDD'17, ACM, 2017.

[44] Lian J, Zhou X, Zhang F, et al. Xdeepfm: Combining explicit and implicit feature interactions for recommender systems. Proceedings of the 24th ACM SIGKDD international conference on knowledge discovery & data mining, 2018: 1754-1763.

[45] Rendle S. Factorization machines. Proceedings of the 2010 IEEE International Conference on Data Mining, 2010: 995-1000.

[46] Kim J, Yoon H, Kim M-S. Tweaking deep neural networks. IEEE Transactions on Pattern Analysis & Machine Intelligence, 2022, 44(9): 5715-5728.

[47] Guo G, Zhang J, Yorke-Smith N. TrustSVD: Collaborative filtering with both the explicit and implicit influence of user trust and of item ratings. Proceedings of Twenty-Ninth AAAI Conference on Artificial Intelligence, 2015, 29(1). https://doi.org/10.1609/aaai.v29i1.9153.

[48] Yehuda Koren. KDD '08: Proceedings of the 14th ACM SIGKDD international conference on Knowledge discovery and data mining. https://doi.org/10.1145/1401890.1401944.

[49] Hussein M H, Alsakaa A A, Marhoon H A. Adopting explicit and implicit social relations by SVD++ for recommendation system improvement. Telkomnika. 2021, 19(2): 471-478.

[50] 周洋涛, 李青山, 褚华, 等. 基于静态与动态学习需求感知的知识点推荐方法. 软件学报, 1-23[2024-07-27]. https://doi.org/10.13328/j.cnki.jos.006962.

[51] Zhou G, Zhu X, Song C, et al. Deep interest network for click-through rate prediction. Alibaba Group, Beijing, China, 2018.

[52] Wang S, Pan Y, Yang X. Research of recommendation system based on deep interest network. Proceedings of The 2019 World Congress on Computational Intelligence, Engineering and Information Technology (WCEIT 2019). Anhui Institute of International Business, 2019.

[53] Xu W, He H, Tan M, et al. Deep interest with hierarchical attention network for click-through rate prediction. Alibaba Group, Singapore, 2020.

[54] Zhou G, Mou N, Fan Y, et al. Deep interest evolution network for click-through rate prediction. Proceedings of the AAAI Conference on Artificial Intelligence, 2019, 33: 5941-5948.

[55] Le Q, Mikolov T. Distributed representations of sentences and documents. https://arxiv.org/pdf/1405.4053.pdf.

[56] Mikolov T, Chen K, Corrado G, et al. Efficient estimation of word representations in vector space. 2013.

[57] Ashiquzzaman A, Lee H, Um T-W, et al. Energy-efficient IoT sensor calibration with deep reinforcement learning. IEEE Access, 2020, 8: 97045-97055.

[58] Chen R, Wang Z, Pang K, et al. EMARec: A sequential recommendation with moving average. Neural Computing and Applications, 2024.

[59] 黄立威, 江碧涛, 吕守业, 等. 基于深度学习的推荐系统研究综述. 计算机学报, 2018, 41(7): 29.

[60] 李东胜, 练建勋, 张乐, 等. 推荐系统前沿与实践. 北京: 电子工业出版社, 2022.

[61] Liu H. Implementation and effectiveness evaluation of four common algorithms of recommendation systems - user collaboration filter, item-based collaborative filtering, matrix factorization and neural collaborative filtering. International Conference on Cloud Computing, Big Data Applications and Software Engineering (CBASE), Suzhou, China, 2022: 224-227.

[62] Chen C, Zhang M, Zhang Y, et al. Efficient neural matrix factorization without sampling for recommendation. ACM Transactions on Information Systems, 2020, 38(2): 1-28.

第 6 章
基于图神经网络的社会化推荐方法

基于深度学习的推荐方法通过深入挖掘用户潜在的兴趣偏好,极大地提高了推荐性能,但随着时代的高速发展,这种方法在处理复杂的用户行为数据和关系时存在一定的局限性。图神经网络作为一种专门用于处理图结构数据的神经网络模型,能有效地捕捉节点之间的复杂关系,被成功应用于推荐系统领域,由此产生了基于图神经网络的推荐系统。图神经网络推荐系统通过构建用户和项目之间的交互图,并利用图神经网络强大的图结构分析能力,为处理图形数据等非结构化信息提供了新的解决方案,具有学习复杂用户行为关系、泛化能力强、可解释性等优势,受到学术界和工业界的广泛关注。

6.1 图神经网络推荐模型的特点

6.1.1 图神经网络的基本知识

尽管深度学习已经在欧几里得数据中取得了巨大成功,但从非欧几里得生成的数据已经取得更广泛的应用,它们需要更有效的分析[1]。假设有一张要作分类的图,深度学习技术允许直接输入整张图像,通过神经网络的处理,一步到位地输出分类标签。这种端到端的学习方式自动化了特征的提取过程,免去了传统方法中繁琐的人工干预和规则制定,表现出了更高的效率和准确性。

但图数据与图像数据不同,其独特之处在于结构的不规则性。在图数据领域,每个图的结构尺寸各不相同,节点的排列没有固定的顺序,且每个节点的邻接节点数量也各不相同。这些特性使得在图像处理中常用的卷积运算等无法直接迁移到图数据上。另外,传统机器学习算法大多基于一个核心假设,即数据实例之间是相互独立的,这一假设在图数据中并不适用。图数据中的每个实例都与相邻的实例有着紧密的联系,这些联系富含信息,揭示了数据实例间的复杂依赖关系。例如,在学术文献网络中,引用关系反映了研究成果之间的相互影响;在社交网络中,友谊纽带则体现了个体间的社交互动。这些相互作用和联系是图数据分析和理解的关键要素[2]。图 6-1 为一个简易的社交网络图,网络中的人可以抽象成图中的节点,而人与人之间的关系(如同事、朋友、恋人等)则构成了图中的边。

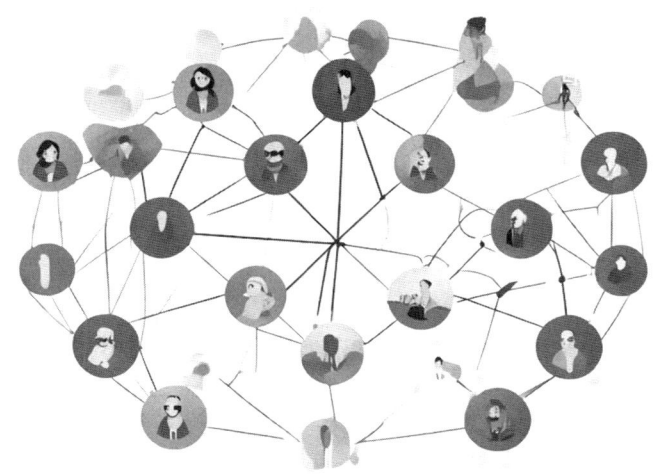

图 6-1 一个简易的社交图

图数据的这种复杂性,为现有的机器学习算法带来了前所未有的挑战。为了填补图形数据处理的这一空白,越来越多的研究开始探索将深度学习技术应用于图数据领域,以期更有效地捕捉和利用这些丰富的结构信息。图神经网络是最早由 Gori[3] 在 2005 年提出的一种将递归神经网络推广到图域的深度学习的网络结构,它可以直接对循环图、有向图、无向图等一般的图类进行处理,Scarselli[4] 在 2009 年将其进一步完善为一种直接对图结构进行操作的图嵌入技术。

GNN 的核心包含一个迭代过程和一个神经网络。迭代过程负责在图中传播节点的状态,直至达到一种平衡状态;而神经网络则用于为每个节点生成相应的输出[5]。GNN 的出现填补了传统神经网络在处理非欧几里得数据(如非结构化数据:图片、文档等)方面的空白。它不仅能够利用图结构来揭示不同对象之间的复杂关系,还能对非欧几里得数据进行有效的特征提取和表示。

根据不同的场景和应用方向,下面列举一些常见的图神经网络中的子任务:

(1) 节点分类(node classification)。节点分类是图神经网络(GNNs)应用中的一个核心任务,它在多个领域都发挥着重要作用,如社交网络分析、生物信息学和知识图谱等。该任务的核心在于预测图中每个节点的类别标签。

(2) 链接预测(link prediction)。链接预测是图数据挖掘中的一个重要任务,它在推荐系统和矩阵补全等领域极为流行。该任务的目标是预测图中两个节点之间是否存在尚未观察到的链接,这对于推荐新朋友、产品或补全矩阵中的缺失关系非常有用。

(3) 图分类(graph classification)。图分类在化学信息学和材料科学等领域中非常重要,它用于预测整个图的属性,如分子的生物活性或材料的特性。

(4) 图生成(graph generation)。图生成广泛应用于分子生成和网络拓扑设计中。学习原始图中数据的概率分布生成新的数据实例,并创建具有特定属性和结构的图。

(5) 图嵌入(graph embedding)。图嵌入是图神经网络中的一个重要子任务。它将图中的节点或整个图结构转换为低维的向量表示,在简化数据复杂性的同时便于进行各种应用场景下的任务。

6.1.2 图神经网络推荐模型的特点

由于推荐系统中的用户项目交互矩阵和用户之间的社交关系可以表示为图形结构,且推荐系统可以被视为一种链路预测或图嵌入问题,图神经网络被推广到推荐系统领域。

图 6-2 展示了一个简易的图神经网络推荐系统的处理流程,该模型主要包括 3 个步骤:

(1) 在数据预处理阶段,系统首先需要对收集到的原始数据进行转换,使其适配图神经网络所需的图形数据格式。在这一过程中,用户和项目被映射为图中的节点,而用户与项目之间的评分或交互行为则转化为连接这些节点的边。此外,为了提升模型的表现力,还需要对节点和边进行特征提取,进而生成节点嵌入,这样能更有效地捕捉节点的本质特征和在图中的关系。

(2) 图神经网络学习。在图形数据结构构建完毕之后,系统将根据推荐

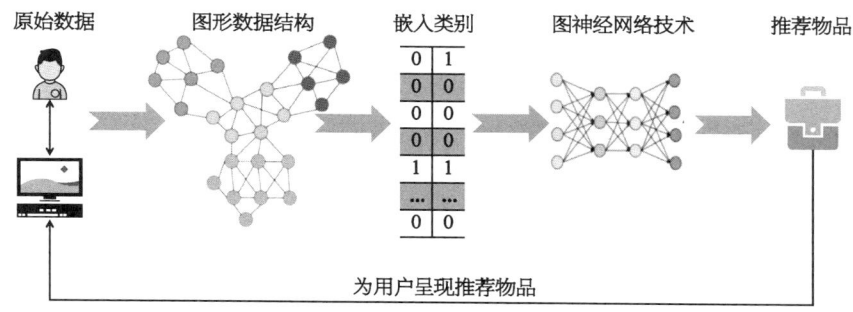

图 6-2　图神经网络推荐系统处理流程

场景的需求,选用恰当的图神经网络技术来学习用户和项目的嵌入表示。图神经网络通过逐层迭代优化节点和边的嵌入,深入挖掘节点间的复杂交互和关系模式。在这一过程中,诸如图卷积网络(GCN)、图注意力网络(GAT)等先进的图神经网络技术被广泛应用,以提升推荐系统的理解和预测能力。

(3)生成推荐列表。最后,系统将学习到的嵌入表示转化为输出信息,并根据这些信息为用户生成推荐列表。这个过程可能包括对节点嵌入进行某种特定的操作,如池化、聚合等,以提取关键信息并生成最终的推荐结果。

通过这一系列的数据预处理和图神经网络学习流程,基于图神经网络的推荐系统能够更加精准地捕捉用户与项目之间的复杂关系,从而提供更为个性化且高效的推荐服务。随着技术的不断演进,研究人员将多种深度学习技术整合到图神经网络中,推动了图神经网络在推荐系统领域的创新。这些创新包括图卷积网络、图注意力网络、图生成网络以及图自编码器网络等。本章将围绕基于图神经网络的推荐模型进行详细的分类介绍,旨在为读者提供对这些模型深入的理解。

6.2　图卷积网络推荐模型

Kipf[6]等人把卷积网络思想推广到图形数据结构中,提出了一种创新的半监督分类方法,即图卷积神经网络。该方法的核心在于对每个节点的邻域进行采样,并对这些采样邻域中的节点信息执行特定的聚合操作,以更新节点的信息。这种聚合操作可以是简单的平均值计算,即将所有采样邻域中的节点信息相加后除以邻域中的节点数量。通过这种方式,GCN 能够捕捉到节点

间的局部结构信息,并利用这些信息来改善分类性能。一个 K 层的图卷积网络的公式定义为

$$H^k = \sigma(D^{-\frac{1}{2}}AD^{-\frac{1}{2}}H^{k-1}w^{k-1}) \quad (6-1)$$

式中,H^k 表示经由卷积网络得到的第 k 层的嵌入表示,A 为数据集信息构成的图,D 为图 A 的对角度矩阵,H^{k-1} 和 w^{k-1} 分别表示卷积操作中的输入和可训练权重矩阵。图 6-3 为一个双层图卷积网络示意图。图中左侧为该网络的图形结构信息,右侧为通过图卷积网络得到的 A 的拓扑表示过程,显而易见的是,节点 A 的拓扑表示由其邻居 C、M 以及 D 计算得到。经由双层卷积操作之后,A 节点自身中包含了距离其长度为 2 的节点信息,极大地丰富了 A 本身的拓扑信息。

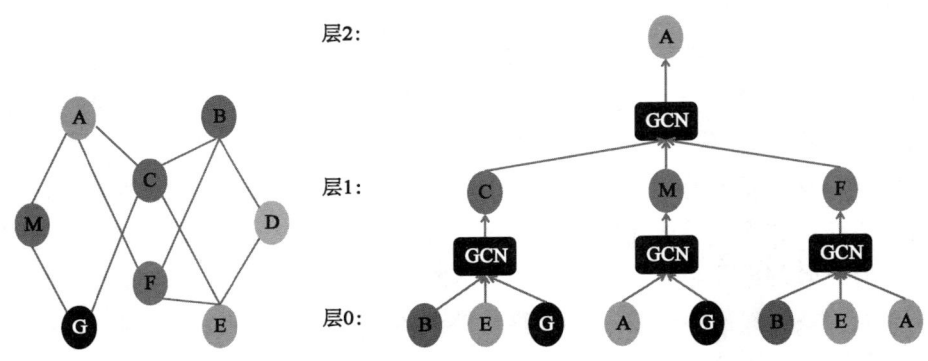

图 6-3 一个简易的双层图卷积示意

图卷积神经网络为图神经网络在推荐系统中的应用开辟了新的道路。基于这种思想,研究人员不断探索和优化图神经网络架构,以构建更高效的推荐框架。本节将详细介绍几种基于图卷积算法的经典推荐模型,包括 HeteGraph,NGCF,GraphRec 和 GDSRec。

6.2.1 HeteGraph 模型

GCN 的问世不仅为学术界和工业界带来了图神经网络研究的热潮,而且激发了研究人员对这一领域的深入探索。随着 GCN 方法的研究不断深入,学者们对其进行了细致的分类,包括谱域和空域图卷积[7]等不同方向,这些创新方法被广泛应用于各个领域。然而,在推荐系统这一领域,图卷积操作面临一

个棘手的挑战：传统的图卷积操作通常假设数据为同构图，而在实际推荐场景中，数据往往呈现异构图[8]的特征，即包含不同类型的节点和边。如何将异构图中的不同节点语义统一为一个共同的嵌入表示将直接影响到推荐结果的准确性和个性化程度。

为了解决这种问题，Dai Hoang Tran[9]等人提出了 HeteGraph 模型，HeteGraph 通过使用一种采样技术将多种语义信息整合到一个统一的嵌入中，并采用一种不需要完整图邻接矩阵的图卷积操作来提高嵌入质量。这种设计使得 HeteGraph 模型在处理异构数据的推荐场景中也能提供高质量的推荐。

图 6-4 为一个简易的淘宝购物中的异构推荐场景，可以观察到用户和商品两类节点，它们各自拥有不同的节点属性。用户节点可能包括诸如年龄、性别、购买历史等属性，而商品节点则可能包括价格、类别、品牌等属性。用户和商品之间的连线代表了他们之间的交互行为，如查看、收藏、购买等。这种异构图中，不同类型节点之间的路径被称为元路径（meta-path）。在这个场景中，用户 A 到用户 C 再到商品运动鞋的路径被称作一条元路径。一个异构图中通常存在多条元路径，这些元路径是推荐系统挖掘节点间相似性和影响力的重要途径。通过分析这些元路径，推荐系统能够更准确地理解用户和商品之间的关系，从而提高推荐的准确性和多样性。

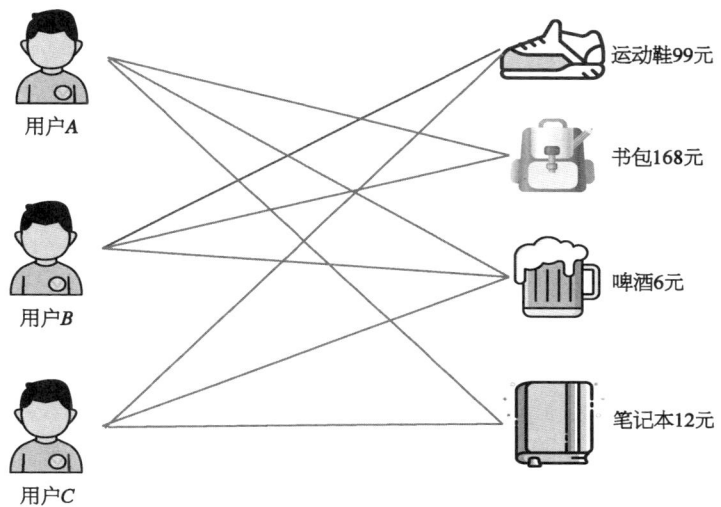

图 6-4　简易的淘宝购物中的异构推荐场景

图 6-5 展示了 HeteGraph 模型的整体框架,该模型分为 4 个主要层次[9]:采样层、卷积层、嵌入层和应用层。假设输入的是一个二分图 $G(V, E)$,其中包含了用户和商品两类节点。在采样层,HeteGraph 通过随机游走(random-walk)[10] 的策略为图中的每个节点采样邻居节点 N。卷积层通过 GCO(graph convolutional operation) 技术进一步提取节点的显著特征信息。嵌入层则负责将卷积层提取的特征转化为低维的嵌入表示,这些嵌入表示能够捕获节点间的关系和交互模式。最后,根据不同的应用场景,HeteGraph 模型会设置不同的损失函数来进行模型学习。

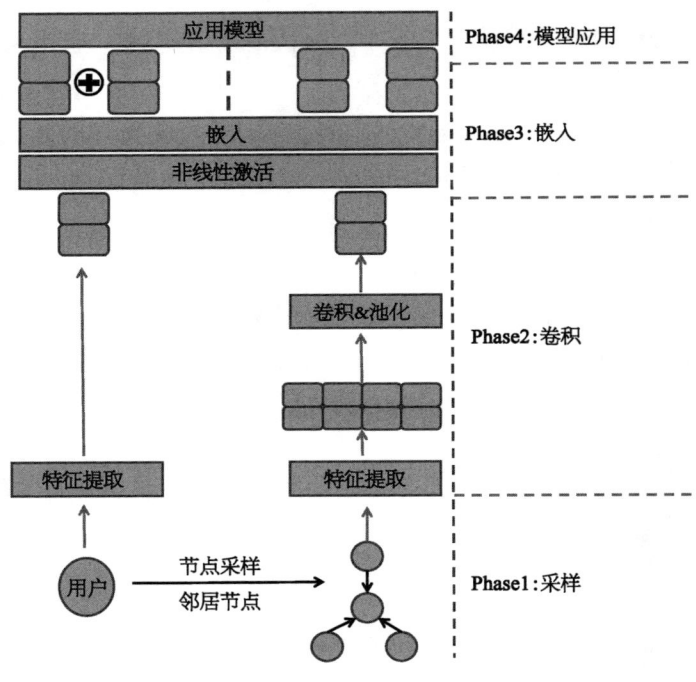

图 6-5 HeteGraph 模型整体框架

算法 6-1 HeteGraph 邻居采样策略

输入:图 $G(V, E)$ 中的节点 n;采样大小 K;游走距离 D;随机检索函数 RAND;最大路径长度 k;随机化常数 c;邻居检索功能函数 NEIGHBOR;权重排序函数 SORT。

输出:NB_n 节点 n 的采样邻居

```
 1  begin
 2      NB_n ← 0
 3      for i ← 1 to K do                   //为节点 n 采样 K 个路径
 4          target ← 0
 5          for j ← 1 to D do               //每条路径初始时遍历 D 个节点
 6              if j = 1 then
 7                  target ← n
 8              end
 9              {nb_j} = NEIGHBOR(target)
10              {nb_j}_sort ← 按照权重高低进行降序排序 SORT({nb_j})
11              {nb_j}_filter ← 从 {nb_j}_sort 选择 k+c 个元素
12              {rand_nb_j} ← 从 {nb_j}_filter 中随机选择 k 个元素
13              rnb_i ← 从 {rand_nb_j} 随机选择一个元素
14              NB_n[i] adds rnb_i
15              target ← rnb_i
16          end
17      end
18      return NB_n
19  end
```

图 6-6 为 HeteGraph 模型中给出的采样层图示。假设图中浅灰色节点 n 为带采样的中心节点，采样的结果为具有 K 条路径的节点邻居 $NB_n = \{NB_n[1], \cdots, NB_n[k]\}$。其中第 i 条路径 $NB_n[i]$ 过程为：HeteGraph 首先搜寻目标节点 2 跳内的所有邻居节点 nb_j，并将其按照权重高低筛选出前 $k+c$ 个节点 $\{nb_j\}_{k+c}$，接着从中选择 k 个节点作为目标节点 n 的采样邻居 $\{nb_j\}_k$，然后再从 $\{nb_j\}_k$ 中随机选择一个节点 $rand\_nb_i$ 作为 k 个采样路径第 $NB_n[i]$ 条当中的第 i 个节点，整个过程会重复 D 次，直到为第 $NB_n[i]$ 条路径中填充 D 个节点。为了便于理解，我们在算法 6-1 中给出了采样过程的伪代码。

因为不同类型的节点承载着各异的信息，因此在 GCO 操作之前，HeteGraph 模型会根据节点属性的具体特征来选择合适的特征提取方法[11]。

对于评分属性，模型通过对原始数据进行不同程度的缩放将其转换成 0/1 数据类型。

对于包含文本描述的节点属性，如商品的详细介绍或用户的评价内容，模型首先会对每个单词进行预训练词嵌入，以捕捉词汇的深层语义信息。随后模型会运用 GRU（门控循环单元）神经网络将文本数据转换为固定长度的向量。

基于社交关系的个性化推荐方法

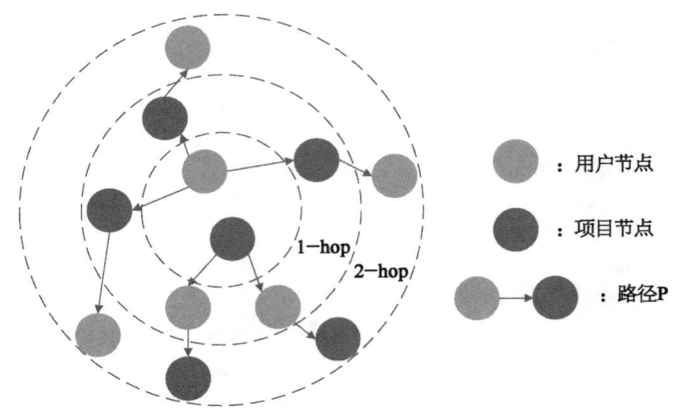

图 6-6 HeteGraph 采样层图示

对于分类属性,如商品的种类或用户的兴趣类别,模型则采用独热编码技术,将每个分类变量转换为二进制向量。

对于数值属性,如用户年龄,HeteGraph 模型使用标准分数公式进行缩放变换:

$$z = \frac{x - \mu}{\sigma} \tag{6-2}$$

式中,x 为待处理的样本数据,μ 为所有样本的均值,σ 为所有样本的标准差,z 为经过处理之后的样本。

通过这种操作,HeteGraph 将采样层得到的节点信息整合到统一的特征空间当中,接着将采样邻居路径以向量化的方式表达,然后对向量进行池化操作来提取显著特征,公式表达为[9]

$$\boldsymbol{f}_{NB_n} = \begin{bmatrix} att_{p_1} \\ att_{p_2} \\ \vdots \\ att_{p_i} \end{bmatrix}$$

$$\boldsymbol{f}_{PO_n} = \mathrm{mean}(\sigma(\boldsymbol{W}^{\mathrm{pool}} \cdot \boldsymbol{f}_{NB_n}))$$

$$\mathrm{mean}\left(\begin{bmatrix} x_{11} & \cdots & x_{1m} \\ \vdots & & \vdots \\ x_{n1} & \cdots & x_{nm} \end{bmatrix}\right) = \begin{bmatrix} \dfrac{\sum_{i=1}^{n} x_{i1}}{n} & \cdots & \dfrac{\sum_{i=1}^{n} x_{im}}{n} \end{bmatrix} \tag{6-3}$$

式中，f_{NB_n} 表示节点 n 聚合后的邻居张量，att_{p_i} 表示邻居节点 NB_n 中 p_i 路径上所有节点的组合属性。f_{PO_n} 表示进行平均池化操作后得到的节点 n 的向量属性，σ 表示非线性激活函数，W^{pool} 表示可训练的权重矩阵。

最后，HeteGraph 模型将 f_{PO_n} 与原始属性 x_n 拼接并使用非线性激活函数和归一化操作得到节点 n 的最终嵌入张量 z_n，公式表达为

$$z'_n = \sigma(W \cdot \text{concat}(x_n, f_{PO_n}))$$

$$z_n = \frac{z'_n}{\|z'_n\|_2} \tag{6-4}$$

在嵌入层中，HeteGraph 模型则根据不同的推荐任务去设置不同的损失函数进行模型学习。

在监督任务当中，HeteGraph 模型使用"均方根误差"(RMSE)损失函数来训练每对用户-项目交互的模型：

$$L_{RMSE} = \sqrt{\frac{1}{n}\sum_{i=1}^{n}(\hat{y}_i - y_i)^2} \tag{6-5}$$

式中，$\hat{y}_i$ 表示预测评分，y_i 为实际评分。而在无监督任务当中，HeteGraph 模型则会使用一种带负采样的铰链损失(HL)函数来进行模型学习：

$$L_{HL}(z_u z_i) = \Omega_{neg_u \sim p_{neg}(u)} \max\{0, z_u \cdot z_{neg_u} - z_u \cdot z_i + \Gamma\} \tag{6-6}$$

式中，neg_u 表示用户 u 的负采样，$p_{neg}(u)$ 表示用户 u 负采样的概率，z_u 表示嵌入层得到的用户 u 的嵌入表示，z_{neg_u} 表示用户 u 负采样的嵌入表示，z_i 表示嵌入层得到的项目 i 的嵌入表示，Γ 是一个表示余量的超参数。通过 $L_{HL}(z_u z_i)$ 来使得模型中具有较高权值的 $(z_u z_i)$ 对排名高于较低权值的节点对，以此来提高模型的精准性。

HeteGraph 模型通过采用一种采样技术和局部图卷积操作，成功地将推荐系统扩展到了异构图的范畴。局部图卷积操作的特点是在保持高效处理速度的同时，还能够产生出色的推荐结果，即使在处理大型图数据时也不例外。然而，HeteGraph 模型的设计主要围绕用户和项目这两个核心实体进行构建。这使得 HeteGraph 模型在处理一些包含多实体(如用户、商品、品牌等)或单实体的结构时，模型的性能可能会受到显著影响，甚至可能迅速下降。

6.2.2 NGCF 模型

协同过滤算法的核心在于利用具有相似兴趣或经验的用户群体的偏好来向用户推荐他们可能感兴趣的信息[12]。在这个过程中,每个用户通过提供信息反馈(如评分或点击等)帮助系统记录并筛选出有价值的内容,从而实现个性化推荐。然而,传统的协同过滤算法在模型构建上较为简单,它们通常仅通过将稀疏的用户-项目评分矩阵转换为稠密向量来初始化用户的嵌入向量,并采用简单的内积求和方式来生成推荐。这种方法虽然在某些情况下有效,但未能充分挖掘用户和项目之间的深层次关系。即使是后来的 NeuralCF[13]算法,尽管它引入了深度学习技术来学习用户和项目的嵌入向量,但其基本思路仍然是对用户和项目进行初始化嵌入,然后利用交互信息来优化这些嵌入向量。这种方法虽然在模型表达能力上有所提升,但仍然存在一定的局限性,因为它主要关注的是如何通过嵌入向量来模拟用户和项目之间的交互,而没有充分考虑如何更有效地利用图结构中的高阶关系和复杂交互模式。

为了缓解上述问题,何向南教授研究团队将协同过滤的理念扩展至图神经网络领域,创新性地提出了 NGCF(neural graph collaborative filtering)模型[14]。该模型通过将用户与项目之间的交互信息编码进节点嵌入中,从而丰富了节点的初始表征。同时,团队设计了一种新颖的聚合与传播机制作为图神经网络的操作核心,以融合节点的高阶邻居嵌入信息。这一机制有效提升了节点自身的表征能力,进而显著增强了模型的预测性能。

图 6-7 为一个简易的节点高阶邻居的示意图。在原始二部图中,u_1 与 i_1,i_2 和 i_3 是直接相连的,他们之间的长度可以表示为 1。而通过长度为 2 的路径,u_1 可以连接到 u_2 和 u_3,这代表着 u_2 和 u_3 是 u_1 的 2 阶邻居,进而通过长度为 3 的路径,u_1 可以连接到 i_4 和 i_5,其中,虽然 i_4 和 i_5 都是 u_1 的 3 阶邻居,但是 i_4 可以通过更多的路径连接到 u_1,我们也可以认为 i_4 与 u_1 有更多的相似度。

NGCF 模型的整体架构如图 6-8 所示[13]。从图中可以看出模型主要被分为 3 个部分,嵌入层(embeddings)、嵌入传播层(embeddings propagation)以及预测层(prediction)。

图 6-8 中嵌入层是为用户和项目分别初始化相应的嵌入矩阵,然后通过

第6章 基于图神经网络的社会化推荐方法

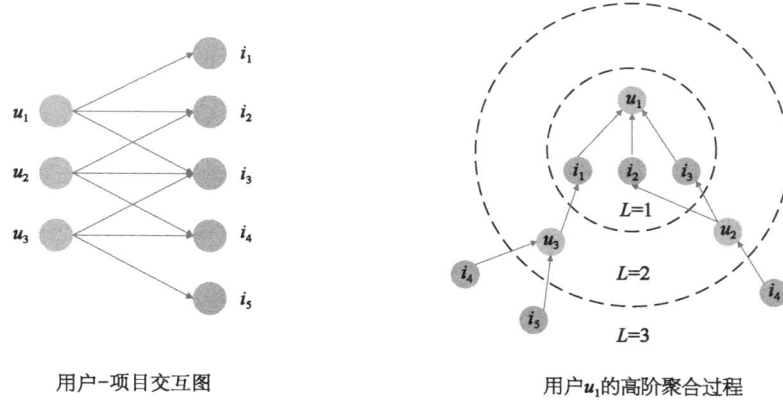

图 6-7 一个简易的节点高阶邻居的示意

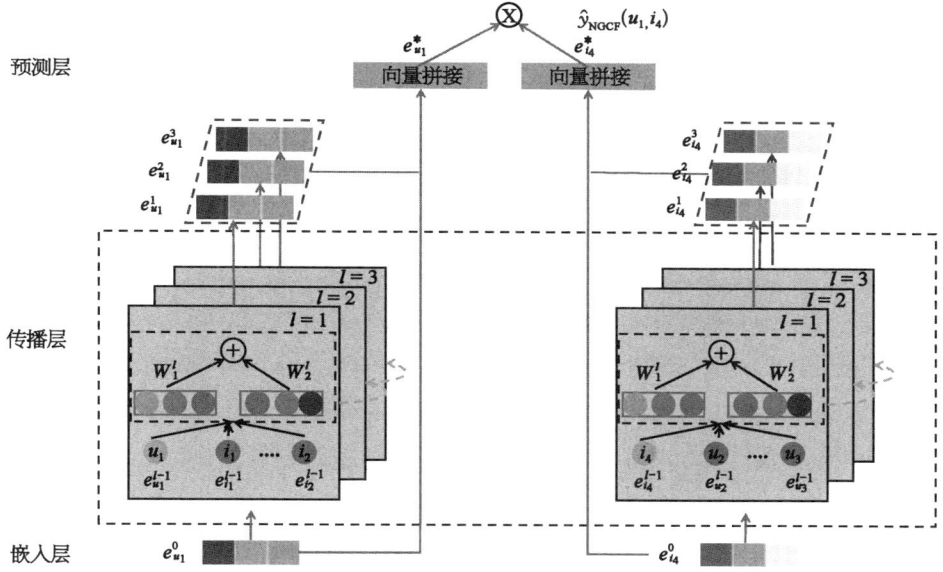

图 6-8 NGCF 模型整体架构

其 ID 进行映射的向量表示：

$$E^0 = [e_{u_1}, \cdots, e_{u_N}, e_{i_1}, \cdots, e_{i_M}] = [e_u^0, e_i^0] \quad (6-7)$$

映射之后的向量可以认为是传播层数为 0 时的向量，并在第二部分通过信息的构建-聚合操作来融合高阶邻居的嵌入信息去学习嵌入表示，一阶的信息构建可以表示为

基于社交关系的个性化推荐方法

$$m_{u \leftarrow i} = \frac{1}{\sqrt{|N_u||N_i|}}[\boldsymbol{W}_1 e_i + \boldsymbol{W}_2(e_i \odot e_u)] \qquad (6-8)$$

式中，$\boldsymbol{W}_1, \boldsymbol{W}_2 \in \boldsymbol{R}^{d' \times d}$ 为可学习的权重矩阵，d' 是转换大小，d 是嵌入维度。N_u 和 N_i 分别代表了用户和项目的一阶邻居的个数，这里可以将 $\sqrt{|N_u||N_i|}$ 理解为归一化系数。$\odot$ 表示点乘操作。聚合之后通过聚合操作来完成一次图卷积操作：

$$e_u^1 = LeakyReLU(m_{u \leftarrow i} + \sum_{i \in N_u} m_{u \leftarrow i}) \qquad (6-9)$$

式中，$LeakyReLU$ 是非线性激活函数，$m_{u \leftarrow i} = \boldsymbol{W}_1 e_u^0$ 表示自连接操作，$\sum_{i \in N_u} m_{u \leftarrow i}$ 表示用户 u 的所有项目节点进行信息构建操作。通过构建-聚合操作来完成高阶传播操作[14]：

$$m_{u \leftarrow i}^l = p_{ui}[\boldsymbol{W}_1^l e_i^{l-1} + \boldsymbol{W}_1^l(e_i^{l-1} \odot e_u^{l-1})]$$
$$m_{u \leftarrow i}^l = \boldsymbol{W}_1^l e_i^{l-1} \qquad (6-10)$$

式中，p_{ui} 是一个超参数，作为每次传播的衰减因子。将 L 次信息构建-传播所得到的节点表示进行拼接来作为最终的节点表示：

$$e_u^* = e_u^0 \| \ldots \| e_u^L, \quad e_i^* = e_i^0 \| \ldots \| e_i^L \qquad (6-11)$$

式中，$\|$ 是拼接操作。然后在预测层中以内积的方式来完成预测：

$$\hat{y}_{NGCF}(u, i) = e_u^{*\mathrm{T}} e_i^* \qquad (6-12)$$

NGCF 中最终使用 BPR（Bayesian personalized ranking）损失函数作为模型的学习函数，它可以通过计算将用户喜欢的物品排在不喜欢的物品之前：

$$LOSS_{NGCF} = \sum_{(u,i,j) \in O} -\ln \sigma(\hat{y}_{ui} - \hat{y}_{uj}) + \lambda \|\Theta\|_2^2 \qquad (6-13)$$

式中，$(u, i, j) \in O$ 是两两的训练数据，(u, i) 为正采样，表示可以观察到的相互作用，(u, j) 为负采样，表示没有观察得到相互作用。σ 为 sigmoid 激活函数。$\hat{y}_{ui}$，$\hat{y}_{uj}$ 表示不同采样的预测结果。λ 为控制 L_2 正则化的超参数。Θ 表示所有可训练的模型参数。

NGCF 模型成功地将协同过滤的原理与图神经网络相结合，通过精心设计的"信息构建-聚合"操作，实现了对节点间高阶关系的显式学习，从而显著提升了推荐系统的性能。这一操作模式在模型训练的早期阶段表现出色,但随着节点学习的深入,它开始受到图平滑效应的影响,导致模型性能出现下降。此外,NGCF 模型中的非线性激活操作在早期研究中曾被认为是提升推荐性能的关键因素,但在后续的 LightGCN[15] 模型中被证明并不具备这种效果。这表明在图神经网络模型中,并非所有的操作都会对推荐性能产生正面影响,模型设计的优化和调整对于实现最佳性能至关重要。

6.2.3　GraphRec 模型

在传统推荐以及基于深度学习的推荐算法当中融入社交信息已被证明可以有效缓解算法本身的固有缺陷,极大提升推荐性能,但是这些模型的融入方式往往是以不同的信息为单独视角来进行嵌入学习的,无法同时考虑到互动和意见,并且难以捕捉到用户在社交网络中的潜在影响。由于之前基于图的推荐算法已经证明了图神经网络在表示学习中具有强大的能力,并且社交推荐中的两种信息源可以表示为两个图形数据,将社交信息融入基于图神经网络的推荐模型中是近几年比较热门的一个话题[16]。但其仍然存在一些挑战:首先是如何从两个图形数据当中将用户不同角度的信息结合到一起;其次是如何从两个图形数据中共同捕获用户和项目之间的交互意见;最后现实生活当中朋友之间的关系并不是绝对相互的,如何区分具有异质强度的社会关系也是一个挑战。为了解决这些问题,香港城市大学的范文奇等人在 2019 年国际万维网大会上提出了 GraphRec 模型[17],通过用户视角和项目视角来聚合嵌入信息完成信息结合,并使用一种注意力机制来区分不同强度的社会关系,最后利用一个 MLP 结合不同图形数据的学习表示去捕获共同的用户和项目之间的交互意见。GraphRec 的整体模型架构如图 6-9 所示[17]。

该模型主要有用户建模、项目建模和评分预测 3 个组件组成。其中,图 6-9 左侧显示为用户建模组件,其主要通过社交图和用户-项目交互图两种图以不同的角度来学习用户表示,并被进一步细化为项目聚合和社交聚合两个部分。

(1) 项目聚合的主要思想是:通过用户-项目图,可以找到用户在与项目交互的过程中发表自己的评论或者意见,而这些对于物品的观点可以捕获到用户对物品的偏好,进而学习到项目空间中用户的潜在因子:

基于社交关系的个性化推荐方法

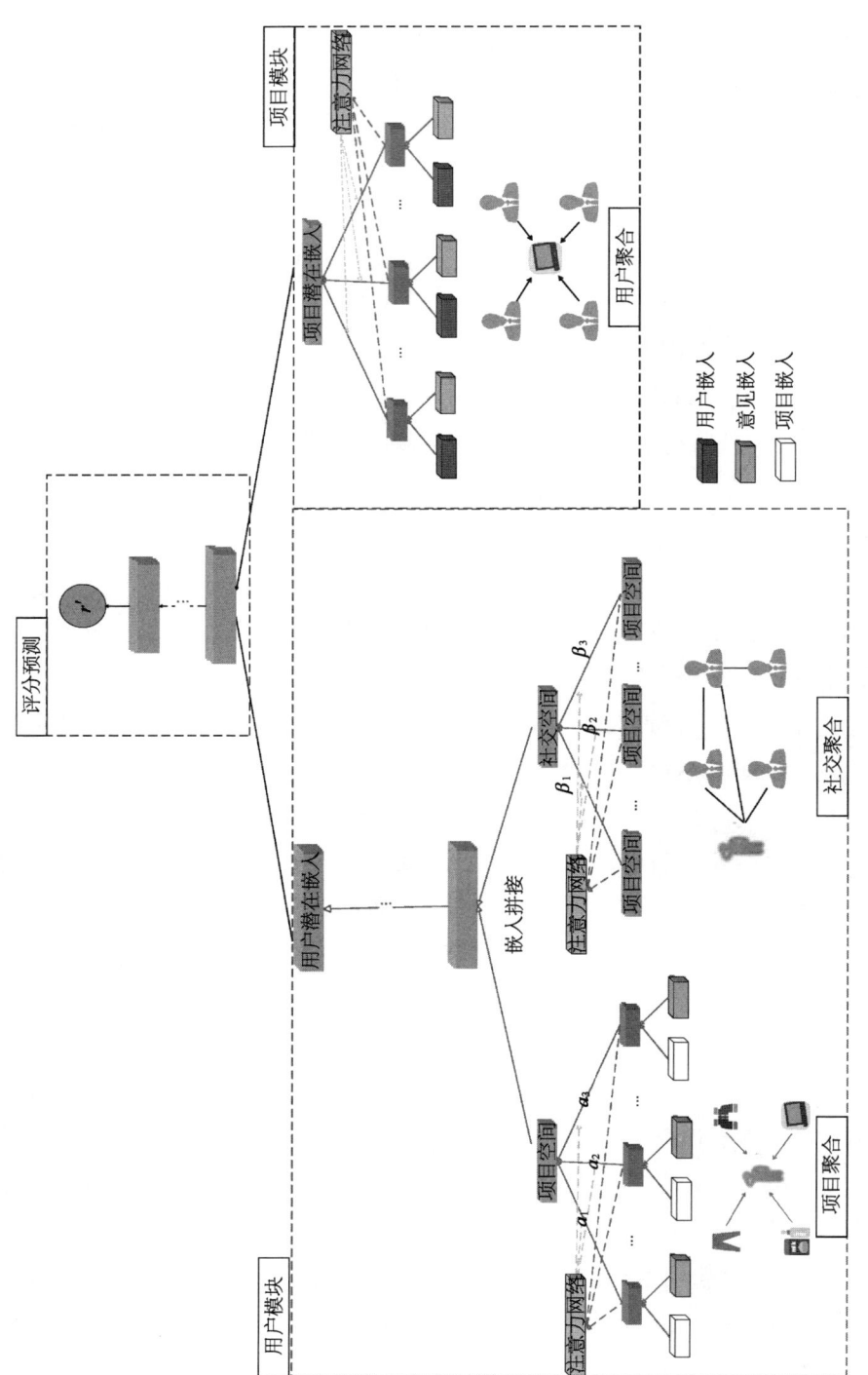

图 6-9 GraphRec 整体模型架构

$$h_i^I = \sigma(\boldsymbol{W} \cdot \{\sum_{a \in C_i} \alpha_{ia} \boldsymbol{x}_{ia}\} + \boldsymbol{b}) \tag{6-14}$$

式中，h_i^I 表示项目空间中的用户潜在因素，$\boldsymbol{W}$ 为权重矩阵，$\boldsymbol{b}$ 为偏置向量，σ 为激活函数，C_i 表示用户 u_i 存在交互的项目集，$\boldsymbol{x}_{ia}$ 是将项目 v_a 与用户 u_i 对其的交互相结合然后通过一个 MLP 得到的交互向量，α_{ia} 是通过注意力机制从用户的交互历史集合 C_i 中计算得到的项目 v_a 对用户 u_i 的贡献交互权重。

（2）社交聚合则是通过社交图来学习到在社交空间中用户的潜在因子，之前的研究中利用的社交信息大都是通过均值算子来平均每一位朋友对于用户的影响，而没有考虑到用户之间的强关系和弱关系，GraphRec 使用注意力机制来区分用户之间的关系强度，并选择具有强关系的社交好友来刻画用户的社交信息：

$$h_i^S = \sigma(\boldsymbol{W} \cdot \{\sum_{o \in N_{(i)}} \beta_i \boldsymbol{h}_o^I\} + \boldsymbol{b}) \tag{6-15}$$

式中，h_i^S 是用户 u_i 将邻居 $N_{(i)}$ 中用户的物品空间用户潜在因素进行聚合得到的项目空间中的用户潜在因子，$\boldsymbol{W}$ 为权重矩阵，$\boldsymbol{b}$ 为偏置向量，σ 为激活函数，$N_{(i)}$ 表示用户 u_i 存在交互的用户集合，$\boldsymbol{h}_o^I$ 表示用户 u_i 与用户 u_o 在项目空间中的关系向量，β_i 是通过注意力机制从用户的邻居集合 $N_{(i)}$ 中提取到的用户 u_o 对用户 u_i 的强度系数。

通过计算分别得到了用户在项目空间视角和社交空间视角下的潜在因子，使用一个双层的 MLP 来结合两种视角下的用户潜在因子可得到最终的用户潜在向量 $\boldsymbol{h}_i$。

图 6-9 右侧为项目建模组件，与用户建模组件中的项目聚合类似，对于每一个项目 v_j，模型会从用户-项目图中搜索与之交互过的用户集合 $B_{(j)}$ 中的聚合信息来得到项目向量 $\boldsymbol{z}_j$：

$$\boldsymbol{z}_j = \sigma(\boldsymbol{W} \cdot \{\sum_{t \in B_{(j)}} \boldsymbol{\mu}_{jt} f_{jt}\} + b) \tag{6-16}$$

式中，$\boldsymbol{W}$ 为权重矩阵，$\boldsymbol{b}$ 为偏置向量，σ 为激活函数，$B_{(j)}$ 表示与项目 v_j 存在交互的用户集合，$\boldsymbol{\mu}_{jt}$ 是将用户嵌入 u_t 和用户 u_i 对项目 v_j 的交互嵌入相结合后通过一个 MLP 得到的交互向量，f_{jt} 是通过注意力机制从项目的用户交互集合 $B_{(j)}$ 中计算得到的用户 u_t 对项目 v_j 的贡献交互权重。

与协同过滤思想预测方式不同的是，GraphRec 并不是通过内积的方式来计算模型的预测结果,而是将在两个组件中得到的用户向量 h_i 和项目向量 z_j 相结合,然后通过一个双层的 MLP 预测最终评分。

$$r'_{ij} = MLP(MLP(h_i \oplus z_j)) \tag{6-17}$$

式中,r'_{ij} 表示用户 u_i 对项目 u_j 的预测得分,$\oplus$ 表示向量拼接操作,最后 GraphRec 通过一个简易的损失函数来进行模型学习:

$$LOSS = \frac{1}{2|O|} \sum_{i,j \in O} (r'_{ij} - r_{ij})^2 \tag{6-18}$$

式中,$|O|$ 表示观察到的评分数量,r_{ij} 是用户 u_i 对项目 u_j 的真实评分。

GraphRec 通过图结构有效地捕捉用户与项目之间以及用户之间的复杂交互关系,成功地将社交信息融入基于图神经网络的推荐系统中,显著提高了推荐性能并为之后的研究奠定了基本的研究思路。但是模型中仍然使用注意力机制与 MLP 等大量的深度学习技术,并且模型当中仅考虑了用户社交网络中异质关系的强弱性,而忽略了用户的属性信息强弱性等一系列问题。

6.2.4 GDSRec 模型

与以往图神经推荐系统直接从原始图构成嵌入的学习方式相比,陈佳佳等人发现原始图中的信息并不足以全面揭示用户的意图。例如,用户对某个项目的评分偏低,这可能并非因为该项目质量不佳,而是因为该用户整体评分普遍偏低[18]。基于这一认识,他们提出了一种新方法,通过重构原始的二分图来形成一种去中心化的分散图形式来学习不同节点的偏移向量,并通过图神经网络技术来更精准地捕捉用户的偏好。在此基础上,他们提出了一种基于图神经网络的社交推荐模型 GDSRec(graph-based decentralized collaborative filtering for social recommendation)[19]。

图 6-10 为 GDSRec 中提供的原始二部图去中心方式[19]。图中左侧为原始二部图,用户节点 u_i 和项目节点 v_j 之间的连线表示从用户社交矩阵中观察到的评分 r_{ij}。用户节点 u_i 和 u_j 之间的连线表示他们之间的信任权重 T_{ij},计算方式为

$$T_{ij} = 1 + \sum_{v_k \in \{R(u_i) \cap R(u_j)\}} I(|r_{ik} - r_{jk}| \leq \delta) \tag{6-19}$$

式中,$v_k \in \{R(u_i) \cap R(u_j)\}$ 表示用户 u_i 和 u_j 共同评价过的物品集合,δ 表

示两个用户是否喜欢同一个项目的阈值,计算得到的 T_{ij} 越高,则表示两个用户之间的相似度越高。

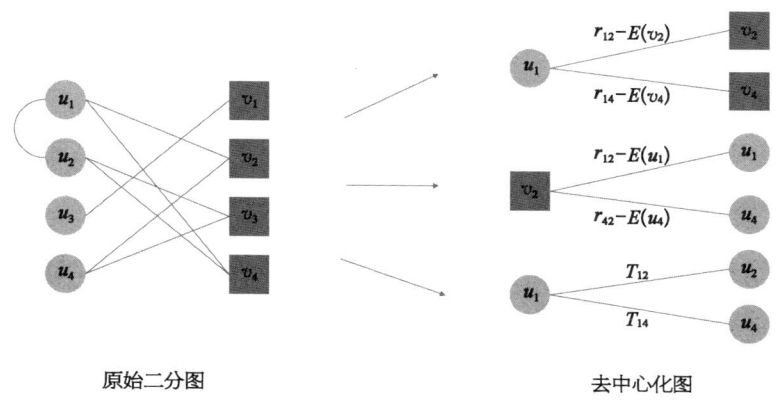

图 6-10 原始二部图为去中心化图示

图 6-10 右侧展示了去中心化的计算方式,该方法通过从每个用户(项目)-项目(用户)的交互数值中减去项目(用户)的平均值,从而得到去中心化图。在这个计算中,$E(u_k)$ 代表用户 u_k 评价过的所有项目评分的平均值,而 $E(V_k)$ 则表示所有对项目 V_k 进行评分的平均值。通过这种方式,去中心化图能够更清晰地反映用户对各个项目的喜爱程度。将这个去中心化图作为模型的输入,结合图神经网络技术,能够更准确地学习每个节点的嵌入向量,从而为用户提供更加精准的推荐。GDSRec 模型的整体框架如图 6-11 所示[19]。

从图 6-11 中可以看出,GDSRec 模型被划分为 4 个关键模块:用户模块、项目模块、社交模块和评分预测模块。在用户模块中,模型利用项目嵌入矩阵 $E_v \in R^{m \times d}$ 来学习用户的潜在偏移向量 $H_u \in R^{n \times d}$,以捕捉用户对项目的个性化偏好。项目模块则采用类似的方法,以用户嵌入矩阵 $E_u \in R^{n \times d}$ 为输入,学习项目的潜在偏移向量 $H_v \in R^{m \times d}$,以反映项目的特性。社交模块通过分析用户的社会关系网络,进一步细化用户的潜在偏移向量,以揭示用户之间的社会互动对个人偏好的影响。在评分预测模块中,模型综合以上 3 个模块学习到的用户和项目的潜在偏移向量来预测用户对特定项目的个人偏好,并以此生成推荐列表。

GDSRec 的用户模块以去中心化用户项目交互图和用户嵌入 E_u 为输入,

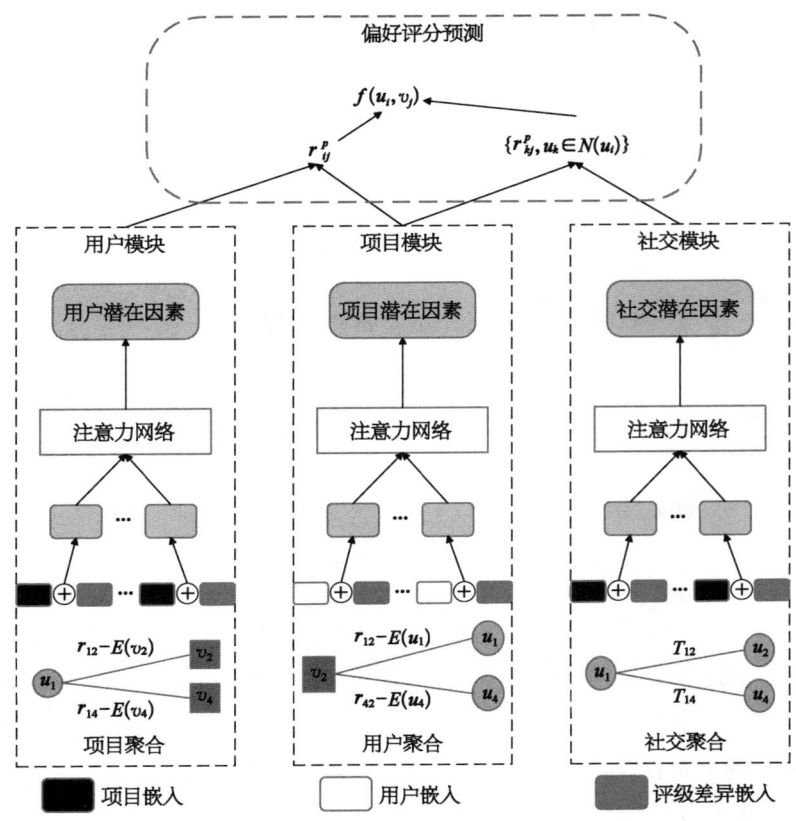

图 6-11 GDSRec 整体框架

为了便于理解,从用户 u_i 的角度分析其建模过程。首先,数据进入用户模块之后,首先会根据去中心化的用户项目交互图计算出用户的评级差异 $\bar{r}_{ij}$,计算公式为

$$\bar{r}_{ij} = \lceil |r_{ij} - E(v_j)| \rceil \tag{6-20}$$

式中,$|\cdot|$ 表示取绝对值,$\lceil \cdot \rceil$ 表示取上界,采用这种计算方式是为了保证计算得到的评级差异是正整数,因为小数在代码中使用嵌入比较不方便。接着,将评级差异和用户向量拼接起来,并通过一个 MLP 来计算用户 u_i 对项目 v_j 的评级差异向量 x_{ij},公式表达为

$$x_{ij} = MLP([e_j^v \oplus \bar{r}_{ij}]) \tag{6-21}$$

式中,$e_j^v \in R^d$ 表示项目 v_j 的嵌入向量,$\oplus$ 表示拼接操作。最后,用户模块会

根据评级差异向量来生成用户 u_i 的潜在嵌入 h_{u_i}，公式表达为

$$h_{u_i} = \tanh\left[\left(\boldsymbol{W} \cdot \sum_{v_j \in R(u_i)} \boldsymbol{\alpha}_{ij} \boldsymbol{x}_{ij}\right) + \boldsymbol{b}\right] \quad (6-22)$$

式中，$\boldsymbol{W}$ 和 $\boldsymbol{b}$ 表示可训练的权重矩阵以及偏置向量，$\boldsymbol{\alpha}_{ij}$ 为通过注意力机制生成的用户 u_i 和项目 v_j 之间的权重向量，公式表达为

$$\boldsymbol{\alpha}_{ij} = \frac{\exp(\boldsymbol{W}_2^{\mathrm{T}} \cdot ReLU(\boldsymbol{W}_1 \cdot [\boldsymbol{x}_{ij} \oplus \boldsymbol{e}_i^u] + \boldsymbol{b}_1) + \boldsymbol{b}_2)}{\sum_{v_j \in R(u_i)} \exp(\boldsymbol{W}_2^{\mathrm{T}} \cdot ReLU(\boldsymbol{W}_1 \cdot [\boldsymbol{x}_{ij} \oplus \boldsymbol{e}_i^u] + \boldsymbol{b}_1) + \boldsymbol{b}_2)}$$

$$(6-23)$$

式中，$\boldsymbol{e}_i^u \in R^d$ 表示用户 u_i 的嵌入向量，$\boldsymbol{W}_1$ 和 $\boldsymbol{W}_2$ 表示可训练的权重矩阵，$\boldsymbol{b}_1$ 和 $\boldsymbol{b}_2$ 表示可训练的偏置向量，$R(u_i)$ 表示用户 u_i 评价的项目集合。

在项目模块中，GDSRec 会用类似的操作生成项目的潜在嵌入 h_v，我们在这里给出项目 v_j 的潜在偏移构建过程的公式表达[19]：

$$\check{r}_{ij} = \lceil |r_{ij} - E(u_i)| \rceil$$

$$y_{ji} = MLP([\boldsymbol{e}_i^u \oplus \check{r}_{ij}])$$

$$h_{v_j} = \tanh\left[\left(\boldsymbol{W} \cdot \sum_{v_j \in R(u_i)} \eta_{ij} y_{ji}\right) + \boldsymbol{b}\right]$$

$$\beta_{ji} = \frac{\exp(\boldsymbol{W}_2^{\mathrm{T}} \cdot ReLU(\boldsymbol{W}_1 \cdot [y_{ji} \oplus \boldsymbol{e}_j^v] + \boldsymbol{b}_1) + \boldsymbol{b}_2)}{\sum_{u_i \in R(v_j)} \exp(\boldsymbol{W}_2^{\mathrm{T}} \cdot ReLU(\boldsymbol{W}_1 \cdot [y_{ji} \oplus \boldsymbol{e}_j^v] + \boldsymbol{b}_1) + \boldsymbol{b}_2)}$$

$$(6-24)$$

而在社交模块中，输入的数据是用户的潜在偏移 h_u，用户之间的信任权重 T_{ij} 和用户的信任集合 $R(u_j)$，社交模块会以用户模块的方式来校准用户的潜在偏移。

获得用户偏移 h_{u_i} 和项目偏移 h_{v_j} 之后，GDSRec 通过一个三层 MLP 来计算用户的偏好评级 r_{ij}^{p}，公式表达为

$$z_1 = \tanh(\boldsymbol{w}_1 \cdot [h_{u_i} \cdot h_{v_j}] + \boldsymbol{b}_1)$$

$$z_2 = \tanh(\boldsymbol{w}_2 \cdot z_1 + \boldsymbol{b}_2)$$

$$r_{ij}^{\mathrm{p}} = \boldsymbol{w}^{\mathrm{T}} \cdot z_2 \quad (6-25)$$

最后，GDSRec 会根据用户的偏好评级 r_{ij}^{p} 来预测用户 u_i 对物品 v_j 的最终

评级,公式表达为

$$\hat{r}_{ij} = \frac{1}{2}[E(u_i) + E(v_j)] + \frac{1}{2}\left(r_{ij}^{\mathrm{p}} + \sum_{u_k \in N(u_i)} \frac{T_{ik}}{\sum_{u_k \in N(u_i)} T_{ik}} r_{kj}^{\mathrm{p}}\right)$$

(6-26)

GDSRec 模型以创新的方式将评分偏差视为向量,并将其融入用户和项目表示的学习过程中,这一方法极大地提高了对用户和项目间复杂关系的捕捉能力以及用户间社会互动对个人偏好的影响,显著增强了推荐系统的性能。然而,GDSRec 模型的实施也面临一些挑战。首先,在重构去中心化的图时,模型依赖于大量的用户-项目交互数据和用户社交信息。当信息来源不足时,模型容易受到冷启动问题的影响。其次,由于模型包含大量的训练参数,当处理大型图数据结构时,需要更多的计算资源来进行训练和优化,这可能对模型的训练效率和推荐系统的实时性产生影响。

6.3 图注意力网络推荐模型

图卷积网络成功应用于推荐系统领域,并展现出了比深度学习更为强大的推荐性能。随着研究的不断深入,图卷积网络逐渐应用于大型图数据结构,Web 服务等更多的领域中,但是图卷积网络的卷积方式使得所有节点的权重始终一致,无法有效快速地区分不同节点的重要性。虽然卷积网络可以通过加入注意力机制来实现区分节点关系强度,但显得整体架构更加复杂繁琐,为了能够快速高效地识别不同节点的权重问题,研究学者将注意力机制推广到图神经网络中,提出了图注意力网络模型,并广泛应用于推荐领域当中。下面介绍几种经典的基于图注意力的推荐模型。

6.3.1 GAT 模型

图卷积网络的问世,实现了在非结构化图数据上的直接特征提取,然而,当处理大型图时,基于矩阵的操作往往带来高昂的计算成本。此外,传统的图卷积在处理中心节点的邻居时,往往赋予它们相同的权重,这使得模型难以区分节点间关系的强弱。针对这些图卷积神经网络中的局限性,Veličković

等人在 2018 年提出了一种创新的基于注意力机制的图神经网络模型 GAT[20]。该模型通过引入隐藏的自我注意力层，有效地解决了先前图卷积方法中的不足。

通过层层堆叠，该模型允许节点动态地参与到其邻居特征的构建中，能够（隐式地）为邻域内的不同节点分配不同的权重，无须进行昂贵的矩阵运算（例如矩阵求逆），也无须预先知晓图的完整结构。这种策略不仅克服了基于图卷积网络模型面临的几个关键性挑战，而且提升了模型在归纳和推理任务上的适用性。

GAT 的核心思想是通过注意力机制放大数据中重要部分的权重来自适应地学习邻居节点的权重，一个单头注意力计算的公式为

$$\alpha_{ij} = \frac{\exp(LeakReLU(\vec{a}^{\mathrm{T}}[\boldsymbol{W}\vec{h}_i \parallel \boldsymbol{W}\vec{h}_j]))}{\sum_{k \in N_i} \exp(LeakReLU(\vec{a}^{\mathrm{T}}[\boldsymbol{W}\vec{h}_i \parallel \boldsymbol{W}\vec{h}_j]))}$$

$$\vec{h}'_i = \sigma\left(\sum_{j \in N_i} \alpha_{ij} \boldsymbol{W}\vec{h}_j\right) \tag{6-27}$$

式中，α_{ij} 表示在计算下得到的 $\vec{h}_i$，$\vec{h}_j$ 之间的注意力分数，N_i 是节点 i 的某个邻域节点集合，$\parallel$ 表示向量拼接，$\vec{a} \in R^{2F'}$ 是一个可调节的权重向量。$h = \{\vec{h}_1, \cdots, \vec{h}_i, \cdots, \vec{h}_n, \vec{h}_i \in R^F\}$ 为输入的一组节点特征，$W \in R^{F \times F'}$ 为可训练的权重矩阵，LeakyReLU 为非线性激活函数，$h' = \{\vec{h}'_1, \cdots, \vec{h}'_i, \cdots, \vec{h}'_n, \vec{h}'_i \in R^{F'}\}$ 为通过图注意力网络计算得到的一组新的节点特征。

GAT 中给出的注意力机制如图 6-12 所示[20]。其中左侧是系数计算，右侧为一个多头注意力的示意图。与单头注意力机制相比，多头注意力机制可以通过叠加不同邻域学习到的嵌入来进行更好的数据对比，稳定自我注意学习的过程，公式表达为

$$\vec{h}'_i = \sigma\left(\frac{1}{K} \sum_{k=1}^{K} \sum_{j \in N_i} \alpha_{ij}^k \boldsymbol{W}^k \vec{h}_j\right) \tag{6-28}$$

图注意力网络的引入解决了图卷积神经网络中的一些局限性，例如在捕捉节点间的交互模式方面的不足。然而，图注意力推荐系统面临的一个主要挑战是计算成本和内存消耗会随着每对邻居之间注意权重的计算而迅速增加。这一问题导致了在高阶邻居交互场景下的性能瓶颈，尤其是在大规模图数据上。如何在不牺牲推荐质量的前提下，提高图注意力推荐系统的计算效率和内存效率，

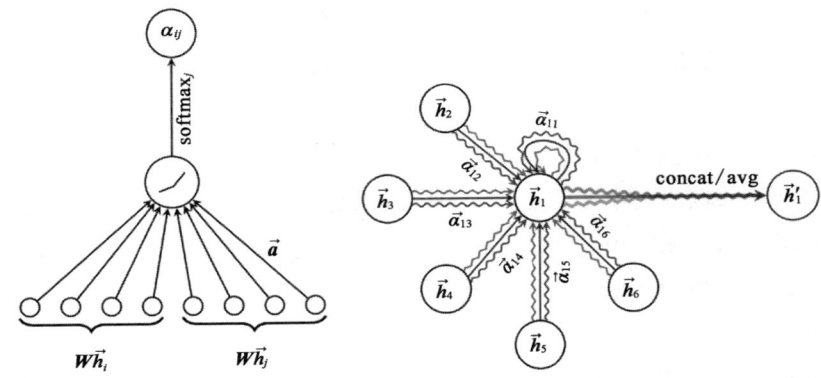

图 6-12 GAT 注意力机制

是一个值得深入研究的方向,对于构建可扩展和高效的推荐系统至关重要。

6.3.2 HAN 模型

GAT 通过引入注意力机制,为不同的邻居节点赋予了不同的重要性权重,使得在节点聚合其邻居特征的过程中,能够更加侧重于提取那些更为关键的邻居特征,从而显著提升了模型的总体性能。然而,GAT 的设计主要针对的是同质图,即图中所有节点均属于同一类别的情形。在这种情况下,注意力机制的作用在于从同类邻居节点中筛选出更为重要的特征部分。异构图已在图卷积神经网络中充分证明了比同质图具有更丰富的信息,而异构性和丰富的语义信息给面向异构图的图注意网络设计带来了巨大的挑战:

(1) 在异构图中,不同类型的节点具有不同的特征,其特征可能落在不同的特征空间中,如何处理这些复杂的结构信息并保存多样的特征信息?

(2) 异构图中通常使用元路径反映节点之间的语义信息,每条源路径所提取到的信息都是不同的,如何去选取对目标任务更有意义的元路径而削减无意义的元路径?

(3) 一条连接起来的元路径当中可能包含不同类型的节点,我们应该怎么来区分邻居之间的细微差别并区分它们之间的重要性?

王晓[21]等人将 GAT 划分为节点级和语义级,通过分层注意的方式来解决存在于异构图中丰富的语义信息带来的挑战,成功将注意力机制推广到异构图中,并在 2019 年国际万维网大会上提出了 HAN(heterogeneous graph attention network)模型。HAN 的整体架构如图 6-13 所示。

第 6 章 基于图神经网络的社会化推荐方法

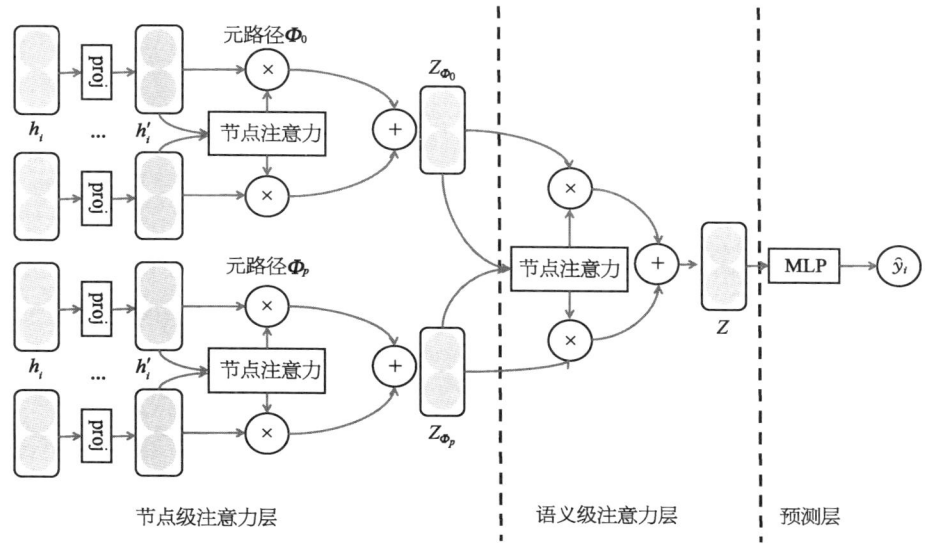

图 6-13 HAN 模型整体架构

HAN 模型由 3 个关键部分构成：节点级注意力层、语义级注意力层以及预测层。首先，HAN 模型将不同类型的节点映射到一个共同的特征空间中，确保所有类型的节点都能够以一致的方式进行处理。接着，通过节点级注意力机制，模型能够聚合每条元路径上相关的邻居信息，从而为每个节点生成一个嵌入表示，这些表示能够捕捉到节点在图中的局部特征。随后，针对不同的任务需求，HAN 模型通过语义级注意力机制来学习各元路径的重要性，并基于这些重要性对由节点级注意力生成的节点嵌入进行筛选和整合。最后，这些经过语义级注意力机制调整的节点嵌入被输入到一个多层感知机中，通过多层感知机的学习和优化，模型能够输出最终的预测结果。

在 HAN 模型的节点级注意力层中，注意力机制是以元路径为基本单元进行操作的。这意味着 HAN 专注于根据特定的元路径来考虑节点的邻居节点，而不是无差别地考虑图中的所有节点。在确定了基于元路径的节点对之间的重要性之后，模型通过 softmax 函数对这些重要性进行归一化处理，从而为每个基于元路径的邻居节点分配一个权重系数。接下来，将这些邻居节点的特征按照各自的权重进行线性组合，这样便得到了节点基于特定元路径学习到的嵌入表示：

基于社交关系的个性化推荐方法

$$\alpha_{ij}^{\Phi} = \frac{\exp(\sigma(a_{\Phi}^{\mathrm{T}}[h_i' \parallel h_j']))}{\sum_{k \in N_i^{\Phi}} \exp(\sigma(a_{\Phi}^{\mathrm{T}}[h_i' \parallel h_k']))}$$

$$z_i^{\Phi} = \parallel_{k=1}^{K} \sigma\Big(\sum_{j \in N_i^{\Phi}} \alpha_{ij}^{\Phi} h_j'\Big) \tag{6-29}$$

式中,α_{ij}^{Φ} 表示计算得到的元路径中节点 i 和节点 j 之间的注意力系数,σ 为激活函数,h_j' 表示节点 j 的特征映射,α_{Φ} 是一个用来表示权重系数的超参数,N_i^{Φ} 表示元路径中节点 i 的邻居集合,z_i^{Φ} 表示节点 i 在某一元路径中经过 K 头注意力学习到的嵌入表示。

假设元路径集合为 $\{\Phi_0, \cdots, \Phi_i, \cdots, \Phi_p\}$,经过节点级注意力层处理后学习到的嵌入表示为 $\{Z_{\Phi_0}, \cdots, Z_{\Phi_i}, \cdots, Z_{\Phi_p}\}$,这些嵌入表示综合了节点在其所属元路径上的邻居信息,但它们只是从一个方面反映了节点特性,为了学习更全面的节点嵌入,HAN 在语义级注意力层中根据推荐任务去学习不同元路径的权重来融合多种语义去丰富节点的嵌入表示。

在语义级注意层中,HAN 仍然是以元路径为基本单位进行操作的。对于一条元路径嵌入,HAN 首先会通过非线性层进行特定的语义转换,然后将其与语义级注意力相乘来得到这条元路径的重要性。以这种方法学到所有元路径的重要性之后,HAN 将所有基于元路径的节点嵌入表示进行加权得到最终的嵌入表示。

在 HAN 模型的语义级注意力层中,操作依然是以元路径作为基本单元。对于每一条元路径的嵌入,HAN 首先通过一个非线性层进行特定的语义转换,这一步骤旨在提取和强化元路径的特定语义信息。随后,将转换后的嵌入与语义级注意力向量相乘,以此来确定这条元路径在整个语义结构中的重要性。在计算出所有元路径的重要性之后,HAN 通过加权的方式将所有基于元路径的节点嵌入表示整合起来,从而形成了一个反映多种语义信息的最终嵌入表示:

$$\beta_{\Phi_i} = \frac{\exp\Big(\frac{1}{v}\sum_{i \in V} q^{\mathrm{T}} \tanh(\boldsymbol{W} z_i^{\Phi} + \boldsymbol{b})\Big)}{\sum_{i=1}^{P} \exp\Big(\frac{1}{v}\sum_{i \in V} q^{\mathrm{T}} \tanh(\boldsymbol{W} z_i^{\Phi} + \boldsymbol{b})\Big)}$$

$$Z = \sum_{i=1}^{P} \beta_{\Phi_i} \cdot Z_{\Phi_i} \tag{6-30}$$

式中，β_{Φ_i} 表示每条元路径的权重系数，q 是一个用来表示语义级注意力向量的超参数，W 和 b 是可训练的权重矩阵和偏置向量，v 表示元路径 Φ_i 中的节点嵌入个数，Z 表示经过语义级注意力层得到的节点最终的表示嵌入。最后 HAN 通过一个 MLP 来得到预测结果。

在 HAN 模型的语义级注意力层中，操作依然是以元路径作为基本单元。对于每一条元路径的嵌入，HAN 首先通过一个非线性层进行特定的语义转换，这一步骤旨在提取和强化元路径的特定语义信息。

HAN 模型通过分层注意力的机制，有效地在异构图中传递和融合了多样化的节点和关系信息。它不仅成功地将 GAT 技术应用于异构图，而且通过共享的分层注意力机制，使得模型的参数数量不依赖于异构图的规模。即便是在处理大规模异构图时，HAN 也能保持优异的性能。然而，HAN 模型的分层数量相对有限，仅有两种。这在面对多种类型的异构图以及动态异构图时可能带来一些局限性。首先，模型可能对某些特定类型的交互过于敏感，而忽视其他类型的交互，这可能导致推荐结果的偏差。其次，随着图中节点类型的增多，模型的更新速度可能会变慢，尤其是在处理大规模异构图时，这可能会影响模型的实时性能。

6.3.3 MSAKR 模型

随着互联网的不断发展，越来越多的推荐系统出现在大众的视野之中。但是推荐系统在快速发现用户有用的信息的同时也存在着数据稀疏性、冷启动问题。现有的融合了社交关系的推荐算法大多数都忽略了社交关系数据的稀疏性，而且同时融合社交关系和物品属性数据的推荐算法较少[22]。为了能够解决这方面问题，高仰、刘渊提出了一种融合了社交关系和知识图谱的推荐算法模型 MSAKR[23]。

知识图谱[24]是一种用图模型来描述知识和建模世界万物之间的关联关系的技术方法，以结构化的形式描述客观世界中概念、实体及其关系，将互联网的信息表达成更接近人类认知世界的形式，提供了一种更好的组织管理和理解互联网海量信息的能力。知识图谱通常以三元组的形式存储实体及其关系，如图 6-14 所示，每一个三元组都由一个头实体、关系和尾实体构成。三元组不仅作为理

图 6-14 三元组结构

解知识实体之间关联性的有力工具，还具备存储和表达这些实体具体属性的能力。

图 6-15 为 MSAKR 的模型结构图[23]。在左侧的推荐模块中，系统首先接收两个核心输入：评分矩阵 Y 和社交关系 S。物品的表示向量通过一系列处理步骤生成，包括交叉压缩单元（CC_v）的应用以及多层神经网络（MLP）的转换，最终得到物品的输出表示 v_{out}。用户的表示向量首先经过中心性邻居提取器（GNE）处理，在该步骤中基于用户在网络中的中心性来概率性地选择邻居用户。随后，这些选定的邻居通过虚拟邻居提取器进一步处理得到虚拟邻居。之后，用户自身及其通过上述过程获得的邻居（包括真实和虚拟邻居）共同作为图卷积神经网络模块（GCN）的输入，通过捕捉用户与邻居之间的复杂交互和关系，从而生成一个用户的表示向量 u_{gen}。u_{gen} 随后被送入另一个多层神经网络进行进一步的处理和变换，以提取更高层次的特征，最终得到用户表示 u_{out}。最后，系统利用一个预测函数（PF）计算出用户 u 对物品 v 的预测评分 $\hat{y}_{uv}$。

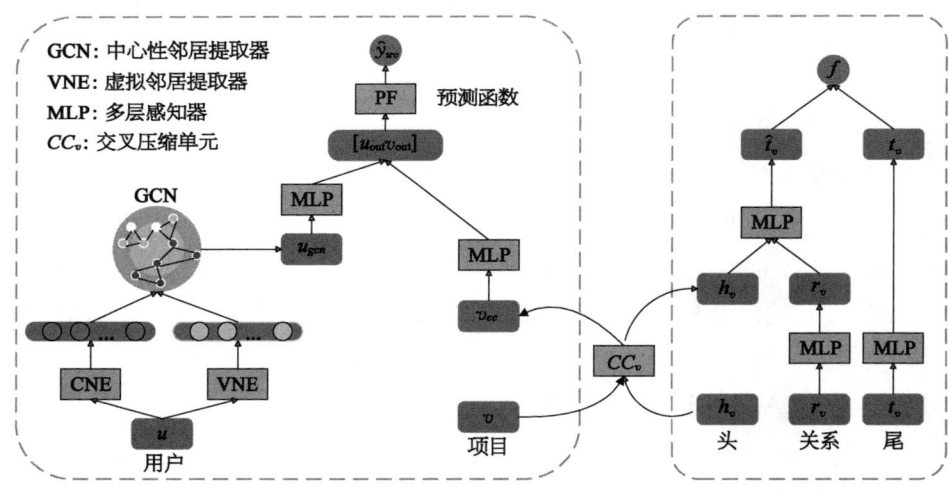

图 6-15　MSARK 模型结构

在右侧的知识图谱学习架构中，系统首先接收一个以物品属性为核心的知识图谱作为输入。该图谱内的每个头实体与对应关系的向量表示会经过一个特别设计的交叉压缩单元（CC_v）进行处理，随后这些数据进一步被送入多层神经网络中以预测尾实体 $\hat{t}_v$。为了评估预测的准确性，系统采用相似度度量函数,将预测的尾实体 $\hat{t}_v$ 与通过多层神经网络处理得到的真实尾实体 t_v 进行对比,从而优化模型对"实体-关系-实体"三元组结构的拟合能力。

在此架构中,推荐模块与知识图谱表示学习模块之间通过交叉压缩单元建立起紧密的联系,实现了信息的共享与互动。最终得到一个能够预测评分的函数 $\hat{y}_{uv}=F(u,v;\Theta)$ 在该模型中采用度中心性(degree centrality)对图节点的邻居进行采样,度量度中心性的公式为

$$c^{\text{DEG}}(v_i) = \frac{deg(v_i)}{n-1} \tag{6-31}$$

式中,$C^{\text{DEG}}(v_i)$ 表示节点 v_i 的度中心性,$\deg(v_i)$ 表示节点 v_i 的度,n 表示图的节点数。

为了应对社交关系数据普遍存在的稀疏性问题,该模型借鉴了 word2vec 的核心理念,创造性地为用户节点生成虚拟邻居。具体而言,它利用 word2vec 的技术框架,从用户与物品的交互数据中学习并提取用户的 Embedding,有效地将原本高维且稀疏的用户数据映射到一个低维但稠密的相关特征空间中。通过计算两个用户嵌入向量之间的相似度来评估用户之间的相似性,其中用来计算用户的相似度的方式为标准化内积:

$$Sim(u_i, u_j) = \sigma(u_i^{\text{T}} u_j) \tag{6-32}$$

式中,σ 表示 Sigmoid 函数,最后将按照用户相似度排好的顺序取出和用户向量相似度高的用户作为该用户的虚拟邻居。

在这个模型中,为了有效连接知识图谱模块与推荐模块,促进两个模块之间的信息流通与融合,采用了交叉压缩单元的处理策略。为了获取物品的表示向量,模型采用了多任务学习的方法来进行训练。这种方法允许模型在优化推荐任务的同时,也利用知识图谱中的丰富信息。知识图谱学习模块是该模型的核心组成部分之一,它能够综合考虑物品之间存在的多种类型关系。通过深入分析这些关系,模块能够生成既精确又全面的物品向量表示。

图 6-16 为交叉压缩单元的示意图[23],由于推荐系统中的物品与知识图谱中的实体之间存在交叉关联,这一单元被巧妙地设计用来实现两者之间的信息流通。通过采用交叉压缩单元的处理机制,知识图谱学习模块中学习到的丰富实体表示向量能够被有效地反馈到推荐模块中,进而为推荐过程提供有力的辅助。该交叉压缩单元接受两个主要输入:来自推荐模块的物品特征向量 $\boldsymbol{v}_{\text{in}}$ 和来自知

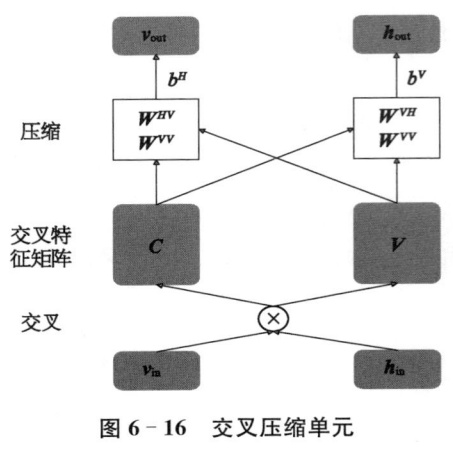

图 6-16 交叉压缩单元

识图谱特征学习模块的实体特征向量 h_{in},最终,交叉压缩单元会输出两个经过优化和增强的特征向量 v_{out} 和 h_{out}。

在该模型的推荐模块中将用户和物品的特征向量 u 和 v 作为输入,给定用户的特征向量经过 GCN 和 MLP 的处理之后得到 u_{out},给定物品特征向量经过交叉压缩单元和 MLP 处理之后得到 v_{out}。经过下式计算出用户 u 对于物品 v 的兴趣概率。

$$\hat{y}_{uv} = Sigmoid(u_{out} v_{out}^T) \quad (6-33)$$

该模型的损失函数为

$$L = \sum_{u \in U, v \in V} \vartheta(\hat{y}_{uv} - y_{uv}) + \sum_{(h, r, t) \in G} \text{Sim}(t, t) + \lambda \|W\|_2^2 \quad (6-34)$$

式中,ϑ 为交叉熵损失函数,λ 为正则化项系数。以第一个加号划分,公式的前半部分是衡量推荐模型的损失值;后半部分是衡量知识图谱表示学习模块中物品-关系-实体拟合度的损失值。

MSAKR 模型通过巧妙地融合社交网络和知识图谱的数据资源,有效减轻了数据稀疏性和冷启动问题对推荐系统性能的负面影响,显著提高了推荐的准确性。然而该模型在对社交网络动态变化的适应性上和对知识图谱完整性要求上仍然存在一定的局限性。尽管 MSAKR 模型的目标是解决推荐领域中的稀疏性和冷启动难题,但由于其训练效果高度依赖于输入数据的质量和完整性的缘故,可能导致在面对新加入的用户或物品时,模型由于缺乏足够的历史信息或有效的特征表示,而难以提供精确的推荐服务。

6.4 图自动编码器推荐模型

Kipf[25]等人在 2016 年创新性地提出了图自编码器(graph auto-encoder,

GAE)模型，该模型在传统自编码器的基础上进行了优化和扩展，以更好地适应图数据这种独特的非欧几里得数据类型。图自编码器的基本结构由编码器和解码器两个关键部分组成。编码器负责将图数据转换为低维的向量表示，这些向量代表了图中的节点或图本身。解码器则尝试将这个低维向量重构回原始的图数据，或者转换回其他形式的图表示。

图 6-17 为 Kipf 等人给出的图自编码器框架图，它使用 GCN 作为编码器来提取图中节点的潜在特征，并采用内积作为解码器来重构原始图。公式表达为

$$Z = GCN(X, A) = \tilde{A} ReLU(\tilde{A} X \boldsymbol{W}_0) \boldsymbol{W}_1$$
$$\hat{A} = \sigma(ZZ^\mathrm{T}) \tag{6-35}$$

式中，A 为初始图，$\hat{A}$ 表示通过解码器所重构的图，X 表示原始节点特征，Z 是经过 GCN 编码器之后得到的节点嵌入，$\tilde{A}$ 表示拉普拉斯算子，$\boldsymbol{W}_0$ 和 $\boldsymbol{W}_1$ 表示可学习的权重矩阵。通过这种方式，图自编码器能够学习到图数据的内在结构和特征，这些结构信息对于图数据的分析和学习至关重要。

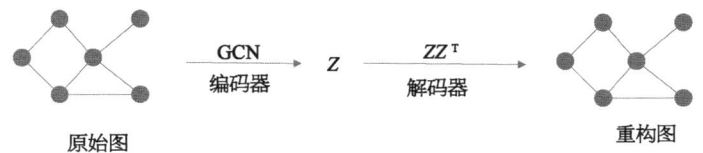

图 6-17 图自编码器框架图

图自编码器的应用非常广泛，包括但不限于图分类、节点分类、链接预测、异常检测、推荐系统以及图生成等。在推荐系统中，图自编码器可以用于学习用户和项目之间的相似性，从而为用户推荐他们可能感兴趣的项目。基于图自编码器的推荐系统能够更好地捕捉到用户和项目之间的复杂关系以及用户之间的社交网络信息，从而提高推荐结果的准确性和个性化程度。本节将重点介绍几种基于图自编码器的推荐系统模型，以深入理解这种图神经网络模型在推荐系统中的应用和优势。

6.4.1 GC-MC 模型

在电影推荐场景下，用户的评分行为构成了一个关键的数据结构——用

户-项目评分矩阵。矩阵中的每一行代表一个用户，每一列对应一部电影，具体的元素则表示用户对电影的评分。这个矩阵是推荐系统进行电影推荐的核心依据，通过深入分析它，推荐系统能够推断出用户可能感兴趣的电影项目。然而，由于用户评分行为的稀疏性或用户尚未对任何电影进行评分等原因，用户-项目交互矩阵常常存在大量的空白。为了更精确地把握用户的兴趣和偏好，推荐系统必须填补这些空白，以便提供更加个性化的电影推荐。填充矩阵元素的过程被叫作矩阵补全任务，它通过算法和模型的运用，利用已知的评分信息来预测和填充缺失的评分，从而提升推荐系统的整体性能。

在传统的推荐算法中，奇异值分解（singular value decomposition，SVD）[26]和矩阵分解（matrix factorization，MF）[27]等方法都可以视为矩阵补全[28]任务。这些算法通过不同的技术手段来填充用户-项目交互矩阵，从而实现更个性化的推荐。然而，传统推荐算法中的矩阵补全任务往往受到原始信息稀少的影响，特别是在用户和项目数量庞大的情况下，容易陷入冷启动问题。相比之下，基于图神经网络的推荐系统能够更有效地处理稀疏数据。在图神经网络中，节点和边都蕴含着丰富的信息，这些信息通过图结构得以有效传递和利用。特别是当图结构中包含额外的社交网络信息时，图神经网络的优势更加凸显，因为它能够捕捉到用户和项目之间的复杂关系和交互模式。

在这样的背景下，荷兰阿姆斯特丹大学的 Berg 等人提出了一种基于图自编码的推荐模型 GC-MC（graph convolutional matrix completion）[29]。该模型结合了图卷积网络和自编码器的思想，通过学习用户和项目的嵌入表示以及它们在图中的交互信息，来预测和填充用户-项目交互矩阵中的缺失值。GC-MC 模型能够充分利用图结构中的信息，从而提高推荐系统的性能，特别是在处理稀疏数据和冷启动问题方面。

图 6-18 展示了 GC-MC 模型的工作流程[29]。在这个流程中，模型的输入是节点的特征向量 $X=[X_u \in R^{m \times d}, X_v \in R^{n \times d}]$ 和用户-项目评分矩阵 $M \in R^{m \times n}$。这些输入数据通过图卷积编码器进行处理，随后经过线性解码器得到一个新的用户-项目评分矩阵 $M' \in R^{m \times n}$。这个新矩阵 M' 是基于原始评分矩阵 M 的预测结果，用于完成推荐任务。

在图卷积编码器中，节点间的消息传递是以局部图卷积的方式进行的，通过这种方式，图卷积编码器可以有效利用到图中各个位置之间的权重分配，并根据评分等级设置不同的通道来进行处理。为了更清晰地表述整个过程，我

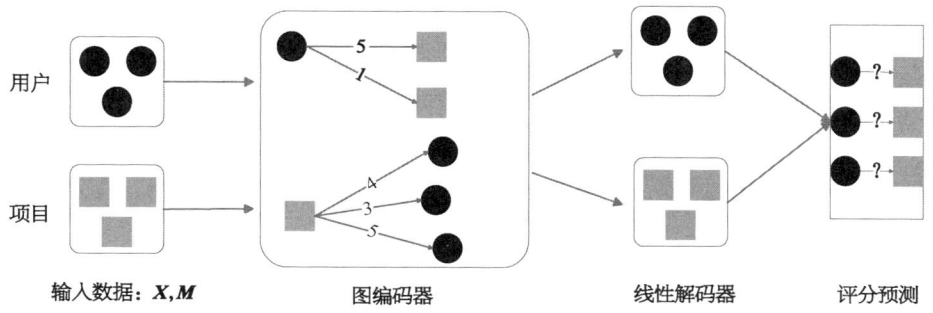

图 6-18 GC-MC 工作流程

们以用户 u_i 的视角来完成整个过程,项目 v_j 到用户 u_i 在某类评分 r 之间信息传递的公式表达为

$$\mu_{j \to i, r} = \frac{1}{\sqrt{|N(u_i)||N(v_j)|}} W_r x_j^v \qquad (6-36)$$

式中,$\sqrt{|N(u_i)||N(v_j)|}$ 表示正则化常数,$N(u_i)$ 和 $N(v_j)$ 分别表示用户 u_i 和项目 v_j 的邻居节点。W_r 表示在某类评分 r 下的权重矩阵,是一个共享的可训练权重矩阵。x_j^v 表示项目节点 v_j 的特征向量。

从用户到项目之间信息传递的计算方式也是类似,当信息传递计算完之后,GCMC 会对每个节点在不同评分 r 下的邻居 N 进行求和运算,公式表达为

$$h_i^u = ReLU\left[\text{sum}\left(\sum_{j \in N_{1(ui)}} \mu_{j \to i, 1}, \cdots, \sum_{j \in N_{R(ui)}} \mu_{j \to i, R}\right)\right] \qquad (6-37)$$

式中,h_i^u 是经过求和之后得到的用户 u_i 的向量嵌入,重复整个过程就可以得到图中所有节点的特征向量 H,接着通过将 H 输入一个 MLP 来得到每个节点的嵌入表示 $Z = [Z_u \in R^{m \times d}, Z_v \in R^{n \times d}]$:

$$Z = ReLU(WH) \qquad (6-38)$$

式中,W 是一个可训练的权重矩阵,用于对节点的特征向量进行变换。GCMC 的解码器以节点嵌入矩阵 Z 作为输入,将每个评级作为一类,通过一个双线层来重建用户-项目评级矩阵 $\check{M}$,重建 $\check{M}$ 的公式表达为

$$\check{M}_{ij} = \sum_{r \in R} \frac{e^{(z_i^u)^T Q_r z_j^v}}{\sum_{s=1}^{R} e^{(z_i^u)^T Q_s z_j^v}} \qquad (6-39)$$

式中，$\breve{M}_{ij}$ 表示预测得到的用户 u_i 对项目 v_j 的评分，z_i^u 表示用户 u_i 的嵌入表示，z_j^v 表示项目 v_j 的嵌入表示，$Q_r \in R^{d \times d}$ 和 $Q_s \in R^{d \times d}$ 是两个可训练的权重矩阵。总的来说，GCMC 将图自编码器应用于矩阵补全当中，在使用不完整的数据集进行推荐时展现出了优异的成绩，并且当图中包含社交信息等额外的辅助信息时，模型能够更好地捕捉节点之间的高阶联系，展现出了极强的可扩展性。但多通道处理和图卷积操作仍然使得模型的计算复杂度相对较高，在面对大型图时可能会影响模型的训练速度。

GC-MC 模型将图自编码器技术应用于矩阵补全领域，特别是在处理不完整的数据集时，该模型展现出了卓越的性能。当图结构中融入了社交网络等额外辅助信息时，GC-MC 能够更加精准地捕捉节点之间的高阶关系，进一步提升了模型的推荐准确性和系统的可扩展性。

尽管如此，GC-MC 的多通道处理和图卷积操作在一定程度上增加了模型的计算复杂度。当面对大规模图结构时，这一复杂度可能会对模型的训练速度产生影响。虽然存在这些挑战，但 GC-MC 在处理稀疏数据和利用社交信息方面的优势仍使其成为推荐系统研究中一个值得关注的方向。

6.4.2 ITRA 模型

基于图卷积网络或图注意力网络的社交推荐系统通常将社交信息视为辅助数据，利用从社交网络中提取的二部图来描述用户之间的交互信息。这种方法确实能够提升推荐系统的性能，但它也存在一些局限性。首先，社交矩阵主要捕捉的是直接的邻域交互，而忽视了社交网络中的间接影响，即那些非直接相连但可能对用户行为有重要影响的节点关系。此外，二部图结构在编码用户之间的信任关系时，往往将不同用户之间的信任值简化为相同的表示，这导致模型难以识别图中潜在的高阶隐式关系。这种简化的处理方式忽略了社交网络中信任程度的差异以及用户之间可能存在的复杂互动模式。

针对这一问题，郑琪琪等人提出了一种基于变分自编码器的社交推荐模型 ITRA（implicit relation-aware social recommendation with variational auto-encoder）[30]。ITRA 模型通过引入注意力模块和 VAE 模块来重建一个非二部图的邻接社交矩阵，该矩阵包含了间接关键意见领袖和邻居之间的显性联系以及隐式的高阶交互。这种方法能够区分社交网络中不同强度的联系，并考虑到社交影响的多层次和高阶特性。通过这种方式，ITRA 模型能够

更准确地捕捉社交网络中的复杂关系,并以此提高推荐的精准性。图6-19
为 ITRA 模型的整体流程图[30]。

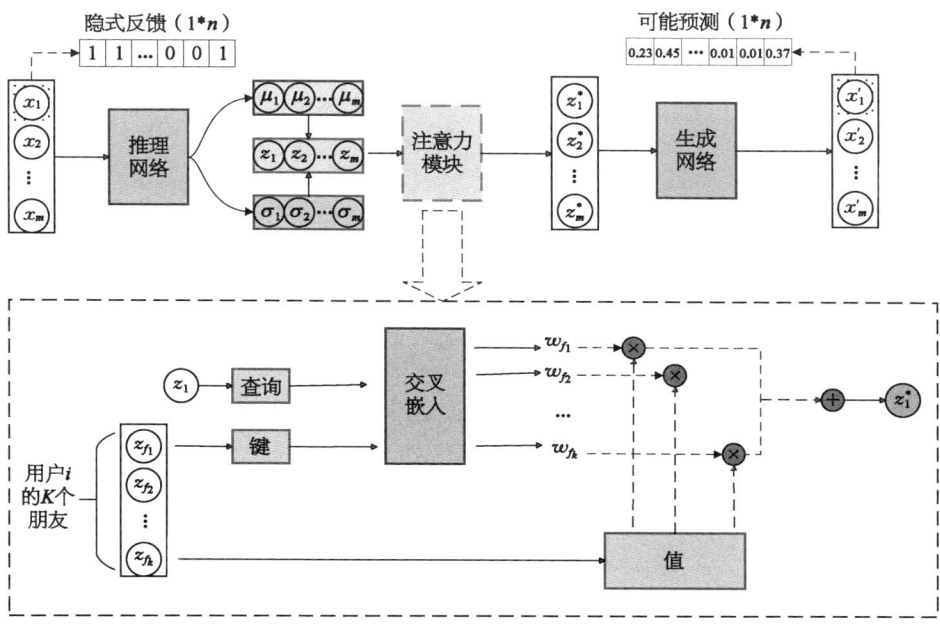

图 6-19　ITRA 模型的整体流程

ITRA 模型可以被细分为 3 个组件:推理网络模块、带有信任链接的注意模块以及生成网络模块。假设模型的输入为用户-项目交互矩阵 $X \in R^{m \times n}$ 和用户-用户社交矩阵 $S \in R^{m \times m}$,在推理网络部分交互矩阵 X 会被分割成 μ 和 σ,并通过正态分布的方式来构建用户的潜在嵌入向量 $Z \in R^{m \times d}$。接着将用户潜在嵌入 Z 和用户社交矩阵 S 通过注意模块来生成一种非二分化的用户嵌入矩阵 $Z^* \in R^{m \times d}$。最后用户嵌入矩阵 Z^* 会通过生成矩阵来得到最后的预测结果。

具体来说,ITRA 模型的推理网络是整体模型的编码器部分,该部分的实际接受参数为用户-项目交互矩阵 $X \in R^{m \times n}$,推理网络通过最大似然估计将 X 分解成均值 μ 和方差 σ,并以 (μ, σ^2) 的组合形式生成用户的潜在嵌入向量 $Z \in R^{m \times d}$,除此之外,推理网络还会输出编码器概率 $q_\varphi(Z \mid X)$。

带有信任连接的注意力模块是本节的核心所在,该模块将以用户的潜在嵌入向量 Z 和用户社交矩阵 S 作为输入,IRTA 通过三点闭合的原理以及标准的注意机制将其生成一种更加详细的非二元矩阵形式的嵌入表示 Z^*。三点闭合原理是 Cantador[42]等人在 2011 年提出的一种图网络结构中异质信息融合的理论,并由 Benson[43]等人在 2016 年详细叙述了图中 3 个节点之间的闭环方式,如图 6-20 所示。

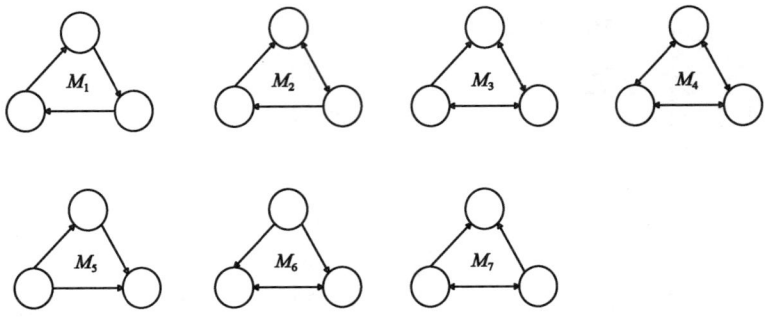

图 6-20　3 个节点定向结构的 7 个基序图

根据这种思想,ITRA 将社交图通过重组子图的方式来为每一个用户构建他的朋友群体,并通过注意力机制来计算不同朋友之间的信任度,并以此来重构生成用户的嵌入向量 Z^*,用户 i 的潜在向量 $z_i^* \in \mathbf{R}^{1 \times d}$ 的公式表达为

$$z_i^* = \sum_{j=1}^{k} Softmax\{(z\mathbf{M}_Q) \times [(z_{f_j} \mathbf{W}_{ifj} \mathbf{M}_K)]\}(z_{f_j} \mathbf{M}_v) \quad (6-40)$$

式中,$\mathbf{M}_Q$,$\mathbf{M}_K$,$\mathbf{M}_v$ 为通过注意力机制计算得到的查询矩阵、键矩阵和值矩阵,$z \in \mathbf{R}^{1 \times d}$ 为用户 i 的潜在嵌入向量,$f_{j \in [1,k]}$ 表示用户 i 的朋友索引,$\mathbf{W}_{ifj}$ 为社交矩阵 S 通过三点闭合原理计算得到的用户 j 对于用户 i 的重要性,公式表达为

$$\mathbf{W} = \alpha \mathbf{W}_e + (1-\alpha) \mathbf{W}_s \quad (6-41)$$

式中,$\mathbf{W}_e$ 和 $\mathbf{W}_s$ 分别是根据三点闭合原理所组成的基于边的矩阵和基于子图的矩阵。

用户的嵌入向量 Z^* 会在生成网络中通过一个多层感知机计算得到一个概率矩阵 $X' \in \mathbf{R}^{m \times n}$。

6.4.3　GNN-SoR 模型

在社交推荐领域,文献[17]通过社交嵌入空间,为用户生成多角度的嵌入信息。文献[19]通过构建去中心化的图表来计算用户的偏移向量。而文献[23]则通过整合社交图谱,旨在减轻社交网络中的信息稀疏问题。这些研究普遍专注于揭示和量化用户偏好与社会关系的关联,以期提高推荐的准确性。然而,它们往往忽视了物品特征之间的相互作用。针对这一问题,郭志伟[40]等人认为物品间的相似性也会对社交网络用户的具体偏好特征及社交网络的内部拓扑结构产生影响。他们提出了一种专注于物品特征的图神经网络社交推荐模型 GNN-SoR(a deep graph neural network-based mechanism for social recommendations),通过将用户和项目空间特征抽象为两个图形网络,并运用神经网络技术进行编码,最终采用矩阵分解的方法来完善用户-项目评分矩阵,从而实现推荐任务。

如图 6-21 所示,GNN-SoR 模型被划分为 3 个主要模块[40]:用户特征建模、项目特征建模和评级预测。在用户特征建模环节,模型通过整合社交信息来完善用户编码。接着,在项目特征建模部分,模型利用项目本身的属性信息以及项目间的相似性来共同构建项目编码。最后,在评级预测阶段,用户编码和项目编码通过矩阵分解技术相结合,以实现用户-项目评分矩阵的补全,并最终完成推荐任务。

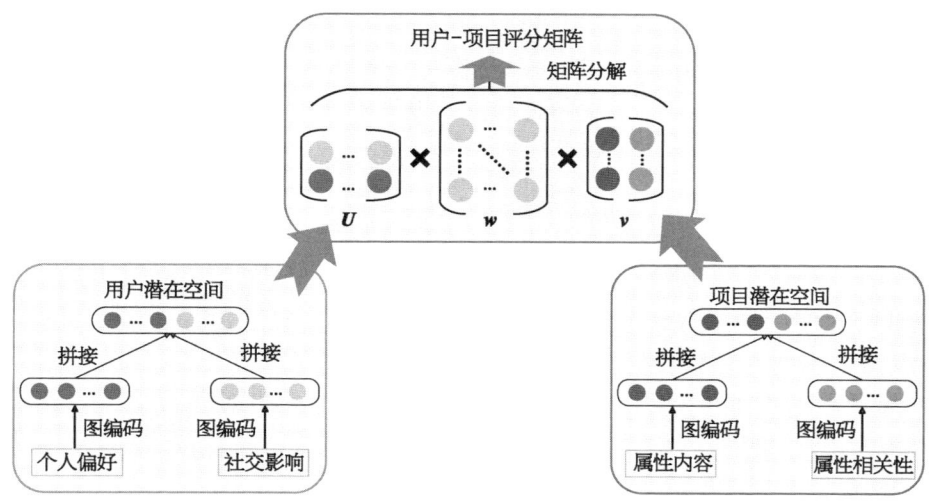

图 6-21 GNN-SoR 模型框架

具体来说,在用户特征建模中通过将用户自身固有偏好和社交影响特征映射到低维向量空间中,并通过一个多层感知机来拼接得到最终的用户特征。

假设用户特征建模中我们的输入是用户 u_i 的偏好向量 $p_i = [r_{i1}, r_{i2}, \cdots, r_{im}]$（$m$ 表示项目的总个数），用户 u_i 的社交影响向量 $s_i = [N_{i1}, N_{i2}, \cdots, N_{in-1}]$，其中 N_{ik} 是一个 0/1 二分值，表示用户 u_i 和用户 u_k 是否存在社交关联。GNN-SoR 首先会通过一种映射方式将用户的偏好向量映射为新的用户特征嵌入 h_i^1：

$$h_i^1 = ReLU\left\{W_1 \left[\frac{1}{R}\sum_{r=1}^{R} \alpha_i \cdot (u_i')^T\right] + b\right\} \quad (6-42)$$

式中，$ReLU$ 表示非线性激活函数，W_1 和 b 是可训练权重参数，表示权重矩阵与向量。$u_i' = [(r_{i1}, r_{i2}, r_{i3}), (r_{i2}, r_{i3}, r_{i4}), \cdots, (r_{im-2}, r_{im-1}, r_{im})]$ 是通过用户 u_i 的偏好向量转化成的向量串，α_i 是一个随机的三维向量。接着 GNN-SoR 会将用户 u_i 的社交影响向量 s_i 通过另一种映射方式来自动提取用户社交空间中的抽象特征 $h_i^{S[40]}$：

$$h_i^S = ReLU\{W_2[\omega_1^T \cdot ReLU(\omega_2^T \cdot c_i' + \tau_2) + \tau_1] \cdot (s_i)^T + b_2\} \quad (6-43)$$

式中，W_2 和 b_2 是可训练权重参数，表示权重矩阵与向量。ω_2^T，τ_2，τ_1 表示模型的超参数，$[\cdot]$ 中的计算共同组成了用户 u_i 特征转换的权值向量，c_i' 为用户 u_i 的隐变量。最后将所得到的用户 u_i 的特征嵌入 h_i^1 和社交空间中抽象特征 h_i^S 进行拼接，并通过一个 k 层的感知机来得到用户 u_i 的最终嵌入向量 $U_i \in R^{n \times n}$：

$$U_i = MLP_k([h_i^1 \oplus h_i^S]) \quad (6-44)$$

而在项目特征建模中，GNN-SoR 会首先通过计算方式来将项目的属性映射到向量空间中来得到项目 v_j 的属性内容因子 $C_j = [c(\alpha_{j1}), c(\alpha_{j1}), \cdots, c(\alpha_{jz})]$，其中 z 为项目的属性个数，α_{jk} 为项目的第 k 个属性。$c(\alpha_{j1})$ 为属性计算方式，具体来说，若 α_{jk} 为结构化数据，则通过独热编码的形式将其转化为特征向量，否则通过 Twitter-LDA 将其转化为特征向量。接着，GNN-SoR 为项目 v_j 的不同属性计算属性相关性因子 $E_j^{[40]}$：

$$E_j = \sum_{\alpha=1}^{z} \sum_{\substack{\beta=1 \\ \alpha \neq \beta}}^{z} A_j(\beta, \alpha) \cdot M_{j\beta}^{out} \cdot M_{j\alpha}^{in} + b_E \quad (6-45)$$

式中，$M_{j\beta}^{out}$ 和 $M_{j\alpha}^{in}$ 分别表示从项目属性 β 到 α 的信息传播矩阵，b_E 表示可训

练的偏置向量，$A_j(\beta,\alpha)$ 表示计算得到的属性 $\alpha_{j\beta}$ 对 $\alpha_{j\alpha}$ 的相关性：

$$A_j(\beta,\alpha)=\begin{cases}\dfrac{Count(\alpha_{j\alpha}\cap\alpha_{j\beta})/Count(\alpha_{j\beta})}{\sum_{\gamma}Count(\alpha_{j\alpha}\cap\alpha_{j\gamma})/Count(\alpha_{j\gamma})} & \alpha\neq\beta \\ 0 & 其他\end{cases} \quad (6-46)$$

式中，$Count(\alpha_{j\alpha}\cap\alpha_{j\beta})/Count(\alpha_{j\beta})$ 用来计算属性 $\alpha_{j\beta}$ 对 $\alpha_{j\alpha}$ 的相关次数的权重，$Count(\cdot)$ 表示叠加函数，$\sum_{\gamma}Count(\alpha_{j\alpha}\cap\alpha_{j\gamma})/Count(\alpha_{j\gamma})$ 用来计算其他项目属性对于 $\alpha_{j\alpha}$ 的相关次数的权重和。

接着 GNN-SoR 通过更新属性内容因子和属性相关性因子来生成项目 v_j 的最终嵌入向量 $\mathbf{V}_j\in\mathbf{R}^{z\times m}$，其中属性内容因子的更新过程为[40]

$$C_{j\alpha}^t = Sigmoid\left[C_{j\alpha}^{t-1}+\sum_{\alpha=1}^{z}\sum_{\substack{\beta=1\\ \alpha\neq\beta}}^{z}ReLU\left(W\begin{bmatrix}C_{j\beta}^{t-1}\\ E_{j\alpha}^{t-1}\end{bmatrix}+b\right)\right] \quad (6-47)$$

式中，$C_{j\alpha}^t$ 表示经过 t 次迭代之后的属性内容因子，$Sigmoid$ 和 $ReLU$ 表示非线性激活函数，W 和 b 表示可训练的权重矩阵和偏置向量。$E_{j\alpha}^{t-1}$ 表示经过 $t-1$ 次迭代的属性相关性因子，迭代过程为

$$E_{j\alpha}^t = Sigmoid\{E_{j\alpha}^{t-1}+ReLU[W(C_{j\alpha}^{t-1}+C_{j\beta}^{t-1})+b]\} \quad (6-48)$$

经过 t 次迭代之后的属性内容因子可以被表示为项目 v_j 的最终嵌入向量：

$$\mathbf{V}_j = C_{j\alpha}^t \quad (6-49)$$

因为所生成的用户 u_i 的最终嵌入 $\mathbf{U}_i\in\mathbf{R}^{n\times n}$ 和项目 v_j 的最终嵌入 $\mathbf{V}_j\in\mathbf{R}^{z\times m}$ 存在维度不匹配的问题，所以在预测层中 GNN-SoR 通过构建一个转换矩阵 $\mathbf{W}\in\mathbf{R}^{n\times z}$ 来辅助完成预测操作：

$$\hat{y}_{ij} = \mathbf{U}_i\times\mathbf{W}\times\mathbf{V}_j \quad (6-50)$$

GNN-SoR 模型在整合社交信息以更新用户嵌入的过程中，也意识到了项目特征相关性对推荐精度的重要性。通过构建项目图空间，该模型能够生成更为精确的物品属性嵌入，从而显著提升推荐系统的准确度。然而，GNN-SoR 在实践中存在一些局限性。首先，它过分依赖于社交关系，可能忽视了用

户个体独特的个性化需求。其次，模型在运行过程中涉及大量参数，这使得它在处理大规模社交网络和项目数据时显得较为复杂。最后，GNN-SoR 对社交信息和物品属性信息的依赖性较高，这可能导致模型在缺乏足够信息的情况下容易陷入冷启动问题。

6.5　图生成网络推荐模型

图生成网络（graph generation network，GGN）[33]的概念源自深度学习和图论的交叉领域，其发展受到了生成对抗网络（generative adversarial network，GAN）[31]和变分自编码器（variational auto-encoders，VAE）[32]等生成模型技术的启发。GAN 是由 Ian Goodfellow 等人于 2014 年提出的一种生成模型框架，该框架包含两个神经网络：生成器（generator）和鉴别器（discriminator）。生成器的目标是生成尽可能逼真的数据，而判别器的任务是区分生成器生成的数据和真实数据。通过这两个网络的相互竞争，生成器逐渐学会生成高质量的数据。

VAE 是一种将变分推断和神经网络相结合的生成模型。它通过编码器将输入数据映射到一个潜在空间，并通过解码器从潜在空间重构数据。VAE 通过最大化似然函数来训练网络，从而学习数据的生成过程。GGN 在 GAN 和 VAE 的基础上，结合了图论的特性，发展出了一种能够生成图结构数据的生成模型，这对于处理复杂网络数据集和构建图神经网络推荐系统等领域具有重要的应用价值。

图生成网络通过学习图数据而生成新的图，早期的图生成网络研究主要集中在生成随机图或特定类型的图方面，如社交网络图、分子图等。随着深度学习技术的发展，图生成网络的应用范围正在不断扩大。尤其在推荐系统中，它可以用于学习用户和项目之间的复杂关系，从而为用户提供更加个性化和准确的推荐。

图生成网络推荐模型主要包括用户和项目表示、生成器、损失函数和优化器 4 个关键组件。用户和项目表示用于捕捉用户和项目在图中的位置和关系；生成器负责根据用户和项目的关系生成新的推荐图；损失函数评估生成图与真实图的差异，优化器通过调整网络参数最小化损失函数，使生成器能够生成更准确的推荐图。

6.5.1 GOAT 模型

鲁棒性是评价推荐系统性能的关键指标之一,它衡量的是推荐系统在面对各种干扰和异常情况时,维持稳定和准确推荐的能力[34]。在现实应用中,推荐系统可能遭遇多种挑战,如用户行为的不可预测性、数据稀疏性以及恶意用户的攻击等[35]。因此,提升推荐系统的鲁棒性是确保其可靠性和有效性的关键。为了深入研究推荐系统的鲁棒性,研究人员从异常检测处理、用户行为建模、系统容错等多个角度进行了探索。

近年来,机器学习领域提出了许多针对先令攻击[36]的模型,虽然这些模型并非直接针对推荐系统,但它们展示了如何以较低成本攻破机器学习系统。先令攻击主要是指攻击者通过向系统注入大量恶意配置文件来污染模型结果欺诈手段。图 6-22 为先令攻击下所构成的虚假文档,这些虚假的用户档案通常由 4 个部分构成:选择项、填充项、目标项和未评级项。攻击者会精心设计每个部分的大小,每个部分代表一定数量的已评级项目。选择项是攻击者精心挑选的,目的是增强虚假用户档案的影响力。

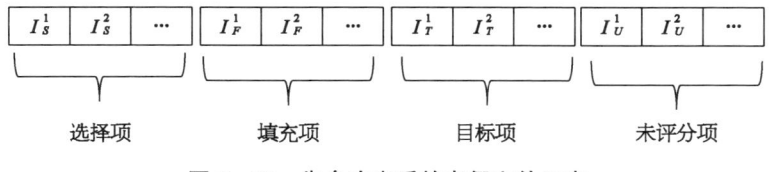

图 6-22 先令攻击后的虚假文件示意

具体来说,攻击者的目标是使虚假用户档案在相似度度量上与尽可能多的真实用户相关联。填充项的作用是让虚假用户档案看起来更像是真实的用户档案,以此来伪装它们。目标项则是攻击者想要推广或打压的一组产品。由于用户对所有项目进行评级是不切实际的,因此会有一些项目保持未评级状态。

在推荐系统本身的项目选择策略中,攻击者的方法相对简单。他们可能只考虑物品的受欢迎程度、评分分布等因素,或者甚至采用随机选择策略。例如,趋同攻击会选取一定数量的最受欢迎的商品作为选择项,这样生成的虚假用户档案就会与大量真实用户的档案产生重叠。在这种情况下,虚假用户很可能成为这些真实用户的"最近邻居",从而扭曲这些用户的推荐列表,影响推荐系统的准确性和可靠性。

为了防止此类情况发生,吴凡等人在2021年提出了一种专注于鲁棒性的图生成模型GOAT[37]。GOAT采用了一种新型的先令攻击策略:它首先通过采样方法为虚假用户分配项目,并用深度学习模型生成虚假评分,最后使用图卷积结构来利用共同评级项目间的相关性,平滑虚假评级并提升其真实性。GOAT以这种方式来主动为推荐模型注入先令攻击,然后通过图生成网络进去学习真实评级分布。

GOAT模型相较于其他模型具有显著的优势:首先,为了确保生成的评级尽可能真实,GOAT采用了精心设计的生成对抗网络(GAN),该网络能够灵活地生成具有不同数量评级的虚假用户档案。其次,GOAT通过抽样方法为虚假用户分配评分项目,专注于仅生成抽样项目的评级,提高了攻击的针对性。此外,GOAT创新地将定制的图卷积结构融入GAN的生成器中,这一结构能有效捕捉共同评级项目间的相关性,从而提升了虚假评级的平滑性和伪装性。最后,GOAT的优势还在于它仅需掌握部分用户的历史行为信息,即可实施有效的攻击策略。图6-23为GOAT的整体流程图[37]。

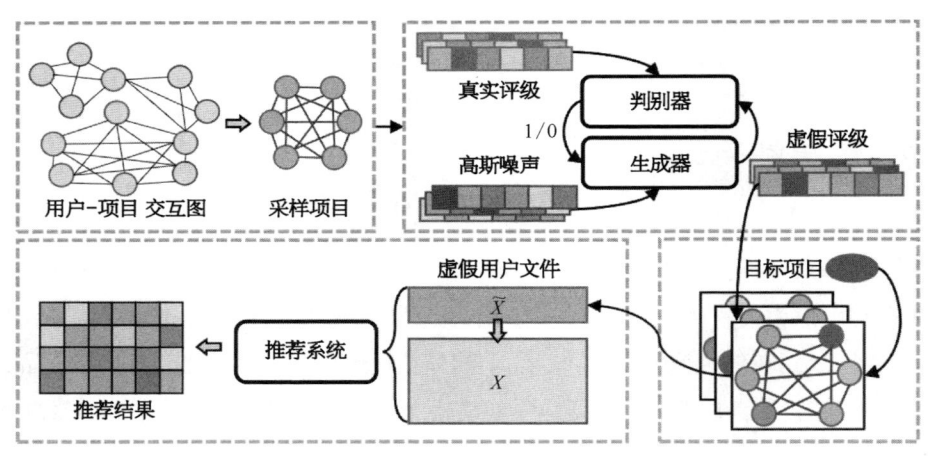

图6-23 GOAT整体流程

整个模型被分为了3个部分:采样层、GAN层以及学习层。模型首先会从项目-项目图中选取待定的攻击目标文件组成虚假文件,然后通过生成器层来为这些目标文件生成虚假的用户评级,接着在对抗层中伪造用户配置文件,最后将这些虚假信息注入真实文件中来完成先令攻击。

用户的评分行为在一定程度上反映了他们的偏好，所以 GOAT 在采样层当中会通过原始的用户-项目交互图来生成项目-项目图，通过项目-项目图来找寻被评分项目的相关性，并对共同评价的物品进行采样，以构建用于攻击模型的假用户配置文件。在采样的过程中 GOAT 会通过设置阈值的方式来过滤掉那些评级较少的项目，以免模型产生冷启动的问题。

采样层中，GOAT 首先通过阈值来过滤掉用户-项目图中那些具有较少交互信息的用户，以免造成模型的冷启动，并为选中的用户构建一个虚假的文件 $I_{\text{fake}} = \{I_s, I_f, I_t, I_u\}$，接着根据不同的 I_s，I_f 选值来组装这个假用户配置文件。

在构建了假用户配置文件之后，GOAT 模型利用 GAN 来为这些配置文件填充虚假的项目评级。

GAN 中的生成器 G 采用图卷积结构，该结构包含两个 3 层的 MLP 网络 G_e 和 G_l。生成器的主要任务是生成虚假的项目评价并注入假用户配置文件中。在这一过程中，GOAT 模型从高斯分布中采样 K 个噪声样本作为输入 Z，这里的 K 代表用户评级的数量。Z 随后被输入到两个 MLP 网络中，分别生成链接向量表示 L_t 和等级嵌入矩阵 H。其中，L_t 通过内积操作转换成矩阵形式 L，以此来表示生成的项目间链路权值。在 H 中，每一行代表一个项目的评级，而 L 的每一行则包含了当前项目与其他项目之间的链接权重。接下来，将 L 和 H 进行内积运算，以此得到评级嵌入矩阵 R_t。这些评级嵌入矩阵随后通过一个单层 MLP 网络处理，并经过平均池化操作，最终转化为虚假评级 R_{fake}。这个过程确保了生成的虚假评级既具有一定的逻辑性，又能与真实用户的评级行为保持一定的相似性，从而提高了攻击的隐蔽性和有效性。

在 GAN 模型中，判别器 D 被用来区分文件真假。判别器 D 的输入为虚假评级 R_{fake} 或真实评级 R，随后，这个数据集通过一个由 4 层网络组成的结构进行转换，以提取特征并生成一个中间表示 $R_{t3} \in R^{k \times 1}$，接着模型对中间表示取平均值，得到一个最终的判别结果 d。如果 d 的值接近 1，这表明判别器认为该文件是真实的；相反，如果 d 的值接近 0，则表明文件被识别为虚假。这样，判别器 D 不仅能够有效地识别出由生成器 G 创建的虚假评级，还能够通过这种对抗性的训练过程，促进生成器 G 生成更加逼真的虚假评级，从而提高整个模型的鲁棒性。

在 GOAT 模型的学习层中,采用了两个损失函数来同时训练生成器 G 和判别器 D。这两个损失函数相互对抗,旨在提高生成器生成虚假评级的能力,同时增强判别器识别真实与虚假评级的能力,公式表达为[37]

$$LOSS_D = D(G(Z) - D(X)) + \lambda \left[\parallel \nabla_{\hat{X}} D(\hat{X}) \parallel_2 - 1 \right]$$

$$LOSS_G = -D(G(Z) - D(X)) + \Psi \left[\frac{1}{k} \parallel G(Z) - X \parallel^2 \right]$$

$$\hat{X} = \epsilon X + (1 - \epsilon)G(Z), \epsilon \sim U(0, 1) \quad (6-51)$$

式中,Z 是从 $N(0,1)$ 中生成的噪声,X 为真值,$\hat{X}$ 为生成的假值,λ 和 Ψ 分别是梯度惩罚和评级惩罚的超参数。这个评级惩罚的目的不是简单地将异常评级裁剪回正常范围,而是激励生成器 G 在尝试欺骗判别器 D 的同时,生成更加符合正常分布的评级。这样做的好处是,生成器不仅学会了如何生成看起来真实的评级,而且这些评级在统计上也不容易被识别为异常,从而提高了整个模型在对抗性环境中的鲁棒性和隐蔽性。

通过这种训练策略,GOAT 模型能够在保持推荐系统鲁棒性的同时,有效地生成难以被察觉的虚假评级。但是 GOAT 只是适用于基于评论等内容的推荐,并且模型对于交互信息较少的用户会出现冷启动的情况。

6.5.2 Infer‐AVAE 模型

社交推荐系统通过深入剖析用户的社交互动行为,能够精确勾勒出用户的个性化偏好图谱,并以此向用户提供高质量的推荐列表。然而,鉴于用户对个人隐私的强烈保护意识,他们在社交平台上所提供的统计属性信息往往残缺不全。在这种情境下,如何巧妙地利用现有数据资源,精确推断出用户缺失的属性信息,已成为社交推荐技术领域亟待解决的关键问题。在过往的研究工作中,部分学者尝试运用变分自编码器(VAE)进行属性推断,但发现基于多层感知器的 VAE 模型尽管在数据重建方面表现优异,却难以准确推断出缺失的属性信息。另一方面,在图神经网络的研究领域,虽然有些研究者尝试利用 GVAE 来推断属性信息,但 GNN 在信息聚合时容易受到邻近节点冗余信息的干扰,引发所谓的"图平滑"[38]问题,进而影响推断结果的准确性。为解决这一平滑问题,周亚东等人[39]将 VAE 和对抗生成网络相结合,提出了一种基于对抗变分自编码器的属性推理模型 Infer‐AVAE(An Attribute Inference

Model Based on Adversarial Variational Autoencoder），该模型通过节点属性的正负嵌入表示，实现了对缺失信息的更精准推断。

如图6-24所示，整个模型分为了MLP层、GNN层、解码器和鉴别器[39]。假设模型的输入是一个用户属性信息矩阵 $X \in R^{n \times d}$，其中MLP层通过这些可见的属性信息来编码用户的潜在特征。紧接着，GNN层深入分析社交网络中的连接关系，对这些潜在特征进行进一步的细化和整合，以此来推断出用户缺失属性信息。随后，Infer-AVAE通过对抗性训练机制不断优化用户的嵌入矩阵，从而提供更精确且鲁棒的用户信息推断矩阵 $\hat{X} \in R^{n \times d}$。

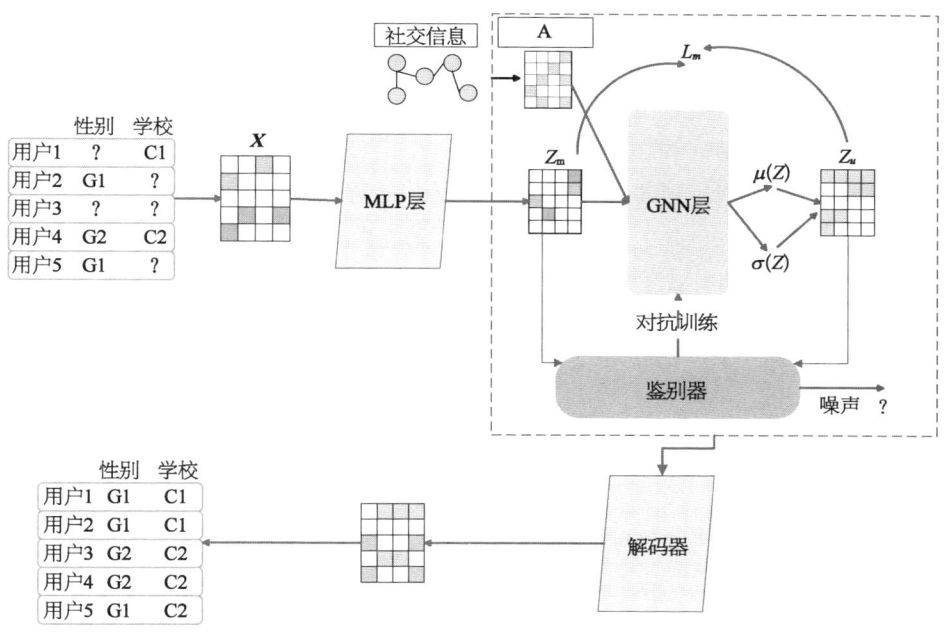

图6-24 Infer-AVAE模型框架

为了方便理解，下面详细介绍每个模块的工作流程。从用户的角度来说，当我们以用户属性信息矩阵 $X \in R^{n \times d}$ 为输入时，Infer-AVAE会首先通过一个MLP层将用户的属性信息嵌入到低维向量空间当中，公式表达为

$$Z_m^u = W \cdot X + b \tag{6-52}$$

式中，W，b 分别为可训练的权重矩阵和偏置向量。重建后的 Z_m^u 矩阵会首先通过一个双层的图卷积网络操作得到一个中间嵌入矩阵 Z_u^u，接着计算该矩阵

的均值和方差,并以高斯分布的形式来构成推断矩阵 Z_u,公式表达为[39]

$$Z_u^{u'} = \hat{A}ReLU(\hat{A}Z_m^u W_1)W_2$$

$$Z_u = \mu(Z_u^{u'}) + \sigma(Z_u^{u'}) * \epsilon \qquad (6-53)$$

式中,$\hat{A} = D^{-\frac{1}{2}} A D^{-\frac{1}{2}}$ 表示通过用户属性信息矩阵 X 计算得到的拉普拉斯算子,D 为 X 的度矩阵,$ReLU$ 表示 $ReLU$ 非线性激活函数,W_1 和 W_2 表示可训练的权重矩阵。μ 和 σ 表示计算得到的 $Z_u^{u'}$ 矩阵的均值和方差,$\epsilon \sim N(0,1)$ 为高斯分布中的噪声变量。Z_u 为经过图神经网络层推断信息后得到的用户嵌入矩阵。

尽管 Z_u 蕴含了用户缺失属性的推断信息,但图神经网络层在信息聚合过程中可能引入了大量噪声,这可能导致推断结果与用户的真实属性信息存在较大偏差。为减轻这一影响,Infer-AVAE 模型精心设计了一个双层 MLP 结构的鉴别器。该鉴别器以包含完整用户信息的嵌入矩阵 Z_m^L 和图神经网络层输出的用户信息矩阵 Z_u 为输入,通过对比分析来优化 Z_u 的信息,以提供更加精确和可靠的属性推断结果。

最后 Infer-AVAE 模型使用解码器从用户的嵌入信息中解码潜在信息并生成用户的属性矩阵 $\hat{X} \in R^{n \times d}$。解码器是由一个单层的 MLP 构成的,公式表达为

$$\hat{X} = WZ_u + b \qquad (6-54)$$

Infer-AVAE 模型通过融合 MLP 层和 GNN 层于编码器中,生成了两套互补的潜在表征。随后,借助对抗网络,模型利用这两种表征之间的差异,提炼出更为稳健的潜在表征。这种技术融合的策略有效地利用了表征中的辅助信息,从而生成了更为精确的推断结果,并成功减轻了过拟合的风险。然而,Infer-AVAE 模型中的鉴别器依赖于一个包含完整用户属性信息的嵌入矩阵作为输入,这导致模型在处理稀疏信息时,仍可能遭遇过拟合和过度平滑的问题。

6.5.3　G-GCN 模型

跨领域推荐是一种创新的策略,旨在有效应对推荐系统中常见的冷启动和数据稀疏性问题。与传统方法不同,它没有通过融合社交信息、知识图谱等辅助

数据来缓解这些问题,而是更进一步,同时利用多个数据源来提取用户的偏好信息。这种方法的核心理念是用户在不同领域之间可能具有相似的品味。

图 6-25(a)所示为简易跨领域推荐示意图,该策略在用户信息丰富的源域(如电影)中提取语义信息,并将其应用于目标域(如书籍)的推荐,以提供更精准的个性化服务。但是当下跨领域推荐中对于语义信息提取的方式大多是通过暴力的方式提取,这使得领域特有的结构信息和提取出的信息产生耦合性而发生用户信息迁移。为了解决这种问题,蔡瑞初[41]等人设计了一种针对图数据的因果生成过程来将语义信息和结构信息解耦,进而提出了一种基于图生成过程的跨领域推荐模型 G‑GCN。

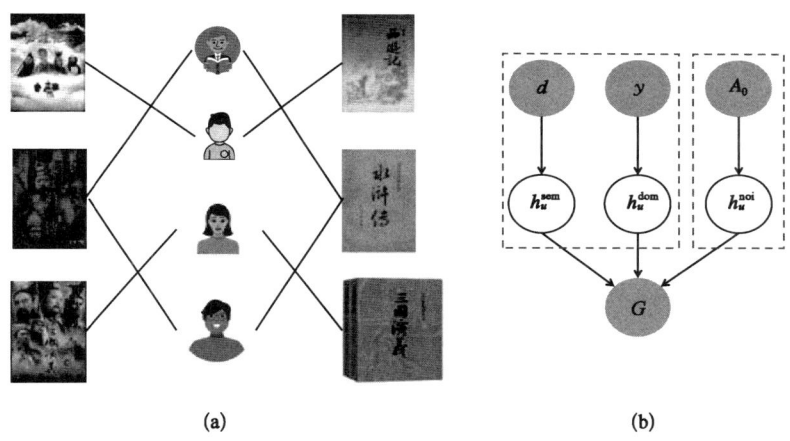

图 6-25 简易的跨领域推荐示意

在图 6-25(b)中,假设 d 为不同的信息源,y 为不用的用户或项目,A_0 为不同平台中的噪声,h_u^{sem}、h_u^{dom} 和 h_u^{noi} 分别表示提取出的结构隐变量、语义隐变量和噪声隐变量,G‑GCN 通过这 3 种信息来生成图结构信息 G。

图 6-26 为 G‑GCN 模型的流程框架图,假设模型输入数据为用户 u_i 的 ID、源域图中项目 v_j 的 ID 和目标域图中项目 v_k 的 ID,进入 G‑GCN 之后,这些数据会在嵌入层中通过用户-交互矩阵的信息重构成嵌入向量的形式 e_{u_i},e_{v_j},e_{v_k}。接着,会使用一个 k 层的图卷积操作来进一步提取嵌入向量中的特征信息:

$$e_{u_i}^k = \sum_{v \in N_u} \frac{1}{\sqrt{|N_u|}\sqrt{|N_v|}} W_{uv}^{k-1} [e_{u_i}^{k-1} \| e_v^{k-1}]$$

$$e_v^k = \sum_{u \in N_v} \frac{1}{\sqrt{|N_u|}\sqrt{|N_v|}} W_{vu}^{k-1}[e_v^{k-1} \| e_{u_i}^{k-1}] \qquad (6-55)$$

式中，e^k 表示经过 k 层卷积之后得到的嵌入向量，$\|$ 表示向量拼接操作，N_u 表示节点 u 的邻居节点，W^k 表示第 k 层的权重矩阵，e_v 代指 e_{v_j} 和 e_{v_k}。

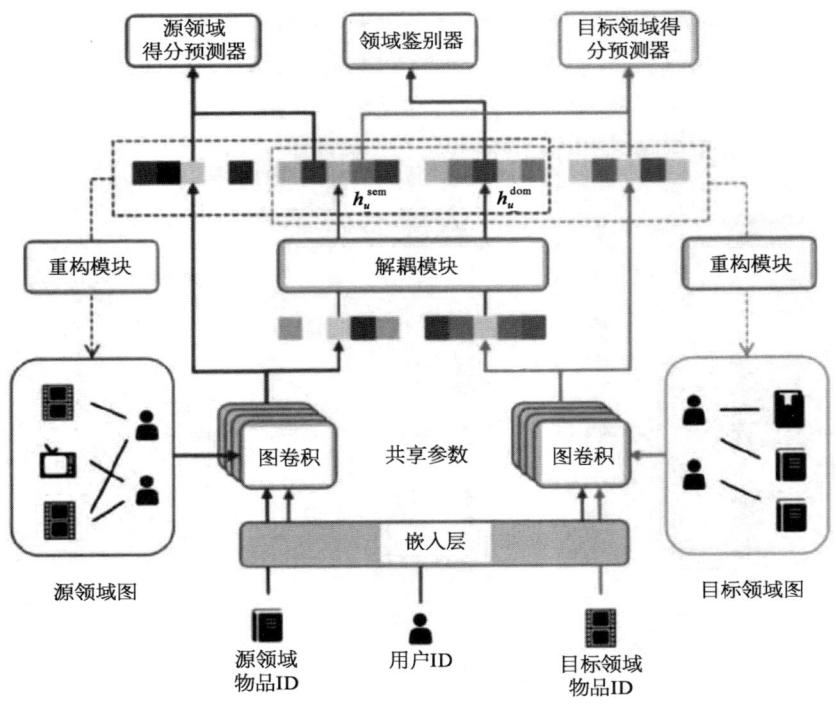

图 6-26　G-GCN 流程框架

为了更清晰地获得用户 u_i 的兴趣，G-GCN 会在解耦模块中对用户嵌入向量 e_{u_i} 进行解耦操作来获得用户语义向量 h_u^{sem}、用户域向量 h_u^{dom} 和噪声向量 h_u^{noi}：

$$\begin{aligned} h_u^{\text{sem}} &= MLP(w_{\text{sem}} \cdot e_{u_i}) \\ h_u^{\text{dom}} &= MLP(w_{\text{dom}} \cdot e_{u_i}) \\ h_u^{\text{noi}} &= MLP(w_{\text{noi}} \cdot e_{u_i}) \end{aligned} \qquad (6-56)$$

式中，w_{sem}，w_{dom} 和 w_{noi} 均表示可训练权重矩阵。为了最大限度地保留图的结

构信息,用户语义向量 $\boldsymbol{h}_u^{\text{sem}}$、用户域向量 $\boldsymbol{h}_u^{\text{dom}}$ 和噪声向量 $\boldsymbol{h}_u^{\text{noi}}$ 被用来在重构模块当中进行一个图重构操作:

$$\boldsymbol{h}_u^r = MLP(\boldsymbol{h}_u^{\text{sem}} \parallel \boldsymbol{h}_u^{\text{dom}} \parallel \boldsymbol{h}_u^{\text{noi}}) \tag{6-57}$$

式中,$\boldsymbol{h}_u^r$ 为重构后的图结构,在下一轮中会以图 $\boldsymbol{h}_u^r$ 来进行图卷积操作。最后 G‑GCN 把用户语义向量 $\boldsymbol{h}_u^{\text{sem}}$ 和物品嵌入向量 $\boldsymbol{e}_v$ 送入评分预测器中以内积的方式来预测评分:

$$\hat{y}_{uv} = \boldsymbol{h}_u^{\text{sem}} \cdot \boldsymbol{e}_v \tag{6-58}$$

将用户域向量 $\boldsymbol{h}_u^{\text{dom}}$ 输入领域判别器进行信息判别:

$$\hat{d}_u = MLP(\boldsymbol{w}_{\text{sem}} \cdot \boldsymbol{h}_u^{\text{sem}}) \tag{6-59}$$

G‑GCN 从图生成的角度重新解释了跨领域推荐方法。该方法利用图自编码器从用户-项目交互图中解耦多个独立变量,更精准地推断用户偏好,并据此提供高质量推荐。通过这种方式,G‑GCN 能够捕捉用户在不同领域间的潜在关联,从而实现跨领域的个性化推荐。这种方法的有效性在于它能够更好地处理数据稀疏性和冷启动问题,同时提高推荐的准确性和多样性。然而,G‑GCN 的应用也面临一些挑战。首先,该模型要求用户在网络中至少使用超过两种不同的推荐平台,这限制了其对单一平台用户的适用性,使得对于未达到这一要求的部分用户群体,模型难以提供精准的推荐。其次,模型在初始阶段需要较长时间来学习用户在不同领域间的潜在关联,这使得在面对大型图推荐任务时,模型的计算时间较长。

6.6 本章小结

本章首先介绍了图神经网络的起源:在信息爆炸的时代背景下,网络数据中非欧数据(如图数据)的比例显著增加,而传统的深度学习技术在这一领域的表现却难以令人满意,这种技术上的不足催生了图神经网络的诞生。接着详细阐述了图神经网络推荐模型的基本工作流程,包括数据预处理、图神经网络技术选择、用户和项目嵌入表示的学习以及最终将嵌入表示转化为推荐列表的过程。最后以不同的图神经网络技术为基础,划分了推荐模型的种类,并深入探讨了各类模型的研究动机、技术细节以及性能优劣。通过对比分析，读者可以更全面地了解图神经网络推荐系统的设计理念和应用价值。

参考文献

[1] Sanborn S, Mathe J, Papillon M, et al. Beyond euclid: An illustrated guide to modern machine learning with geometric, topological, and algebraic structures. arxiv preprint, 2024.

[2] Zhou J, Cui G, Hu S, et al. Graph neural networks: A review of methods and applications. AI open, 2020, 1: 57-81.

[3] 吴博, 梁循, 张树森, 等. 图神经网络前沿进展与应用. 计算机学报, 2022, 45(1): 35-68.

[4] Scarselli F, Gori M, Tsoi A C, et al. The graph neural network model. IEEE transactions on neural networks, 2008, 20(1): 61-80.

[5] 徐冰冰, 岑科廷, 黄俊杰, 等. 图卷积神经网络综述. 计算机学报, 2020, 43(5): 755-780.

[6] Kipf T N, Welling M. Semi-supervised classification with graph convolutional networks. arxiv preprint, 2016.

[7] Hamilton W, Ying Z, Leskovec J. Inductive representation learning on large graphs. Advances in neural information processing systems, 2017, 30.

[8] Bing R, Yuan G, Zhu M, et al. Heterogeneous graph neural networks analysis: A survey of techniques, evaluations and applications. Artificial Intelligence Review, 2023, 56(8): 8003-8042.

[9] Tran D H, Sheng Q Z, Zhang W E, et al. Hetegraph: graph learning in recommender systems via graph convolutional networks. Neural computing and applications, 2021: 1-17.

[10] Perozzi B, Al-Rfou R, Skiena S. DeepWalk: online learning of social representations. Proceedings of the 20th ACM SIGKDD international conference on knowledge discovery and data mining, New York, USA, 2014: 701-710.

[11] Pennington J, Socher R, Christopher D Manning. Glove: Global vectors for word representation. In: EMNLP, 2014: 1532-1543.

[12] Su X, Khoshgoftaar T M. A survey of collaborative filtering techniques. Advances in artificial intelligence, 2009(1): 421425.

[13] He X, Liao L, Zhang H, et al. Neural collaborative filtering. Proceedings of the 26th international conference on world wide web. 2017: 173-182.

[14] Wang X, He X, Wang M, et al. Neural graph collaborative filtering. Proceedings of the 42nd international ACM SIGIR conference on Research and development in Information Retrieval, 2019: 165-174.

[15] He X, Deng K, Wang X, et al. Lightgcn: Simplifying and powering graph convolution network for recommendation. Proceedings of the 43rd International ACM SIGIR conference on research and development in Information Retrieval, 2020: 639-648.

[16] Khoshraftar S, An A. A survey on graph representation learning methods. ACM Transactions on Intelligent Systems and Technology, 2024, 15(1): 1-55.

[17] Fan W, Ma Y, Li Q, et al. Graph neural networks for social recommendation. The world wide web conference, 2019: 417-426.

[18] Wu L, Li J, Sun P, et al. Diffnet++: A neural influence and interest diffusion network for social recommendation. IEEE Transactions on Knowledge and Data Engineering, 2020, 34(10): 4753-4766.

[19] Chen J, Xin X, Liang X, et al. GDSRec: Graph-based decentralized collaborative filtering for social recommendation. IEEE transactions on knowledge and data engineering, 2022, 35(5): 4813-4824.

[20] Veličković P, Cucurull G, Casanova A, et al. Graph attention networks. arxiv preprint, 2017.

[21] Wang X, Ji H, Shi C, et al. Heterogeneous graph attention network. The world wide web conference, 2019: 2022-2032.

[22] Sharma K, Lee Y C, Nambi S, et al. A survey of graph neural networks for social recommender systems. ACM Computing Surveys, 2024, 56(10): 1-34.

[23] 高仰, 刘渊. 融合社交关系和知识图谱的推荐算法. 计算机科学与探索, 2023, 17(1): 238.

[24] 黄恒琦, 于娟, 廖晓, 等. 知识图谱研究综述. 计算机系统应用, 2019, 28(6): 1-12.

[25] Kipf T N, Welling M. Variational graph auto-encoders. arxiv preprint, 2016.

[26] Baker K. Singular value decomposition tutorial. The Ohio State University, 2005, 24: 22.

[27] Wang Y X, Zhang Y J. Nonnegative matrix factorization: A comprehensive review. IEEE Transactions on knowledge and data engineering, 2012, 25(6): 1336-1353.

[28] 陈蕾, 陈松灿. 矩阵补全模型及其算法研究综述. 软件学报, 2017, 28(6): 1547-1564.

[29] Van Den Berg R, Thomas N K, Welling M. Graph convolutional matrix completion. arxiv preprint, 2017, 2(8): 9.

[30] Zheng Q, Liu G, Liu A, et al. Implicit relation-aware social recommendation with variational auto-encoder. World Wide Web conference, 2021, 24(5): 1395-1410.

[31] Goodfellow I, Pouget-Abadie J, Mirza M, et al. Generative adversarial nets. Advances in neural information processing systems, 2014, 27.

[32] Kingma D P, Welling M. Auto-encoding variational bayes. arxiv preprint, 2013.

[33] Li Z, Hwang K, Li K, et al. Graph-generative neural network for EEG-based epileptic seizure detection via discovery of dynamic brain functional connectivity. Scientific reports, 2022, 12(1): 18998.

[34] 朱郁筱, 吕琳媛. 推荐系统评价指标综述. 电子科技大学学报, 2012, 41(2): 163-

175.

[35] Batmaz Z, Yurekli A, Bilge A, et al. A review on deep learning for recommender systems: challenges and remedies. Artificial Intelligence Review, 2019, 52: 1-37.

[36] Chen X, Deng X, Huang C, et al. Detection of trust shilling attacks in recommender systems. IEICE TRANSACTIONS on Information and Systems, 2022, 105(6): 1239-1242.

[37] Wu F, Gao M, Yu J, et al. Ready for emerging threats to recommender systems? A graph convolution-based generative shilling attack. Information Sciences, 2021, 578: 683-701.

[38] Li Q, Han Z, Wu X M. Deeper insights into graph convolutional networks for semi-supervised learning. Proceedings of the AAAI conference on artificial intelligence. 2018, 32(1).

[39] Zhou Y, Ding Z, Liu X, et al. Infer-AVAE: An attribute inference model based on adversarial variational autoencoder. Neurocomputing, 2022, 483: 105-115.

[40] Guo Z, Wang H. A deep graph neural network-based mechanism for social recommendations. IEEE Transactions on Industrial Informatics, 2020, 17(4): 2776-2783.

[41] 蔡瑞初, 吴逢竹, 李梓健. 基于图生成过程的跨领域推荐. 计算机应用与研究, 2022, 39(8): 2333-2339.

[42] Cantador I, Brusilovsky P, Kuflik T. Second workshop on information heterogeneity and fusion in recommender systems. In Proceedings of the fifth ACM conference on Recommender systems, 2011: 387-388.

[43] Benson A R, Gleich D F, Leskovec J. Higher-order organization of complex networks. CoRR, 2016.

索　引

A
ASR　99
AUC　27

C
CIN 模型　198
CNN　163
长尾效应　5
词嵌入　162

D
DeepFM 模型　193
DIN　206
多样性　25

E
EMARec 模型　214
EnSocialMF 模型　129
ESMF 算法模型　125

F
FFM　82
反向传播　160
非负矩阵分解　74

G
GAE 模型　251
GAT 模型　242
GC‑MC 模型　251
GDSRec 模型　238
G‑GCN 模型　267
GNN‑SoR 模型　257
GOAT 模型　261
GraphRec 模型　235
高斯混合模型　63‑64
共同用户关系增强　132
归一化折损累计增益　26

H
HAN 模型　244
HeteGraph 模型　226

I
Infer‑AVAE 模型　264
ITRA 模型　254

J
基于 SVD 的推荐方法　73
基于可靠性的信任感知协同过滤推

荐算法 46-47
基于热传导的推荐算法 53
基于物质扩散的推荐算法 50
基于信任传播的社交网络推荐模型 100
基于信任关系的社会感知推荐模型 95-96
基于信任综合评价的个性化推荐模型 95
基于用户个体兴趣的正则化方法 99
基于用户角色偏好的信任感知推荐模型 96
基于用户社交关系的推荐方法 97
结合推荐对象间关联关系的社会化推荐方法 100-101
近邻感知的矩阵分解推荐方法 102
均方根误差 25

M
MSAKR 模型 247

N
NDCG 模型 232
NeuMF 模型 212
NeuralCF 模型 175

P
PLSA 模型 62-63
PLSA 协同过滤推荐算法 65-66
PMF 77
平均绝对误差 25

平均正确率 26-27
朴素贝叶斯协同过滤推荐算法 61

R
RNN 166

S
SocialIT 模型 145
SREPS 模型 148
SVD 70
社会信任集成推荐方法 93
社交因子 130
神经网络 159

T
TidalTrust 模型 46
TrustPMF 模型 143-144
TrustSVD 202
同质性理论 116
图生成网络 260
推荐系统 6

U
USSHMF 算法模型 117

W
Wide & Deep 模型 181
Word2Vec 模型 187

X
xDeepFM 模型 197

协调过滤　9
信任感知的推荐算法　46
信任关系强度敏感的社会化推荐算
　　法　104
信息检索　4
序列建模　169

Y

因子分解机模型　80-81

用户交互偏好关系　130
用户社会地位　112
用户信任网络　111

Z

召回率　26
注意力机制　168
准确率　26